谨以此书献给恩师杨立新教授

准人格研究

Research on Quasi-personality

刘召成 著

法律出版社
LAW PRESS·CHINA

序　言

刘召成从硕士阶段跟我学习开始，到现在已经有近8年时间了。8年来，我见证了他对民法的执着和他的逐渐成长，从对民法的几乎懵懂无知到在人格权法领域有所见地。经过他的刻苦努力，现在已经获得博士学位，并且以丰硕的研究成果，被聘任到首都师范大学任教，成为民法教学和研究的一员。对此，我很欣慰，也很为他骄傲。

召成做学问的特点是勤奋和执着。在学校期间，他几乎每天都在研究室看书、写文章，很少参加活动，以至于很少和别人打交道。他在德国留学期间，也是每天待在研究室和图书馆，以至于在他在德国留学一年竟然没有去过欧洲其他国家，即便是德国的城市也没有去过几个。正是他的勤劳和付出，在毕业的时候，他的科研成果无论在数量上还是在质量上，在法学院同届毕业生中都是非常突出的。也正是由于他每天待在工作室，与我共同工作和研究，我目睹了他一点一点地成长，也培养了我们深厚的师生情谊。

召成的博士论文是对我的人格权法研究成果的

继承和发扬。我曾经对于胎儿和死者的人格利益保护进行过深入的研究,提出人格权延伸保护的理论,但是仍然感到其中还有很多问题尚未解决,于是把这个问题交给他作为博士论文去研究。他通过三年的研究,尤其中间受到国家留学基金委的资助到德国专门研究这个问题,最终提出了一种比较合理的解决方案,完成了我交给他的研究任务,高质量地完成了毕业论文的答辩。现在呈现在读者面前的本书,就是他的这一研究成果经过修改和完善后的面貌。

胎儿和死者人格保护的体系构建,不仅在我国,而且在比较法上,都是一个重要的问题。本书以我国目前对于胎儿和死者人格保护中存在的问题为出发点,发现传统民法理论体系中存在的不能适应现代人格权法发展的地方,借鉴比较法上最新的研究成果,并进行了适当发展和扩充,构建了包括胎儿、死者、合伙、设立中法人等非典型人和组织的权利能力及其人格权保护的准人格体系。居于该体系核心的是部分权利能力理论,以此为基础,胎儿、死者、合伙、设立中法人等存在,都能够获得人格权法的直接保护,避免了传统间接保护说存在的诸多问题。本书将人格权法司法实践与学理研究结合起来,既有外国经验的借鉴,又有中国特色的发展,理论基础深厚,结构细致,逻辑严谨,论证合情合理,结论言之有据,是一部颇值一读的作品。

学术研究的道路很辛苦,而且也不会一帆风顺,但却是一件值得毕生追求的事情。我希望召成能够继续秉持他对民法的执着,克服各种困难,好好地进行民法的教学和研究,将民法研究作为终生事业。这是我的期望。

刘召成的新书出版,我很高兴,是为序。

中国人民大学民商事法律科学研究中心主任　杨立新
2012年5月于明德法学楼

目　录

分论:主要的准人格类型

绪 论

第二次世界大战以后，世界范围内人权观念以及人格价值的极大提升，要求法律对于人的全面价值予以保护，对法律提出了极大的挑战。立法、司法以及法学界各显神通，使出浑身解数去应对这一重大的任务，宪法和民法分别从各自学科的视角提出了解决的方法和蓝图。大陆法系多数国家宪法上一般人格权与民法上一般人格权的构建是其典型代表。在一般人格权保护中存在非常重要的一类保护对象，就是对一些并不属于传统民法所规定的法律主体的人格的保护，包括胎儿、死者以及其他非法人组织的人格权保护。虽然司法实践对于它们的人格的保护已经成为毫无争议的事实，但是其内部的理论构建以及其与民法其他制度之间的兼容仍然存在一定的障碍。尤其是它们是否具有人格权所保护的人格要素，其能否在人格权法律关系中具有权利能力，从而具备人格权，获得人格权法的完整保护，这些方面存在理论论证上的障碍。

这种人格权法对这些人和组织的人格保护的制

度构建上的障碍是人格权法内部体系障碍的重要表现。人格权法仅有一百多年的历史，相对于民法这一具有两千多年历史的学科来说，它尚显稚嫩，加之一般人格权是司法实践弥补立法上具体人格权不足的续造性发展，而非对于人格权的体系性构建，因而一般人格权制度还存在体系上的重大障碍。①

由于缺乏体系上的理论框架，在一般人格权的续造过程中，其与传统民法体系的兼容成为一般人格权理论必须面对并予以解决的问题。民法尤重体系，各项制度与解决方案的正当性很大程度上依赖于其与民法各项制度的兼容与衔接，进而成为逻辑与价值一贯的民法体系的有机部分。由于当代民法人格权——主要是一般人格权——的发展，是适应新的人格观念、人格价值以及新的社会现象，弥补立法具体人格权不足的发展过程，主要是通过司法实践对基于新的社会现象以及科学技术产生的人格价值予以灵活的保护，因而其中不乏传统民法立法者根本无法预料，传统民法体系无法兼容的情形。例如人工生殖技术的发展，提出了对于胚胎保护的要求；现代社会对于死者的新的认识，提出了对于死者人格价值和尊严的保护诉求。虽然司法实践中可以对于他们提供判例式的保护，但是其与民法体系的兼容，仍然是必须要解决的问题。这不但是法教义学的要求，而且是该种保护方法正当化其自身的基本要求，因为与民法体系中的基本制度相矛盾的保护方案并不具有正当性。只有将这些新的人格价值纳入到整个民法体系，构建与民法各项既有制度相融洽的解决方法，其人格保护的问题才能够得到圆满解决。对于它们的保护不仅是人格权的问题，还是法律主体性的问题，而且还是侵权法的问题。其中尤为关键的是主体性问题，因为

---

① 关于我国一般人格权存在的体系上的障碍，请参见杨立新、刘召成："抽象人格权与人格权体系之构建"，载《法学研究》2011 年第 1 期。

主体是整个民事法律关系的前提，是所有民法制度适用的前提，只有在某些法律关系中具有了主体的资格，其所拥有的利益才能够被纳入法律调整的范围，成为权利或法益，进而获得法律的保护。此外，胎儿、死者以及非法人组织人格保护的另外一个非常重要的方面在于将他们所具有的人格要素纳入民法人格权客体的范畴。只有解决了他们的主体和人格权客体两个方面的问题，才能构建一种合理的人格保护方案。

因此，本书从这些准人格的人格状态入手，通过比较它们与作为民法体系中人的原型的人格形态，以人格体具有全面权利能力为参考系，研究准人格具有部分权利能力的正当性，尤其是它们在人格权法律关系中具有权利能力的可能性；以人格体所具有的人格要素作为人格权客体为参照研究准人格的人格状态具体表现的各种具体人格要素，它们能够作论证为人格权的客体从而将他们的人格状态的保护纳入人格权的体系。

一、选题的意义

胎儿、死者以及非法人组织等存在并不符合传统民法的“人”的模型，但是现代社会对于它们的人格保护以及参与某些法律关系的诉求，需要将它们作为类似于人的存在看待。虽然它们并不符合法律设定的民法的人格形态，但是具有了部分的人格构成要素，属于民法准人格。

对于准人格的研究，论证准人格已经或多或少地具有了人格的构成要素，并具体分析各种准人格类型所具有的人格要素种类，对于将它们纳入民法的体系从而获得人格权法保护，具有重要意义。民法体系以法律关系为核心，将所有的元素区分为法律关系的主体、法律关系的客体、以及法律关系的内容。因此，准人格要实现向民法体系尤其是人格权法体系的融入，必须首先确定其主体或客体地位，然后才能够获得在民法体系中的妥当定位。由于准人格具有了人格要素，以此为基础获得了人格尊严，只能作为自身的目的，具有自我的存在价值，而不能成为他人实现目的的手段。应当在与其人格尊严相关的法律关系中作为主体，其本身所具有的各种人格存在成为人格权保护的对象。这就为胎儿、死者、以及非法人组织在民法中获得适当定位，其人格构成部分获得人格权法保护提供了前提性的论证。

在权利能力方面，由于准人格仅具有完满人格所必须的部分人格要素，尤其是其并不具备规范化的理性能力，因而并不适合作为一般的全面权利能力的拥有者。其人格状态决定了只能在有限的部分法律关系中具有权利能力，也就是说准人格具有的是一种部分权利能力。通过分析权利能力制度与人的理性等人格要素的连接点，从而认为权利能力制度事实上与人的人格要素的完满程度具有内在的关联。并在此基础上借鉴德国、瑞士等国的学说，提出全面权利能力与部分权利能力的区分，对于丰富我国的权利能力制度，推动我国权利能力制度的发展具有重要意义。

此外，准人格纳入民法人格权保护另外一个需要解决的问题是其所具有的部分人格要素能否作为人格权客体。通过对于人格权客体理论的检讨，确认人格权客体并非抽象的人格价值，而是人格各层面的具体表现，从而肯定准人格所具有的人格要素也能够作为人格权的客体。通过这样的对于人格权客体理论的检讨和研究，能够改进学界目前对于人格权客体理论的认识，有利于人格权理论的发展。

除了上述理论价值外，关于主要准人格类型的准人格状态以及其所具有的部分权利能力和人格权的具体构建，也为我国司法实践对于准人格的人格保护提供了充分的理论支撑，为司法实践更好地对准人格予以保护提供了动力。

二、研究的进路

本书采用总分结构。总论部分对于准人格的一般性问题进行了研究:首先是在现有制度内在障碍的基础上提出准人格的问题。其次对于准人格构建的理论基础进行探讨。再次是对于准人格一般理论的具体构建。最后在新的理论体系下对于准人格的人格权保护进行具体论述。分论部分对于几种主要的准人格类型进行了研究:首先是胎儿的准人格状态,其次是死者的准人格状态,最后是合伙与设立中法人的准人格状态。

总论部分:

首先,本书指出现有制度对于胎儿和死者人格保护存在的内在障碍,提出了传统的人的模型,以及建立在此基础上的权利能力制度和人格权客体理论存在的缺陷。对于并不符合传统的人的模型的人或组织形态的忽视,以及由此造成的权利能力制度对它们的不兼容,使得对于它们的人格保护的诉求无法通过民法的既有制度予以逻辑和体系一贯地实现。由此,提出了准人格的问题,指出准人格是对于并不符合传统的形式人模型的各种实质人的概括,它们或多或少都具有了人格的构成要素。以此为基础,从实质人的具体特性出发去考察,根据他们与传统民法的形式人模型之间的具体差异去分析其权利能力问题,根据其人格状态论证其人格要素作为人格权客体的可能性,并以此为基础构建人格权保护制度。

其次,对于构建准人格的前提性理论进行探讨。准人格的构成要素是部分的人格构成要素,是对于规范的意志能力之外的其他人格要素或多或少的具备,因此民法中的人格理论是准人格构建的理论基础。然后对于民法中的人格进行了深入分析,通过对于民法中与人格价值有关的各项制度的分析,提出了民法中的人格界定。除此之外,对于准人格具有部分权利能力的论证必须以权利能力制度的深入分析为基础。通过分析德国法上关于权利能力的学说发展资料以及学者对于权利能力的基础性讨论,对于权利能力与人格要素的内在联系进行了论证。证明了权利能力的内容与人格要素的完满程度相关,并且依据人格要素的完满程度权利能力制度表现出类型化的现象。具有完满人格要素的人能够享有全面的权利能力;具有部分人格要素的人仅能在部分法律关系中享有权利能力;完全不具有人格要素的人不能享有任何权利能力。这种权利能力的类型化为全面权利能力与部分权利能力的区分,以及准人格能够具有部分权利能力提供了理论基础。

再次,在此基础上,展开了对于准人格一般理论的构建。提出了准人格的具体概念界定,包括准人格的各种类型和人格要素构成、准人格的特征;并提出了全面权利能力与部分权利能力的区分,指出准人格能够在个别的具体法律关系中具有部分权利能力。胎儿在人格权领域具有具体权利能力,在财产权利方面具有权利能力。死者在人格权领域具有权利能力。合伙作为一个整体在对外关系上具有权利能力。设立中法人可以在财产权领域以及人格法律关系领域具有权利能力。他们所具有的部分人格要素可以作为人格权的客体。

最后,对于准人格的人格权保护进行了讨论。认为准人格能够在人格权领域具有权利能力,它们所具有的部分人格要素能够作为人格权的客体,因而他们的人格受到人格权法的保护。进一步地对于胎儿、死者、合伙及设立中法人的各种具体人格权进行了分析。

分论部分:本部分对主要的三类对象的准人格状态进行了分析研究。

第一类:对于胎儿的准人格状态进行分析。首先,通过对于我国以及比较法上立法与司法实践对于胎儿在个别法律关系中的保护的分析,提出对于这种保护的教义学和体系解释。通过对于比较法上的胎儿不具有权利能力、胎儿具有全面的权利能力、以及胎儿具有限制的权利能力三种学说的检讨,认为胎儿具有限制权利能力的学说比较妥当。其次,对于胎儿的人格构成要素进行分析,胎儿具有生命、身体、健康以及人格尊严等人格要素。再次,以胎儿的人格状态为基础,结合宪法以及立法上对于胎儿保护的规定,得出胎儿具有与其人格状态相应的部分权利能力。这种权利能力限定在一定的范围内,在人格权领域是一种绝对的权利能力,从胎儿受胎时就绝对产生;在纯粹受益型的财产权领域是一种附解除条件的权利能力,如果胎儿没有活着出生,这种权利能力将溯及既往消灭。最后,由于胎儿并不具有行为的能力,需要设定保护人对其人格权予以保护。

第二类:对于死者的准人格状态进行探讨。首先,提出我国和比较法的司法实践上对于死者人格的保护,并检讨学说对于这种司法实践的教义学和体系解释。认为对于死者的保护的必要性源于死者人格的继续存在,提出死者的部分人格要素并不依存于生命,在生命终结后仍然能够继续存在。死者具有宪法上的人格尊严,其尸体上仍然具有死者的人格形象,其仍然具有姓名、肖像、名誉等部分具体人格要素。其次,分析认为,以这些仍然存在的人格要素为基础,死者能够具有部分权利能力,这种权利能力的范围局限于人格权法律关系领域。最后,提出了对于死者设定保护人的必要性,以及由保护人保护死者人格权的具体规则。

第三类:对于合伙与设立中法人的准人格状态进行了研究。首先,分析了学界对于合伙理论的新发展,并以此为基础对于传统的合伙理论的缺陷进行了分析。认为合伙已经具有了独立的合伙意志、独立的财产组织形式、对外承担相对独立的责任、具有了作为人格外在特性表现的名称。以此为基础能够对外参与法律关系,在外部关系中具有权利能力。其次,对于设立中法人的人格状态进行了分析,认为其具有独立的行为机构、独立的财产、相对独立的责任承担能力、具有姓名等标志性特征，是一种独特的前法人组织，以此为基础能够具有部分权利能力。

三、研究的亮点

1. 提出准人格制度，用准人格制度概括胎儿、死者以及非法人组织等人格不完备阶段的人格状态，并对它们的自然和社会属性进行深入分析。

2. 民法中的人格通过法律技术的处理表现在各种制度中，通过对于民法中相关制度的全面整理，提出了完整概括民法人格各层面价值的人格概念。

3. 对权利能力制度的学说发展进行了全面分析。将权利能力区分为抽象权利能力和具体权利能力，并提出准人格具有限制的具体权利能力的观点。

4. 本书的研究深化了学界对于人格的认识，指出了人格的层次性。对于准人格的类型化研究充实了民法中的人的理论。

四、研究的方法

1. 伦理研究方法：对人格的伦理分析构成文章论述的理论前提。民法中人格是对于伦理人格法律技术化处理的产物，因此伦理人格是民法中人格以及准人格研究的理论基础。对于伦理人格的探讨和论述是本书所有研究的根本前提。

2. 比较法研究方法：本书主要以德国法为参照，结合瑞士、法国、美国等国家的相关资料，对于比较法上关于胎儿、死者、合伙以及设立中法人这些具体的准人格形态的保护以及法律主体地位的处理进行了全面的论述，为本书的论证以及结论的做出提供了丰富的资料和借鉴。

3. 历史研究方法：本书将历史研究的方法运用到权利能力制度的论述。通过对于权利能力制度学说发展历史的追溯，揭示了权利能力制度与作为重要人格要素的理性能力的内在关联，为全面权利能力与部分权利能力的提出奠定了理论基础。

4. 判例研究方法：判例法是现代大陆法系国家续造法律的重要途径，德国、法国等国家对于胎儿、死者等准人格类型人格保护大都是判例发展的产物，对于判例的分析是揭示该国法学最新发展成果的必要方法。本书通过比较法上相关国家对于准人格保护的判例的分析，揭示了当代世界范围内对于准人格相关问题研究的最新成果，为全文的论证提供了有力的支撑。

总论:准人格一般理论

CHAPTER 01 >>

第一章

从形式人到实质人及准人格的提出

传统民法中的人(Person)是一种立法者设定的人的模型,仅限于出生到死亡阶段的自然人和经过登记的法人。不符合这两种类型的其他人和组织的存在并未受到立法者重视。但是随着社会的发展,人的价值的实现及在社会中地位的大幅提升,尤其是胎儿和死者人格保护的必要性,以及某些社会组织参与法律关系的迫切性,使得法律必须对于传统的人的模型以及作为这种模型承载的外在制度予以反思,对于各种实质人提出具体的规制规则。

第一节　胎儿和死者人格保护的难题

一、胎儿人格保护的内在障碍

传统民法仅通过特别规定对于胎儿予以关照,其范围主要局限于继承方面以及法定抚养人被侵害死亡时对于加害人的抚养费请求权等个别方面,并不存在关于胎儿一般法律地位的规定，胎儿并不能广泛地参与法律关系。因而，在法律没有规定的情况下，涉及胎儿的法律问题就存在体系处理上的重大障碍。尤其是随着现代医学和生物技术的发展，对于人的生命发展历程的认识提前到出生前的胎儿阶段，除此之外还存在体外受精、试管婴儿这些由人工生殖技术产生的人的胚胎。这些人的早期存在形态已经具有了人的伦理尊严，因而并不能被作为民法上的物。但是其能否作为法律上的人并具有权利能力；其作为人的初始阶段所具备的人的生命、身体、健康等能否作为人格权的客体，从而受到人格权法的保护，仍存在重大疑问。

（一）侵权损害赔偿救济的障碍

虽然我国侵权法已经对于胎儿人格遭受侵害所产生的损害规定予以救济，而且在比较法上，德国和美国的司法实践中也都提供救济。但是由于胎儿并未被确定为法律上的人，各国司法实践对于在胎儿阶段遭受侵害的案件中的救济对象的认定并不一致。在我国，一般认为遭受侵害并能够得到救济的对象是胎儿。也就是说，胎儿是侵权法所保护的对象。① 而在德国和美国，法院一般认为，虽然侵害是在胎儿阶段发生的，但是具有损害并作为侵权法救济对象的却是出生后的孩子。②

---

① 王利明：《人格权法研究》，中国人民大学出版社 2005 年版，第 339 页。王利明教授认为，胎儿并不具有人格权，但是具有人格利益。如果胎儿活着出生的，能够对于出生前的侵害主张损害赔偿。杨立新："论人身权的延伸法律保护"，载《法学研究》1995 年第 2 期。杨立新教授认为，胎儿应享有先期身体法益。胎儿怀于母体，为母体之一部分。但其形体具有先期身体处益，应予保护。当其成活出生，成为身体权的客体。如在母体中因致伤而堕胎，是对胎儿身体法益的侵害。

② 关于德国法的做法，参见：BGH, Urteil vom 20. Dezember 1952, JZ 1953, 308。德国联邦法院认为，争议的焦点并不是胎儿或者尚未受胎的人的损害，而是带有梅毒出生的孩子的损害。关于美国法的做法，参见：F. Supp. 138, 142 (D. D. C. 1946)。美国从对于活着出生的孩子的救济的角度考虑，认为，基于自然正义，孩子如果活着出生，应该被赋予对于在母亲体内所遭受的不法侵害提起赔偿诉讼的权利。

但是,在大陆法系的成文法体系中,我国和德国的两种做法其实都存在体系上的障碍。

在我国,由于胎儿在传统民法的体系中并不具有权利能力,除非法律有特别规定,否则其不能作为权利和义务的归属体,因而也就不能拥有任何权利。这就造成了对于胎儿侵权法救济的法理上的障碍。为了克服该障碍,主流观点认为虽然胎儿不具有权利能力,不能拥有人格权利,但是却可以拥有人格法益,[①]试图通过这种方法来论证胎儿人格保护的正当性。这种理论毫无疑问是一项创举,对于胎儿所受侵害的侵权法救济提供了教义学基础,但不可否认,这种论证本身仍存在一定的内在矛盾。该学说中胎儿不能拥有人格权利的观点是胎儿无权利能力的合理推论,但是其中胎儿可以拥有人格法益的观点却存在着推论上的逻辑矛盾。既然胎儿的普遍权利能力并未得到法律的承认,除了在继承法等方面的个别特殊规定,胎儿并不能作为法律关系的归属体,也就不能作为任何法律上的利益和负担的承担者。与此逻辑一贯的推论应当是,胎儿不但不能拥有人格权利,也不能拥有人格法益。因为胎儿不具有权利能力的含义是其并不能作为任何法律关系的载体,不管依据这种法律关系获得的是权利还是法益,并不存在不同。即使是法益的拥有也必须以具有权利能力为前提,权利与法益的区别仅在于利益的重要性以及客体的明确程度方面,而不在于对于前者的拥有以权利能力为前提,对于后者的拥有则不需以权利能力为前提。

由于胎儿既不具有人格权利也不具有人格利益,在这种情况下,对于胎儿所受侵害的侵权法救济就存在严重的障碍。因为侵权法的救济以存在权益受到侵害为前提,我国《侵权责任法》第 2 条也对此进行了

---

① 王利明:《人格权法研究》,中国人民大学出版社 2005 年版,第 339 页。

明确规定。[1] 既然胎儿不具有人格权和人格法益,也就不存在权益被侵害的可能,那么,对其予以侵权法救济也就无从谈起。

在德国法中存在类似的障碍。在德国,为了避免上述胎儿权利能力缺陷所产生的侵权法救济的障碍,法院认为侵权法救济的是出生后的孩子,孩子出生后具有了权利能力,作为法律保护的对象并不存在障碍。[2] 但是这种回避胎儿权利能力和人格权益的难题而仅从出生后孩子的角度出发进行侵权法救济的做法,并不符合德国侵权法的内在要求。侵权损害救济以存在侵害为前提,而侵害的概念内在地要求侵害前和侵害后两种状态,因为侵害是使一种法律所保护的状态变坏,正是侵害将侵害前的状态转化为侵害后的状态。而上述不考虑胎儿的人格状态仅从出生后孩子的角度构建的侵权损害赔偿的结构中恰恰欠缺了侵害所必须的侵害前状态。因为孩子从其具备权利能力起就是一种被侵害了的状态,并不存在一种相对的侵害前状态。因而,德国司法实践中采用的解决方案严格来说并不符合侵权责任的构成要件,按照这种方案对于胎儿所受侵害进行侵权法救济也存在严重的障碍。

可见,胎儿在人格权领域欠缺权利能力成为我国法和德国法对胎儿所受侵害提供侵权法救济的共同障碍。这两种障碍产生的根源在于:由于胎儿并不具有权利能力,因而胎儿的人格状态只能作为一种自然法意义上的人格价值,而并不能作为一种受到法律承认和保护的人格价值和利益。在现代法律实证主义的现实下,一种并未得到实证法承认的自然法上的价值是很难获得法律保护的。胎儿欠缺权利能力对德国法和我国法上侵权法救济的障碍的区别仅在于,在德国法上其对于侵权法所要求的侵害要件予以破坏(欠缺侵害前状态),而在我国法

---

① 我国《侵权责任法》第 2 条规定:侵害民事权益,应当依照本法承担侵权责任。

② BGH, JZ 1953, 308.

上其对于侵权法中受法律保护的法益要件予以破坏。其结果都是造成了对于胎儿予以侵权法救济的逻辑和体系上的矛盾。因此,两国的学者都试图承认胎儿的权利能力以解决这种障碍和矛盾。①

(二)排除妨害和防止妨害请求权方面的障碍

排除妨害和防止妨害请求权作为人格权的固有请求权,能够在人格权受到侵害时发动,直接制止侵害人的侵害,防止侵害的进一步发展,是一种有效的权利保护方法。对于胎儿所受侵害的救济来说,它们比侵权损害赔偿请求权具有更重大的作用。由于它们可以直接排除侵害的根源,从根本上制止侵害,防止损害的发生;而侵权损害赔偿请求权是在侵害作用于胎儿并产生损害之后才能够主张的,这种请求权发动时,胎儿往往已经受到了严重的损害。此外,排除妨害和防止妨害请求权不以过错为前提,只要存在对于胎儿的不法侵入或干扰,就可以主张;而一般情况下,对于胎儿侵害的侵权损害赔偿请求权的提起需要证明加害人存在过错。因而排除妨害和防止妨害请求权更容易提起。

由于胎儿并不具有权利能力,因而不能作为人格权的主体。那么胎儿处于发育中的人格状态也就不能获得作为人格权权能的排除妨害和防止妨害请求权的直接保护,在胎儿遭受不法侵害时,并不能具有停止这种侵害的法律上的力量。不但如此,由于胎儿所受侵害的侵权损

① 德国法上存在承认胎儿具有部分权利能力的观点。德国学者 Enneccerus-Nipperdey 提出"限制权利能力"说,尚未出生的孩子在活着出生的条件下,被视为法律主体,也就是说,在活着出生的条件下被赋予限制的权利能力。Enneccrus-Nipperdey, Allgemeiner Teil des bürgerlichen Rechts, 15. Auflage, 1959, S. 479. 学者 Rudolf Schmidt 也认为,形成中的人从受胎之日起具有缩小的权利能力,这种权利能力被限定于某一范围之内。Schmidt Rudolf, Der Schutz der Leibesfrucht gegen unerlaubte Handlung, JZ 1952, 167. 我国学者存在承认胎儿权利能力的观点,认为胎儿具有附延缓条件的权利能力。参见杨立新:《民法总论》,高等教育出版社 2007 年版,第 72 页。

害赔偿请求权的提起一般以活着出生为前提,[①]因而在出现严重侵权行为导致胎儿死亡时,其不能获得侵权损害赔偿请求权的救济。在这种情况下,如果不存在人格权请求权,那么胎儿的人格将完全暴露于侵害行为之下得不到任何保护,而这种现象是现代社会无法忍受的。因此,传统民法关于人的模型,以及以此为基础建立的民事权利能力制度,造成了胎儿的排除妨害和防止妨害请求权方面的障碍,不利于胎儿的人格保护。

(三)人格权客体方面的障碍

除了上述由于权利能力的限制产生的对于胎儿人格保护方面的障碍外,其实胎儿作为人的发展的初始阶段,其所具有的人的生命、身体、健康等的萌芽形态能否作为人格权客体也是其能否获得人格权保护的一项关键因素。关于人格权的客体,传统理论长期坚持人格利益说。该学说认为人格权的客体是主体具有的人格要素所体现的利益。近来一种有力的学说则认为,人格权的客体是人格要素,而非人格利益,是主体所具有的各项人格构成要素。[②] 可见,不管是人格利益说还是人格要素说,都将人格权的客体与人格紧密联系起来,以具有完满人格的民事主体为前提。那么并不符合民法人格原型也不是法定民事主体的胎儿就不能具有人格利益或人格要素,也不能获得人格权的保护。可是,我国和比较法司法实践早就将胎儿所具有的人的初始形态作为一种人格价值予以看待和保护。所以传统的人格权客体理论已经不再符合现

① 因为一般认为,损害赔偿请求权是一种财产赔偿,这种赔偿对于活着的人具有意义。如果胎儿没有活着出生,损害赔偿请求权对其并不具有价值。因而比较法上均要求胎儿的损害赔偿请求权以其活着出生为前提。

② 马俊驹:“从人格利益到人格要素——人格权法律关系客体之界定”,载《河北法学》2006 年第 10 期。

代社会的人格价值观念，也不能满足司法实践的要求，必须对其进行检讨，并论证胎儿所具有的人格状态作为人格权客体的正当性，从而获得人格权法的保护。

二、死者人格保护的障碍

（一）侵权损害赔偿救济的障碍

传统民法并未将死者作为人看待，不承认其具有权利能力，因而死者不能成为任何法律关系的主体，其个人财产由其继承人予以继承。但是新兴科学技术的出现使得死者生前的某些社会性人格存在能够在其死后继续得以存在，这些人格存在包括声音、肖像、姓名等社会性人格存在。局限于传统观念，作为人格权客体的是活着的人的各种人格构成要素，因而，在早期对于死者仍然继续的人格存在能否受到保护存在疑问。但是随着社会的发展，这种人格存在逐渐获得广泛认可，并得到民法的保护。德国联邦法院认为，死者的人格可以超越死亡继续作用。①美国法上也通过公开权对死者的财产性人格要素予以保护。我国司法实践中也通过"荷花女"案②和"海灯法师"③案，并最终通过司法解释④

---

① BGHZ 15, 249, 259.

② 最高人民法院1989年《关于死亡人的名誉权应受法律保护的函》认为："吉文贞（艺名荷花女）死亡后，其名誉权应依法保护，其母陈秀琴亦有权向人民法院提起诉讼。"

③ 最高人民法院1990年《关于范应莲诉敬永祥等侵害海灯法师名誉权一案有关诉讼程序问题的复函》称："海灯死亡后，其名誉权应依法保护，作为海灯的养子，范应莲有权向人民法院提起诉讼。"

④ 最高人民法院2001年3月10日《关于确定民事侵权精神损害赔偿责任若干问题的解释》第3条规定："自然人死亡后，其近亲属因下列侵权行为遭受精神痛苦，向人民法院起诉请求赔偿精神损害的，人民法院应当依法予以受理：（一）以侮辱、诽谤、贬损、丑化或者违反社会公共利益、社会公德的其他方式，侵害死者姓名、肖像、名誉、荣誉；（二）非法披露、利用死者隐私，或者以违反社会公共利益、社会公德的其他方式侵害死者隐私；（三）非法利用、损害遗体、遗骨，或者以违反社会公共利益、社会公德的其他方式侵害遗体、遗骨。"

确认了对于死者的人格存在予以保护的做法。

但是由于传统民法理论的限制，死者并不能具有权利能力，这些人格存在作为人格权的客体予以保护就存在体系和制度上的较大障碍。正是由于传统理论认为死者并不具有权利能力，不能作为人格权的拥有者，因而在关于死者人格保护的理论构建上，学界否认死者"人格权保护说"而坚持"近亲属利益保护说"和"家庭利益保护说"的观点。"近亲属利益保护说"认为，法律对于死者人格的保护只是一种反射作用，其实质是对死者近亲属因为死者人格被侵害所产生的人格权损害的救济，对于死者的人格侵害实际上侵害的是其近亲属的人格。① "家庭利益保护说"认为，死者的人格与其近亲属的人格通过家庭人格予以连接，对于死者的人格侵害本质上是对于死者家庭人格的侵害。②

"近亲属利益保护说"具有合理的成分，该理论看到了死者人格受侵害往往会造成其近亲属人格利益的侵害。但是，必须注意的是，死者的人格利益与死者近亲属的人格利益之间存在明确的区别。这两者之间虽然具有引起与被引起的关系，死者人格利益受到侵害，一般会造成其近亲属的人格利益的损害以及精神上的痛苦，但是死者人格价值的贬损和死者近亲属人格价值的贬损是两种可以区分的损害。正如学者所言，死者继续存在的利益并不等同于那些与其有血缘关系的与死者的价值紧密结合的人的利益。③ "近亲属利益保护说"只看到了死者近

---

① 学者认为，保护死者名誉的实质与作用，是保护死者的配偶、子女和父母的利益。在我国现阶段，根据公民通常的观念，死者的名誉好坏，往往影响到对其近亲属的评价；其近亲属也会因而产生荣誉感或压抑感等感受。与其说对死者名誉需要民法保护，不如说是对死者近亲属的利益或人身权的民法保护。参见魏振瀛："侵害名誉权的认定"，载《中外法学》1990 年第 1 期。

② 个人名誉是家庭名誉的组成部分，家庭名誉是对家庭成员名誉的一种抽象。家庭名誉并不因为家庭个别成员的死亡而消灭。因而在对死亡人的名誉加以侵害时，家庭名誉也就必然遭到侵害。陈爽："试论死者名誉与家庭名誉"，载《法学研究生》1991 年第 9 期。

③ Heinrich Hubmann, Das Persönlichkeitsrecht, 2 Auflage, Böhlau Verlag 1967, S. 342.

亲属人格利益损害的结果,忽略了死者人格受侵害的事实。

“家庭利益保护说”则存在逻辑上的障碍,家庭利益是所有家庭成员的利益总和,并不存在一种独立的家庭利益。在德国法中,一般也认为家庭并不能作为人格权的承担者。①

以上两种理论产生的根源在于,社会观念与民法的价值都已经发生了变化,死者的人格价值应当获得保护成为一种正当的要求与人们的内心确信,但是局限于作为民法外在体系的权利能力制度的限制不得已去寻求迂回的解决方法。其实,这两种理论都没有真正地把人们所确信的价值妥当地通过制度表达出来,颇有“隔靴搔痒”之弊。

虽然比较法上普遍存在对于死者人格予以保护的司法实践,但是由于权利能力制度的限制,对于这种做法的体系化和教义学解释,存在严重的不足,都不能够揭示死者人格保护的本质。死者死后继续存在的人格形态,是死者人格尊严的体现,这些人格存在具有为死者自身的存在目的,并不能成为他人获取利益的工具。按照这种价值判断,死者继续存在的人格只能是死者自身的人格权的客体,而不能成为他人的权利客体。只有承认死者的人格权继续作用,才能够完满地解决这一难题。正如学者所言,虽然死者参与一般法律关系的能力随着死亡而丧失,但是死者的价值仍然继续存在,对于他自己的权利,他的人格权,也仍然继续作用。②

(二)排除妨害和防止妨害请求权方面的障碍

与胎儿的人格权保护相似,死者由于不具备权利能力,因而并不能

---

① Rixecker, Münchener Kommentar zum BGB, 5. Auflage 2006, Anhang zu § 12, Rn. 19.

② Heinrich Hubmann, Das Persönlichkeitsrecht, 2 Auflage, Böhlau Verlag, 1967, S. 341.

拥有人格权,也就不能拥有对于人格保护具有最直接效力的排除妨害和防止妨害请求权。不承认死者具有人格权方面权利能力的学说,都在试图以其他主体的利益的侵权法救济来间接实现对于死者人格的保护效果。这些都是在侵权行为发生后,并且已经造成损害的情况下提供的救济,是一种事后弥补。当事人无法行使最直接有效的防止侵害的排除妨害和防止妨害请求权这一武器,使得死者人格的保护处于一种不利的地位。只有承认死者在人格权方面的权利能力,使得死者具有人格权,才能够获得排除妨害和防止妨害请求权,从而获得有力的保护。需要指出的是,死者虽然不具有行为的能力,但并不妨碍其在人格权领域具有权利能力。因为权利的行使可以通过代理人代为实施。只要像成年监护那样为死者设定保护人,由保护人代为行使人格权请求权,就能够实现保护死者人格权的目的。

(三)人格权客体方面的疑难

关于死者人格保护的另外一个难题在于死者仍然具有的部分人格存在能否作为人格权的客体。死者死亡后,就丧失了主动发展自己人格的能力,不符合人格的构成条件,也不属于民事主体的范畴。按照传统人格权客体理论,人格权客体是独立人格所具有的人格利益或人格要素,因而,在传统民法理论尤其是人格权理论的框架下,死者仍然存续的人格部分作为人格权的客体就存在一定的障碍。但是,死者仍然存在的人格部分也是人格的构成部分,体现着人的尊严,是一种精神性利益,应当通过人格权予以保护。可见,传统理论关于人格权客体的理论也存在严重的局限,需要通过采用一定的方法予以克服。

第二节　民事合伙及设立中法人人格保护的疑难

一、民事合伙的法律地位疑难

传统学说将合伙视为一种财产的共同体，以服务于归属集体的特别财产的共同结合为目的，合伙人之间的关系是一种契约关系。这种理论将合伙作为一种松散的人与人之间的契约关系，并未将成员之间的结合视作超越于合伙成员的一种组织。传统学说的这种认识局限于合伙的内部关系，没有认识到通过合伙财产以及合伙事务执行人，合伙已经具有了超越于合伙人的存在形态，在外部关系上具有了独立的参与法律关系的能力。

局限于这种认识，合伙由于并不符合法律关于法人的实质性组织构成规定，而不能具有权利能力，不能参与法律关系。与他人订立合同并作为权利义务承担者的是所有的合伙人，全体合伙人作为共同债权人和共同债务人参与法律关系。合伙也不能作为诉讼上的主体，无论是在起诉还是被诉中，必须全体合伙人共同参与，这也造成了司法资源的浪费。事实上，合伙不具有权利能力的认识与合伙的本质相违背。合伙的财产只能经全体合伙人同意，并为合伙的目的去使用，每个合伙人不能任意使用和处分其财产份额。也就是说，合伙财产并非是个别合伙人的个人财产，也不是全体合伙人的共有财产，而是合伙的财产。但是由于合伙并不具有权利能力，无法作为合伙财产的所有人，这样就造成了合伙财产归属的矛盾。只有赋予合伙一定的权利能力，使其能够作为主体拥有合伙财产，并以自己的名义对外参与法律关系和法律诉讼，才能够解决以上问题。

在我国的司法实践中，合伙参与法律交往的诉求日益高涨，因而理论界逐渐承认了合伙的第三类主体地位。但是这种认识的教义学基础以及确切含义是什么？其与权利能力制度之间的关系如何？更进一步地，其作为第三类民事主体与同样作为民事主体的法人地位是否完全等同？这些问题都没有解决。而且这种法律地位以及权利能力方面认识的混乱也造成了对于合伙人格保护的障碍。

二、设立中法人的法律地位争议

传统理论认为，法人必须符合法律规定的组织结构以形成与其成员具有独立区分的组织体，能够独立行为、独立承担责任、并且通过登记才能形成。由于设立中法人尚未予以登记，它的债务除自己承担责任外其成员也要承担责任，不具有完全的独立性，并不符合传统法律关于法人的结构，因而并未被作为一种独立人格存在，也不能具有权利能力。但是应当注意到，形成中的法人固然没有通过登记获得民法人格，但是已经具备了行为机构、独立的财产、相对独立的责任能力、姓名这些人格的构成要素，而且从事了与法人设立相关的法律交往，应当可以在个别法律关系中拥有部分具体权利能力。传统的人的模型阻碍着对于设立中法人的人格状态以及权利能力的承认，而这也成为对于设立中法人人格权保护的障碍。

三、合伙和设立中法人人格权客体方面的障碍

我国传统理论曾经仅将自然人作为人格权保护的对象而否定法人这类组织体的人格权。随着人格权理论研究的深入，现行学说大都逐渐承认法人的人格权。但是正如学者所言，直至目前的理论也都将理性实体作为人格权的基础，①将理性实体的人格构成部分作为人格权的

① 马俊驹：《人格和人格权理论讲稿》，法律出版社 2009 年版，第 192 页。

客体。自然人一直被作为理性实体是没有疑问的,法人之所以被承认人格权也是以其属于一种客观实体为前提。然而,合伙和设立中法人作为一种组织体并未被构建为类似法人那样的独立的理性实体,因而长期以来并未被承认为人格权的拥有者,其所具有的名称、名誉等自然也未被作为人格利益受到人格权保护。但不可否认的是,合伙和设立中法人在一定程度上也具有了法人的某些构造、能够参与某些法律关系、获得了一定的人格形象,这些形象与其存在具有紧密联系应当通过人格权进行保护。于是,传统理论关于人格权客体的认识以及人格权存在前提的认识成为对于合伙和设立中法人人格权保护的障碍。而这都是由于传统民法"人"的模型的局限性已经不再适应现代社会的需要造成的。

第三节 传统民法形式人模型的不足

法律上的人的形象源于哲学上关于人的认识,这种认识以人的理性的行为能力作为人的本质,主要体现在康德伦理哲学中。康德认为,人的本质在于按照理性所给予的普遍的实践法则去行为。

权利能力制度的产生和构建直接受到这一理念的影响。关于权利能力,萨维尼指出,所有的法律都是为道德的、内在于每个人的自由意志而存在的。因此,人格人或者法律主体的源初概念必须与人的概念相一致,并且这两个概念的源初同一性表现在,每个人,并且只有单个的人才具有权利能力。① 科英也认为,因为人有能力成为伦理人格人,因此他必须是法律上的人格人并拥有权利,以此来使得他在自由行为

① Savigny, System des heutigen römischen Rechts, Zweiter Band, Berlin 1840, S. 2.

中的伦理自由得以实现。[①] 可见，传统理论将自我负责的理性作为权利能力的正当基础：理性使得人能够合理行为并相互尊重，因此具有了人格尊严，基于此应当被赋予法律主体地位。此外，正是由于这种理性实体所具有的独立人格形象和功能，使得与其存在紧密相连不可分割的要素成为人格权的客体，从而受到民法的保护。

在这种传统观念的影响下，传统民法人的原型建立在出生到死亡这一阶段，在这一关于人的认识的价值判断基础上，形成了传统民法关于权利能力和人格权的构造。传统的权利能力是一种全面地参与法律关系的能力的抽象，它是结合一般的人的本质以及一般的法律秩序的特性去构造的全面的一般权利能力。这种能力建立在高度抽象的哲学与法哲学思考的基础上，所考察的是何种人的存在能够一般地作为法律秩序的主体，而不去考虑到底是在何种法律关系中具有主体能力。通过这种方法就将能够具有权利能力的人建立在公认的具有理性和行为能力的人的基础上。[②] 人的理性是人的生命的机能，人的行为以身体的存在为前提，因而对于人来说，具有这种完全权利能力的是从出生到死亡阶段的人，因为这一阶段的人同时具有生命和身体。虽然这一阶段的人存在一些出于偶然原因的理性能力的不成熟和障碍，但是这并不妨碍他们具有理性的特性。至于其理性的不成熟和障碍则可以通过法定代理人予以补充和克服。[③]

正是这种具有理性的自然人，能够通过自己的行为妥善地与他人

---

① Coing, Der Rechtsbegriff der menschlichen Person und die Theorie der Menschenrechte, Tübingen1950, S. 201.

② 这种具有理性和行为能力的人是哲学上以及法哲学上的人的模型。参见[德]京特·雅科布斯：《规范·人格体·社会》，冯军译，法律出版社2001年版，第35～36页。

③ 法律对于那些理性不成熟的未成年人和那些理性存在障碍的成年人设定亲权人和成年监护人（在德国法上叫做照管人），他们作为未成年人和理性障碍的成年人的法定代理人，以其理性弥补了理性的缺损，构造了一种完满的理性。

相处，普遍参与社会生活和法律关系，在社会中具有一定的角色，承担一定的社会功能，被哲学和社会学认定为人格体，进而被承认为法律上的人格体。因而与其存在不可分割的组成要素就被作为人格权的客体受到法律保护。

这种传统民法所喜好的高度抽象的理想化的模型人的立法方式，是一种形式理性与形式正义的理念的表现。这种理念在废除旧的以人的各种外在身份对人进行区分并进行歧视对待的不平等的法律体系方面具有重要的意义，只要符合建立于人的自然属性之上的模型的人都能够受到法律平等的对待。但是这种高度理想化的人的模型，造成了对那些并不符合这一模型的人的存在的忽视。他们不但不能具有权利能力，不能作为权利义务的承担者参与法律交往，而且其是否具有人格存在，并进而可以得到人格权法的保护也存在重大疑问。

民法的各项制度作为法律的外在体系以承载和实现民法的内在价值为目的，民法的内在价值与民法的外在制度体系形成了相互对应的关系。随着社会的发展，一些新的社会价值由于其突出的地位逐渐被民法的内在价值所接受，但是却缺乏作为其承载工具的民法具体制度。因而民法的外在体系成为约束和阻碍民法内在价值实现的障碍。

传统民法的权利能力和人格权制度，是与传统民法中形式人的内在价值相适应的，承载了这种内在价值，使其得以实现。在现代社会，对于各种实质人的关注与保护成为社会的重要价值之后，建立于形式人模型之上的权利能力制度和僵化的人格权客体理论反而成为阻碍这种价值实现的障碍。死者、胎儿、合伙、设立中法人并不符合形式人模型的人和组织的人格保护不能通过传统民法的既有制度予以解决，主要是其权利能力和人格权客体方面的欠缺。

因此，传统民法中的权利能力制度和人格权客体理论存在法律漏洞。这种漏洞是由传统法律所唯一关注的人的形式化模型造成的。法律漏洞是违反计划的不完满状态，是立法者对于调整范围中的特定案件类型非有意的沉默。① 这种沉默或者是由于立法者当时未能充分预见，或者是由于社会关系的发展超越了立法者立法当时的预见能力。② 判断是否存在法律漏洞，一个非常重要的因素是立法者的沉默并非是一种有意的沉默，如果立法者有意对此问题不作规定，将其作为法外空间，那么就绝不存在法律漏洞。③

法律关于胎儿和死者的权利能力未予规定，以及对于他们人格保护的法律遗漏，并非立法者的有意沉默，立法者无意将其作为法律以外的价值归属为法外空间。人的尊严和价值是民法的一项基石性价值，民法以各项制度对其予以实现，胎儿和死者作为人的特殊存在形态，包含着人的价值和尊严，法律必须对其予以调整和保护，而不能作为法外空间。第二次世界大战后世界范围内人格权的发展，尤其是大陆法系一般人格权的发展，试图对所有的人格尊严和人格发展的价值予以保护的作法，也证明了法律不能容忍人的价值被有意忽视。因此，胎儿和死者的权利能力和人格要素构成是一种真正的法律漏洞。合伙及设立中法人等非法人组织虽然并不符合法律关于独立组织体的结构，也没有进行登记，但是作为一种法律承认的集合体，现代社会要求其能够以自己的名义独立参加法律关系，其在参与社会生活过程中形成的人格形象也需要予以保护。因而法律对其权利能力和人格要素构成未予规定也是一种真正的法律漏洞。

对于胎儿、死者、合伙、设立中法人等非典型人和组织在权利能力和人格权客体两个方面的法律漏洞必须通过一定的法学方法予以克服

---

① [德]卡尔·拉伦茨:《法学方法论》,陈爱娥译,商务印书馆2003年版,第249页。

② 王利明:《法律解释学导论》,法律出版社2009年版,第461页。

③ [德]卡尔·拉伦茨:《法学方法论》,陈爱娥译,商务印书馆2003年版,第253页。

和续造，以促使这种内在价值的实现。

第四节　实质人的思路及体系的融入

传统民法的形式人模型忽视了人的现实差异，并不符合这一模型的人的存在形态被法律所排斥，暴露于法律之外，无法获得法律的保护。从实质人的具体特性出发，根据他们与传统民法的形式人模型之间的具体差异去分析其权利能力问题，以及其人格要素作为人格权客体的正当性，并以此为基础构建人格权保护制度，是解决上述法律漏洞的最佳途径。

一、准人格的提出

法律所设定的形式人模型建立在哲学和法哲学的人格形象的基础上，是对于人格的法律化抽象。符合这一模型的人具有民法上的完满人格。实质人中的胎儿、死者、合伙以及设立中法人等非法人组织，与法律所设定的形式人模型之间存在一些差异，欠缺一些人格构成要素，并不具备完满的民法人格，因而不能满足形式人的要求。但是这些人的存在具有了部分人格要素，类似于民法人格，是一种准人格存在。

既然这些人的存在具有部分而非完满的民法人格要素，为什么不叫部分人格而叫准人格呢？因为人格作为一种哲学和社会观念是一个整体的观念，是一个不可分的存在，是以意志和理性为核心的统一体。拉伦茨认为，从哲学上观察，作为人格基础的特性是人的意志和自我意识的整体性。① 还有学者认为，人格的基础源于人的

① Karl Larenz, Zur Lehre von der Rechtsgemainschaft, Iherings Jahrbücher, 83 (1933), S. 152.

整体性。① 因而,人格是一个整体性的概念,虽然其价值可以通过不同的多种制度予以实现,但是人格存在和人格价值是一个整体,并不存在人格的分割。那些只具有部分人格要素的存在,因为欠缺人格的完满统一性,是一种类似于人格的存在,因而被称作准人格。

二、准人格向民法体系的融入

我国现有民法体系对准人格的权利能力和人格权保护未予规定,属于法律漏洞。准人格的价值要融入我国民法体系并获得人格权保护,必须通过一定的方法使其与既有民法体系中的相关制度相接轨,成为该制度调整的对象,从而依托于民法体系获得法律的调整和保护。主要表现为通过一定的法律续造方法建立准人格与权利能力和人格权客体两个制度的衔接,以此作为切入点实现准人格向民法体系的融入。

在权利能力方面,由于我国《民法通则》明确规定了自然人的权利能力始于出生终于死亡,②将权利能力的享有者明确限制于出生到死亡阶段的人的存在,因而无法采用扩大解释的方法将权利能力的适用范围扩大到胎儿和死者,采用类推适用的方法也存在重大困难。对于能够享有权利能力的组织体,法律也明确地将其范围限定于经过登记的符合法律规定的组织方式的组织体,合伙与设立中法人等非法人组织并不符合这样的条件,因而也无法采用扩大和类推解释的方法赋予其权利能力。

因此,要填补准人格的法律漏洞,必须要在尽量减少对于既有体系冲击的原则下进行超越法律的法的续造,务求该规范可以被无缝隙地

① Wolf-Naujoks, Anfang und Ende der Rechtsfähigkeit des Menschen, Vittorio Klostermann, Frankfurt 1955, S. 209.

② 我国《民法通则》第 9 条规定,公民从出生时起到死亡时止,具有民事权利能力,依法享有民事权利,承担民事义务。

纳入既存的法律体系，以维护法律体系内在的价值上的一致性。

在权利能力方面，可资借鉴的是比较法上关于胎儿法律调整的做法。比较法上早期存在胎儿在活着出生的条件下赋予其权利能力的做法，瑞士民法采此立法例。这种做法对于胎儿的法律保护无疑是一种创见，但是其存在的问题是，胎儿权利能力的内容和范围存在着疑问，而且通过这样的规定赋予胎儿一种与自然人完全相同的权利能力，显然是不合适的。因为胎儿既没有姓名、肖像等外在的标志性特征，也没有行为的能力，更没有一般的法定代理人。没有外在的标志性特征会造成法律交易安全方面的障碍，没有行为能力及法定代理人使得胎儿并不具有代为进行或接受意思表示的机制，缺乏建立法律关系的方法和途径。因而，胎儿在大部分法律关系中是不适宜作为法律主体的，可见，瑞士法的做法并不完美。

我国台湾地区"民法典"存在胎儿以活着出生为前提在其利益保护方面视为出生的规定。① 虽然立法存在"关于其利益之保护"的表述，但是其是否表明胎儿的权利能力仅限于利益方面，尚且存在疑问。台湾地区通说认为胎儿在利益享有方面具有全面权利能力。② 这种做法比瑞士法略有改进，认识到胎儿不能具有完全的权利能力，从而将其限定为"利益保护"方面。但是由于采用"视为既已出生"而非"具有限定的权利能力"这种表述，因而不但造成了制度内部的自相矛盾，而且仍然存在不当扩大胎儿权利能力内容的弊端。由于这种做法采用的是拟制出生的路径，在这种情形下，既然胎儿被视为出生，那么它享有的将

---

① 我国台湾地区"民法典"第7条规定：胎儿以将来非死产者为限，关于其个人利益之保护，视为既已出生。

② 王泽鉴教授认为，凡关于胎儿利益之保护，视为既已出生，但不及于义务的负担，实属妥适的立法。胎儿能取得的权利并无限制，包括损害赔偿请求权、继承权、非婚生"胎儿"对其生父的认领请求权等。

是一种与出生相联系的全面的权利能力，这就与其前提性限定“利益保护方面”相矛盾。此外，虽然学界通过学说发展将权利能力限制于利益的保护，而不及于义务的负担，但是胎儿也并非能够在所有的受益方面都具有权利能力。因而，台湾地区“民法典”的上述作法相对于瑞士民法的作法有所改进，但是仍然存在内容和范围宽泛、模糊的弊病。

德国法上，传统理论中仅存在一种一般权利能力，但是近半个世纪以来，经过众多学者[①]的论证，关于胎儿具有限制权利能力学说得到了发展，尤其是法布里齐乌斯[②]关于权利能力相对化的研究，使得胎儿具有限制权利能力的观点成为学界的通说。[③] 该学说认为，胎儿的权利能力是一种限制的并不及于所有法律关系的能力，具体的权利能力的范围，要结合胎儿的人格状况与某种法律关系的性质和原则进行判断。包括并不限于人格权、继承权、抚养人被侵害死亡时向加害人的抚养费赔偿请求权、利第三人合同中的受益权。

比较来说，德国法上的关于胎儿的权利能力的法律续造方法相对具体明确，直接而清晰地确定了胎儿的权利能力，比较合理地处理了胎儿在法律地位方面向民法典体系的融入，是一种值得借鉴的思路。本

① 德国学者 Enneccerus-Nipperdey 提出“限制权利能力”说，认为尚未出生的孩子在活着出生的条件下，被视为法律主体。也就是说，在活着出生的条件下被赋予限制的权利能力。Enneccrus/Nipperdey, Allgemeiner Teil des Bürgerlichen Rechts, 15. Auflage, 1959, § Ⅱ 84,3, S. 479. 学者 Rudolf Schmidt 也认为，形成中的人从受胎之日起就具有缩小的权利能力，这种权利能力被限定于某一范围之内。Rudolf Schmidt, Der Schutz der Leibesfrucht gegen unerlaubte Handlung, JZ 1952,167.

② 学者 Fabricius 提出部分权利能力说，认为法律关于全面权利能力的规定并不排除那些并未被赋予全面权利能力的主体具有部分权利能力的可能。谁在这一或者那一情况下是一种主观权利的主体的问题，是一个解释的问题。Fritz Fabricius, Relativität der Rechtsfähigkeit, C. H. BECK Verlag, 1963, S. 111.

③ Münchener Kommentar 的作者认为，为了承担胎儿宪法上的受保护地位的任务，（私法上）必须部分地类推适用法律关于胎儿保护的规定，因而产生了胎儿的限制权利能力的结果。Jochem Schmitt, Münchener Kommentar BGB, Band 1., § 1, SS. 121 – 122.

书借鉴这一思路，并对其进行适当扩展，从准人格具有的人格要素出发，与传统立法所采用的形式人做比较，考察具有部分人格要素的准人格能够具有的权利能力的范围，从而解决准人格的权利能力问题，为他们的人格保护提供教义学基础。

除此之外，由于准人格并未被纳入传统民法中的人的范畴，因而他们的人格构成部分并未被作为人格权保护客体的人格利益予以承认。这也是传统理论的漏洞，是由传统民法形式人模型的缺陷造成的。从实质人的角度进行考察，准人格虽然并不符合传统民法的形式人模型，但是已经具有了这种形式人的部分要素。例如，胎儿已经具有了人的生命、身体和健康，死者仍然具有名誉、姓名和肖像，合伙和设立中法人也具有名称和名誉等。这些要素具有人格价值，需要通过对于传统人格权客体理论予以发展，将它们纳入民法中人格要素的范畴，从而为它们的人格权保护提供条件。

按照上述思路，通过准人格具有部分权利能力以及其所具备的部分人格要素属于人格权保护客体的证成，就能够克服传统民法对于准人格调整的障碍，构建起准人格法律调整和人格权保护的正当的教义学基础。

CHAPTER 02 >>

第二章

构建准人格的理论基础

人格(Persönlichkeit)在民法上并不存在统一的概念,但是毫无疑问整个民法体系是以人格的理念和原型为基础构建起来的。① 民法作为一种精致的法律规范,将人格融入到规范性中,对现实社会中的人进行了规范性的抽象,构建了一种模型化的人的形象。这种模型化的人格满足了形式理性的要求,构建了平等的人的地位,是近代民法的基石。但是这种高度抽象与模型化的人格概念的弊端是,不符合这一模型的人和组织存在被忽视,这些存在形态虽然不符合民法人格的模型,但是或多或少地具有民法人格的部分构成要素,属于民法准人格。由于准人格是在人格的基础上提出的,因此民法人格成为构建准人格的理论基础。以人格为基础,在民法的价值和制度体系中构建准人格的具体制度,将其纳入法律的调整范围,并对其予以法律保护,是我们必须面对的一项课题。

---

① Harry Westermann, Person und Persönlichkeit als Wert im Zivilrecht, Westdeutscher Verlag, Köln 1957, S. 6.

第一节　准人格构建的前提性基础

一、人格制度是准人格制度构建的理论前提

伦理人格确立了人格和人格价值在民法中的指导地位。民法的各项制度都是以此为基础构建起来的,是伦理人格法律技术化处理的产物。民法通过技术化处理将伦理人格分解为各种法律制度,这些法律制度的内在价值的综合构成了民法上的人格。传统民法以自然人作为人格的原型,通过将伦理的人格价值的技术化处理,构建了具有规范化的意志能力、自我发展能力、物理性存在以及社会性存在的民法上的人格形象。这样的人格并非是脱离伦理人格的独立存在,而恰恰是伦理人格在民法中的实现,仅在某些方面采用了不同于伦理词汇的专门法律术语。民法上的人格以伦理上的人格为基础和前提,这一基本判断是没有疑问的。

既然民法上的人格已经通过法律技术构建为一种边界清晰的人格形象,那些并不完全符合这种人格构成的人和组织就无法纳入法律的调整,成为法律外的存在。但是,随着社会的发展以及这些非人格存在在社会中的作用和规模的扩张,伦理和法的精神,以及社会公众的法情感都要求将他们纳入法律的调整。于是,他们与作为民法原型的人格之间的相似点就成为他们进入法律调整的关键之处,也成为将他们纳入既有法律体系的连接点。也就是说,这些并不完全符合人格构成的人和组织或多或少地具有了人格的部分构成要素,在某种程度上具有了类似于人格的价值。由于民法人格并非一个整体性的存在,而是以分散的状态分布于各项制度中的价值,不同的民法制度分别实现人格的不同层面的价值。因而,这种民法人格价值的分散性为准人格纳入

个别法律制度,成为个别法律制度的承担者创造了前提性条件。虽然准人格并不符合人格的所有构成要素,因而不能作为所有法律制度的承担者,但是他们具有了部分的人格构成要素,相应地具备了部分的人格价值,因而具备了成为承载此部分人格价值的民法制度的享有者的能力。

因此,准人格的构建必须以人格为基础,对于民法准人格的研究建立在民法人格的基础之上。准人格的构成要素是部分的人格构成要素,是对于规范的意志能力之外的其他人格要素或多或少的具备。在厘清民法人格的构成要素之后,准人格的构成要素自然也就清楚了。因此,对于民法人格的整理与澄清是准人格研究的必要的前提性基础。

二、人格概念的演变

(一)罗马法上的人格概念

人格概念最早出现在罗马法中,其拉丁文为persona,表示人所具有的某种身份。① 在罗马法中,人格的全部内容都由人所具有的各种身份构成,身份的拥有状态直接决定了人格的享有状态。具有法定的自由身份、市民身份和家父身份的人具有完满的人格,其中某些身份的丧失会导致人格的减等或消灭。因此,有学者认为,罗马法中的人格其实是一种身份人格。② 这种认识真是真知灼见。

人是一种复杂的多方面存在,从不同的角度进行观察会有不同的表现形态。现代社会的哲学、社会学、人类学以及心理学等学科对于人的多层面的研究已经证明了这一事实。其实,人格并非人的全部,而只

---

① 周枏:《罗马法原论》(上册),商务印书馆1994年版,第97页。

② 马俊驹:“人与人格分离技术的形成、发展与变迁”,载《现代法学》2006年第4期。

是意味着人的某个特定的侧面而已。[1] 处于人类每一发展阶段的社会都在与该社会的政治、经济以及社会结构相适应的层面去揭示人的本质,从而提出该社会中作为人的本质的人格概念。罗马法中的人格之所以由各种身份所构成,是由罗马社会以政治生活为核心的社会结构决定的。罗马社会一直处在扩张和战争的状态,在这种背景下,政治生活是社会的核心,整个社会都是围绕政治构建起来的。因此,对于人来说,重要的是成为该政治生活体系中的一员,从而获得政治自由。对此,学者非常深刻地指出:对于古代(罗马)人来讲,重要的是政治自由,而对于现代人来说,弥足珍贵的是个人自由。[2] 在罗马社会,只有那些具有特定身份能够在国家的政治体系中发挥作用的人,才具有人的本质,因而才能获得人格。因此,在罗马社会,人的本质——人格,并不存在于人自身,而在于人所具有的特定身份。具有人的生命和形态并不足以使其作为社会生活和法律生活的参与者,只有特定身份的具备才使其成为社会和法律中的"人"。

罗马法中人格具有如下几个特点:

1. 政治属性

罗马法中人格由自由身份、市民身份和家父身份构成。其实这三种身份都是政治身份,使得罗马法中的人格具有浓厚的政治属性。

市民的身份,市民身份是一种特权,只有罗马人和经承认的一些民族才能够具有市民身份。这种身份排除了外邦人获得完全法律人格的可能,只有罗马人才具有完满的法律人格,能够享有罗马共同体的各种公私权利。根据与罗马人的宗教、语言、文化、风俗差异程度和友好状

---

① [日]星野英一:《私法中的人》,王闯译,中国法制出版社2004年版,第20页。

② [法]邦雅曼·贡斯当:《古代人的自由与现代人的自由》,阎克文译,上海世纪出版集团2005年版,第40页。

态，赋予其他民族相应的法律地位。古拉丁人与罗马人的宗教、文化最为接近并与罗马人订立了攻守同盟条约，因而享有绝大部分公私权利。殖民地拉丁人、优尼亚拉丁人、外国人的法律地位依次降低。因而市民身份具有政治色彩，是一种政治身份。

自由的身份，在法定限度内按照自己的意愿处置其人身和行动的一种特权，与奴隶相对。① 奴隶大多是征战过程中捕获的敌方阵营的俘虏，而自由人大多是罗马建邦时的成员，因而自由的身份也是一种政治地位的象征。

家父身份其实也是一种政治身份，这来源于家庭的政治功能。认为罗马家庭是一个政治组织并非只是一个空洞的说教，它包含着一系列的具体要素。在罗马家庭中，家父拥有绝对的权利，在不同的历史时期，享有不同的支配权和其他权利，包括对人的支配权、夫权、财产权等。父对其子有生死之权（Jus vite necisque），具有无限制的肉体惩罚权；他可以任意变更他们的个人身分；他可以为子娶妻，他可以将女许嫁；他可以令子女离婚；他可以用收养的方法把子女移转到其他家族中去；他还可以出卖他们；家父还拥有以包括奴隶、依附于他的自由人为对象的所有权；而且家父还拥有对意大利土地的所有权及对作为其附属品的某些地役权。这些权利形成了家父对人和土地的绝对权利，即家父的权利之下包括成为政治实体所必须的要素，居民和领土。② 从而一个家庭就是在家父绝对权威统治下的政治组织。

2. 团体属性

罗马法上的人格具有团体属性。个人是现代民法的调整对象，个人作为目的，因其伦理价值必须成为法律上的主体。但罗马法调整的

① 周枏：《罗马法原论》（上册），商务印书馆 1994 年版，第 98 页。

② ［意］朱塞佩·格罗索：《罗马法史》，黄风译，中国政法大学出版社 1994 年版，第 12 页。

是一种跨家庭社会秩序，其仅仅是承认家庭的存在和家长的权力，家庭内部秩序以及由此而产生的对家长权力的限制，从罗马法的角度加以考察，简直就属于那种尚未上升为法的一般习俗，这种习俗不属于法并且与其相对立。[①] 虽然家长具有绝对的权力，但是由于此种习俗的约束，家长一般还不至于滥用权力。[②] 对于法律来说，个人根本不存在，家庭是法律调整的基本单位，法律人格自然就是家庭的团体人格，它是家庭作为基本社会单位开展社会活动，作为政治组织参与国家政治生活的法律上的确认和保障。

团体生活是罗马社会的基本社会形态，团体在罗马社会具有举足轻重的地位，具有团体身份的人才能享有国家政治权力。主动依附罗马或被动征服的人必须通过被收养、充当靠客等方法成为罗马城邦中某一家庭的成员，获得团体身份，从而具有一定的政治地位。法律必须针对不同团体的不同结构设计相应的人格构造，对于团体法律地位的承认可以依据团体内部组成结构的不同采用两种不同的方法。第一种团体，其成员具有基本平等的地位(身份)，每个成员具有各自不同的利益，他们之间不存在隶属和依附关系，团体的决定和行为要以多数决的原则确定，法律直接赋予此种团体以人格。在罗马法中，自治市、自由城邦和僧侣会就是此种法人团体。第二种团体，其成员具有不平等的地位，团体成员具有共同的利益，成员个人与团体紧密联系在一起，离开团体的个人基本上丧失了生存的机会。其中某一成员因为其绝对权威而处于主导地位，其他成员处于完全依附地位，法律将团体的人格转移至此人，由其代表团体开展法律活动，其行为的出发点不是个人私利，而是团体的整体利益，至于其与其他成员的关系则由习惯调整。

---

① [意]朱塞佩·格罗索：《罗马法史》，黄风译，中国政法大学出版社1994年版，第96页。

② 周枏：《罗马法原论》(上册)，商务印书馆1994年版，第138页。

罗马家庭作为一个团体,其成员的地位是不平等的。家父对于家庭成员和奴隶具有完全的支配权,对于家庭的财产具有所有权,在家庭的祖先崇拜中担当祭司的职能,因而成为家庭中物质和精神的双重领袖,在家庭中具有绝对的权威,整个家庭处于其个人意志支配之下。此种团体内部结构决定了对其法律地位的确立采用了上述第二种方法,从而家父代表家庭成为法律调整的对象,成为法律上的主体,作为调整家庭外部关系的"法"因而成为"家父法"。家父能够作为罗马共同体的正式成员参与国家主权的行使,不是因为家父的个人素质、能力和功勋,而是因为家庭作为国家政治生活中的重要团体必须参与国家的政治决策,家父一旦丧失其家庭身份随即丧失代表家庭行使部分国家主权的能力。

可以说,在整个罗马时代,罗马私法就是"家父"或家长的法,面对国家,只存在作为群体的家庭,国家要想尊重家庭的独立性,他就必须承认家庭首领拥有专属的和绝对的主宰权。①

对家父的法律人格的承认实质上是对家庭的团体人格的确认,家父的人格承载着整个家庭。人是具有尊严和价值的上帝造物,人是终极的目的诸学说,只是基督教和近代伦理学努力的结果。在这以前个人从来不是政治和社会生活的目的,作为上帝造物的人甚至被置于物的地位(奴隶制)。传统学说主张的家父的人格在我们看来根本不是对于家父个人的尊严、价值或地位的确认,毋宁说,此种人格事实上是一种团体人格,其根源于家庭在罗马城邦中的政治地位,是家庭行使部分城邦主权的政治地位在法律上的确认和保障,是国家政治权力安排的

---

① [意]彼得罗·彭梵德:《罗马法教科书》,黄风译,中国政法大学出版社2005年版,第98页。

必然要求。对“家父”权力的限制将成为对“家庭”自主性的侵犯。①

（二）近现代的人格概念

正如学者所言，近代的人格概念产生于14世纪的基督教，并成为其核心概念。② 后来被自然法学派的学者所接受，并成为哲学的核心概念，深刻影响了《普鲁士一般邦法》③和《法国民法典》。继而被康德继承，并以其三大批判首次建立了完整的哲学人格体系，对于《奥地利民法典》、《德国民法典》和《瑞士民法典》产生了深远影响。④

随着商业的发展，政治对社会的捆绑逐渐减弱，为宗教和哲学上对于个人的思考提供了前提性基础。在现代人格理念的形成过程中，基督教的思想是一个重要的推动力量。基督教通过宣传人由神创造、由基督拯救、因而在神面前是平等的说教，确立了人类尊严思想，它构成了中世纪以后西欧人类观的基本哲学。⑤ 这种人类平等和尊严的思想为近现代人格概念的形成提供了思想基础。以此为基础，世俗社会中的启蒙运动和自然法理论，对于现实社会和法律中的等级制度展开了猛烈的进攻，以“理性”和“自然”为终极价值，以人的平等理性作为论证人格平等的有力武器，向传统的身份人格发起了挑战，最终建立了现代意义上的人人平等的人格理念。虽然启蒙运动通过政治运动的形式建

---

① ［意］彼得罗·彭梵德：《罗马法教科书》，黄风译，中国政法大学出版社2005年版，第95页。

② Hans Liermann, Person und Persönlichkeit in der Rechtsgeschichte, in: Denkan D. Theodor Heckel, Person und Recht, evangelischer Presseverband für Bayern, München 1962, S. 19.

③ Wieaker, Privatrechtsgeschichte der Neuzeit, 2. neubearb. Auflage, 1967, S. 323.

④ 关于康德学说对于《奥地利民法典》的影响，参见Ernst Swoboda, Das allgemeine bürgerliche Gesetzbuch im Lichte der Lehren Kants, ULR. Mosers Buchhandlung, Graz 1926。关于康德学说对于《德国民法典》的影响，参见Karl Larenz/Manfred Wolf, Allgemeiner Teil des bürgerlichen Rechts, C. H. Beck, München 2004, S. 21.

⑤ ［日］星野英一：《私法中的人》，王闯译，中国法制出版社2004年版，第16页。

立了现代的人格观念,但是关于人格的系统论述和构建却是通过哲学展开的,并最终在康德哲学中完成。康德的人格理论成为包括我国在内的德国法系国家民法的价值基础。

这种康德式的人格理念以人的理性和意志为基础,以人的按照规则行为并对自己的行为负责的能力为核心,去构建人格的概念。人所具有的认识规律并按照规律去行为的能力,使人摆脱了自然界被动的机械作用,能够自负其责地去实施行为,因而自在地具有绝对的价值。由此,人作为目的能够自在地成为确定规律的根据,不能被当作实现目的的手段,任何时候都必须被当作目的,是一个受尊重的对象。

可见,在人类社会的早期,人格并不存在于人自身,而存在于人的政治身份,因而人格是人在政治社会中所具有的特定身份。在人类社会发展到近代以后,对于人格的探讨转向人自身,人的理性和尊严成为人格的核心。因而,学者认为人格的发展历程是一种从身份人格到伦理人格的过程,①这种说法比较准确地总结了人格的发展趋势。

虽然伦理人格的价值是当今德国法系国家民法(包括我国在内)的基础,但是具体到民法体系中,并不存在明确的人格概念。虽然学理研究中学者在权利主体、权利能力和人格要素三个层面使用人格,但不可否认的是,人格并不等同于这三项制度。这三项制度虽然与人格有关,但它们已经通过法律技术表现为专门化的法律概念,只是人格某一层面价值的法律化。因此,法律上的人格并不等同于伦理人格本身,它是法律为了适应社会生活需要通过专门技术对于伦理人格予以法律构建的产物,是伦理人格的法律转化。

① 马俊驹:“人与人格分离技术的形成、发展与变迁”,载《现代法学》2006年第4期。

三、民法中的人格是伦理人格的法律技术化

近代以来民法中的人格根植于伦理的人格价值。也就是说,从自然法时代起,伦理人格就是民法人格的根基,民法的各项制度都建立在这种伦理人格的价值之上。在自然法时期,由于自然法的理念,伦理和哲学的价值可以直接作为法律的规范,在《法国民法典》以及《普鲁士一般邦法》中出现了与伦理人格紧密相关的"人格"和"理性"的表述。但是,法律发展到实证法时期,法律与自然的伦理价值的直接联系逐渐消减,自然法的价值并不能直接决定实证法的规定。实证法要求自身的概念和体系,以及自身的逻辑自足。在这种法律精神和法学方法的指导下,民法通过自上而下的原理、原则和规则构建了法律的概念体系,对于伦理人格的实现也不例外。虽然伦理上的人格价值在民法中仍然有效,但却是通过一种间接的方法予以实现的。法律并不直接使用伦理人格的有关概念,而是通过技术化处理将伦理人格的价值转化进民法的完整的概念体系中。因而民法中的人格表现为经过技术处理过的被明确界定的民法上的概念和制度,是伦理人格法律技术化处理的产物。

民法人格的价值分散在民法的相关制度中。在比较法上,起初人们认为人格或者是指人格人的表现,①或者是指权利能力,②后来发展出人格也指在所有生活领域的人的全面存在,成为一般人格权的保护对象。③ 我国学者对于人格也存在相似的认识,学者在民事主体、权利

① §2105, 2162, 2178 BGB.

② 例如,德国《股份法》第1条用人格指代权利能力;《瑞士民法典》第31条在规定权利能力始于出生终于死亡时采用人格指代权利能力。

③ Heinrich Hubman, Das Perönlichkeitsrecht, 2 Auflage, Böhlau Verlag, 1967, S. 9.

能力、人之为人的尊严和价值三个层面上使用人格。①

中外学者对于人格概念极为相似的理解，证明了人格与人格人、权利能力以及人的全面存在具有紧密的联系，同时也说明，人格概念在民法中是被肢解了的。因而，学者认为，在法律意义上，人格的内涵要比人格人丰富，它不仅将人看做法律主体，而且是对于人的全面存在的把握。② 也就是说，法律主体只是对于人格的部分要素，主要是意志能力的提炼和技术化处理，权利能力并非民法人格的全部内容。民法人格的内容被诸多民法制度分别予以规定确认，分散在这些民法制度中，具有丰富的内涵。

（一）作为法律人格原型的伦理人格

作为法律人格原型的伦理人格主要体现在康德的人格哲学中。康德学说对《德国民法典》制定者的精神世界产生了深刻的影响，其程度类似于18世纪的自然法学说对《普鲁士普通邦法》以及《奥地利普通民法典》的制定者们所产生的影响。③

康德认为自然界的每一物件都是按规律起作用的，无理性的万物只能依照自然规律的因果律被动地运动，唯独有理性的东西有能力按照对规律的观念，也就是按照原则去行动，任何有理性的东西的意志都必然受其约束。④意志所遵循的原则是一种普遍的实践法则，它是一种在社会中才能得以检验的规则：要这样去行为，你的意志的准则在任何

---

① 王利明：《人格权法研究》，中国人民大学出版社2005年版，第5～7页。

② Monika lanz-Zumstein, Die Rechtsstellung des unbefruchteten und befruchteten menschlichen Keimguts, V. Florentz GmbH, München 1990, S. 78.

③ ［德］卡尔·拉伦茨：《德国民法通论》（上册），王小晔等译，法律出版社2003年版，第46页。

④ ［德］康德：《道德形而上学原理》，苗力田译，上海人民出版社2002年版，第60页。

时候都能够同时被作为一种普遍的立法原则被适用。① 因此,人格在康德看来就是,摆脱了自然机械作用的独立和自由,同时被视为一种服从由其理性所给予的纯粹实践法则的能力。

这种人格在于人的意志层面,服从于属于价值世界的自己的人格成就了人格人。因为,当人同时从属于(感官和价值)两个世界时,他的本质就必须在与第二个也就是最高的使命的关系中被对待,这一规则本身也必须以最高的尊重被对待。②

从上述的意志自由出发,理性存在物所具有的作为道德律令最高原则的自由意志的自律性使得所有的理性存在物成为神圣的道德律令的主体。③ 所以包括人在内的理性存在物自在地具有绝对的价值,它作为目的成为确定规律的根据,它不能被当作实现目的的手段,任何时候都必须被当作目的,是一个不受限制的受尊重的对象,具有人格尊严。因而,在康德看来,正是人具有意志,能够按照普遍的规律而不是被动的自然因果律去行为,人才具有了人格,并具有了人格尊严。

仅此还不能把握人的全部。人是一种复杂的具有多层面存在的统一体,除了上述的认识规律并按照规律行为的理性能力,并由此成为受尊重的价值之外,人还具有各种不同的具体特性。一方面,他具有这种或那种身体上的性质,另一方面他特别具有一个精神上的特征。前者是作为一个感性的或者自然的存在物的辨别标志,后者是他作为一个理性的天赋自由的存在物的标志。④ 正是通过这些外在的自然特性和内在的精神特性人获得其现实存在,每个人因此并非是他所属的类的

---

① Immanuel Kant, Kritik der praktischen Vernunft, 9. Auflage, Verlag von Felix Meiner in Leipzig,1929, S. 36.

② Immanuel Kant, Kritik der praktischen Vernunft, 9. Auflage, Verlag von Felix Meiner in Leipzig,1929, S. 101.

③ [德]康德:《实践理性批判》,邓晓芒译,人民出版社 2003 年版,第 119 页。

④ [德]康德:《实用人类学》,邓晓芒译,上海人民出版社 2005 年版,第 209 ~ 210 页。

一个样本,永远只是他自身的样本,不能被复制,作为某个唯一存在的人是唯一的种类,一种仅仅作为他自身的种类。① 因此,被作为目的予以尊重的伦理上的人并非仅是抽象层面的意志存在,而是包含了物质、精神和意志特性的具体的人的存在。

值得注意的是,上述的作为物质、精神和意志的统一体只是对于人格在某一时刻的静态考察,是人格发展历程在某一时刻的片段,并未说明人格的全部。如果从时间进程的角度进行考察,人格并非静止的存在,而是处在不断的发展过程中,人格是一个独特的进程,持续的创造,是处于通往成熟之路上的人。②

一方面,人格在发展的过程中会将自我展现于外,形成人格的表现,实现人格的客观化。这种客观化的表现是多样的,主要表现为人的内在的观念、价值等特性通过行为、语言、工作以及著作等表达于外,在外界事物上印上行为人的人格痕迹。这种得到客观化固定的人格痕迹在日后仍然可以得到辨识,即使他早已不具有活着的精神存在。③ 这种得到客观化的人格表现在其核心领域是清晰的,但是随着与人的联系的松散,逐渐模糊,因而其边界并不是清晰的。客观化人格的这种边界模糊的特点也可以通过学者对于财产权的论证理论得到印证。洛克认为,外在物因为添加了人的劳动而成为他的财产,④这种财产理论建立了人格与物的沟通与联系,这时的劳动已经脱离了人格成为财产的组成。黑格尔也认为,财产是个人人格延伸的最初的一部分。⑤ 因此,在被客观化了的人格的边界,是作为人格的构成还是作为财产的构成并

① W. Rest, Heimkehr zum Menschen, 1946, S. 24.

② Heinrich Hubman, Das Perönlichkeitsrecht, 2 Auflage, Böhlau Verlag, 1967, S. 61.

③ Nicolai Hartmann, Das Problem des geistigen Seins, de Gruyter verlag, Berlin1949, S. 406.

④ [英]洛克:《政府论》(下),叶启芳、瞿菊农译,商务印书馆 1964 年版,第 18 页。

⑤ [德]黑格尔:《法哲学原理》,范扬、张企泰译,商务印书馆 1961 年版,第 50 页。

不是清晰的,两者存在混淆的可能,这也增加了对于人格概念予以准确把握的困难。

另一方面,外部世界通过意志对于人的观念、价值特性等产生影响,对于人的内在特性予以丰富和发展,因而对于人的人格发展产生影响。这种外在影响首先来自社会的文化观念,每个人自出生起就处于宗教、艺术、哲学等社会观念的熏陶中,被培养成符合该种文化要求的合格公民。其次来自社会中的其他成员,每个人的精神世界都受到其他人的影响,他人的行为会使我们产生高兴或者不悦,幸福或者痛苦,喜爱或者痛恨,我们的行为同样也会对他人产生这样的影响。人通过这种外在影响对于自己的精神特性予以改变、丰富,促使其不断发展。

因此,人格是以社会存在为前提的复杂的价值体,是社会的产物,是一个动态和静态的结合体。其包括以下四个层面:第一,人格的核心是人服从由理性所给予的纯粹实践法则的能力。每个理性存在物都要按照普遍原则去行为,并对此负有责任,这样也就实现了所有社会成员的人格及自由的并存,这就是人格的核心内涵——自我决定。第二,人作为伦理法则(道德)和立法法则(法律)的制定者与遵守者,成为被尊重的对象。这就是人格的第二部分内涵——人的尊严,人必须被永远作为目的去尊重而不能被作为实现目的的工具。第三,由于人的独特性和不可重复性,人的个性也必须被尊重。个性包括各种身体上的和精神上的特性。第四,人格以意志为动力通过与外部世界的交流,不断形成和发展新的人格特性,同时也将自己的人格特性通过一定的载体表现于外,获得外在形态。伦理人格就是由这样的四个层面构成的统一体。因此,人格并不是在生命之路上已经获得充分发展了的人的存在,而是一种动态的因素,通过那些由自我发展获得的各种独特的人的形象的标志予以表现。①

(二)作为伦理价值转化形态的宪法人格

近代法学的发展受到伦理哲学的滋养,德国法系国家自历史法学派创立以来,就以康德哲学作为价值核心对罗马法进行体系化,从而产生了萨维尼法学方法论中重要的"历史"与"体系"相结合的研究方法。历史与哲学(体系)在历史法学派中处于枢纽地位,萨维尼认为,法学家必当具备两种不可或缺之素养,此即历史素养,用以确凿把握每一时代与每一法律形式的特性;系统眼光,在于事物整体的紧密联系与合作中,即是说,仅在其真实而自然的关系中,省察每一概念和规则。② 萨维尼提倡的法学研究方法是一种对法学素材的哲学化处理,将来源于现实的法学素材进行哲学的体系化构建。即以法律素材为起点,运用哲学的体系化方法将法律素材构建成一个有机的内在关联的体系,而作为体系框架的正是康德伦理学。

这种伦理价值一直协助法学的发展,并体现在法学的各项制度中,最终通过汇编法学派的学说成为立法的内容。但是当法律成为一个国家和民族构建国家秩序的工具之后,国家权力就日益要求成为法律正当性的依据,因而竟然自大地认为建立了封闭的法律体系,每一规范的效力都源于上层的规范,而这些规范又都得到了国家权力的认可。所有的价值都已经通过法律条文得到规定,法律外的伦理价值只能通过立法者设定的通道对于法律产生间接的影响。

这样的通道除了部门法中个别的转介条款之外,最主要的部分存

① Knut Müller, Postmortaler Rechtsschutz-Überlegungen zur Rechtssubjektivität Verstorbener,Peter Lang, Frankfurt 1996, S.75.

② [德]弗里德里希·卡尔·冯·萨维尼:《论立法与法学的当代使命》,许章润译,中国法制出版社 2001 年版,第 37 页。

在于宪法中。法律外的价值虽然不再能够对于部门法产生直接的影响,但是得到宪法确认的价值却被认为是整个法律秩序的基石,表现为宪法中的基本权利。这些权利构建了一个价值体系,在对部门法进行解释时这种价值体系必须被考虑在内。因而伦理价值通过宪法条文继续对法学和法律的发展予以推动,一方面这些伦理价值得到国家权力的认可,另一方面由于存在明确的法律规定,在内容的确定性和明晰性上比伦理价值要更加优越。西方发达国家的宪法通过基本权利将伦理人格转化为宪法人格,表现为关于人格尊严和人格发展等公民基本权利的相关规定。

《德国基本法》第1条第1款规定:人的尊严不可侵犯,尊重和保护人的尊严是一切国家权力的义务。这一规定将伦理人格中的人作为目的的伦理价值予以制定法化,成为宪法的基本权利。

《德国基本法》第2条第1款对于人的自由发展的权利进行了规定,德国联邦宪法法院通过一系列的判决①逐渐认为,人的任何行为,不考虑它对于人格发展有何种重要性,都受到基本法第2条第1款的保护。这种一般行为自由意义上的广泛保护的根源在于哲学上关于人格的认识。② 学者仔细检讨联邦宪法法院的判决后认为,《德国基本法》第2条第1款包含了对于人的任何的任意行为的无漏洞的基本权利保护。那些并没有通过个别基本权利予以保护但对于人格发展具有重要意义的自由行为都应该属于《德国基本法》第2条第1款的保护范围。③正如学者所言,德国宪法上的人格概念包含了服务于人的价值存在的

① BverfGE 74,129,151; 75,108,154;80,137,152.

② 哲学上认为人格的本质在于依据自己的意志按照道德律去自由行为。

③ BverfGE 80,137,165.

使其发展成为精神和伦理人格人的行为的总和。① 人格发展的本质要素通过这些行为得以实现。

《日本宪法》第13条规定:全体国民,作为个人受到尊重。国民对生命、自由及追求幸福的权利,只要不违反公共福利,在立法及其他国政上都必须受到最大的尊重。该条类似于《德国基本法》,其关于个人尊严的规定是对于人格尊严的确认,其关于追求幸福的权利是对于人格发展的确认。这被日本学者所广泛认同:个人的尊重可以理解为与《德国基本法》第1条的人的尊严同义,而且追求幸福的权利不单单指形式上的,应理解为是概括了具体法律权利的基本权,即与德国的一般人格权同样,由此可以演绎出具体的权利。② 因此,《日本宪法》也与《德国基本法》一样对于人的基本伦理价值进行了规定,成为伦理价值在法律体系中的直接体现。

因此,宪法上的人格是对于伦理人格最为接近的转借,伦理人格的本质在于其所具有的作为道德律令最高原则的自由意志的自律性,按照道德规则的要求去行为的能力;而宪法意义上的人格则是包含了能够促进人格发展的行为自由的总和。两者都认为人的自由的行为是人格的本质,不同之处仅在于伦理人格意义上的自由行为是为了履行道德法则,而宪法人格意义上的自由行为是为了发展人作为精神和伦理的存在。

(三)民法人格是伦理人格及宪法人格的部分映射

法律作为一种获得国家强制力保证实施的价值体系,与哲学等社

① Knut Müller, Postmortaler Rechtsschutz-Überlegungen zur Rechtssubjektivität Verstorbener, Peter Lang, Frankfurt 1996, S. 78.

② [日]五十岚清:《人格权法》,铃木贤等译,北京大学出版社2009年版,第11页。

会价值观念存在紧密的联系。法律与道德或伦理的紧密联系更是从法律产生之日起就被注定了的,这种联系在自然法学派和哲理法学派得到尤为鲜明的表现。法学作为价值关涉的学科,是对于社会价值的实现。社会科学领域获得的关于人格价值的认识总是被移转到法律中,获得法律的承认,关于人的伦理意识的内容也被法律意识和客观法律所接受。[①] 然而基于法律与道德的调整方法的不同,法律对于伦理人格价值的接受和承认经过了法律专门技术的处理,表现为法律中的原则和制度。这在型塑了现代民法的德国汇编法学派的研究方法中表现得尤为突出,该学派对于伦理价值的接受是通过体系之正确和概念之合理来实现的,[②]以法律自身的概念和体系去间接实现人格的价值。

因而,法律对于伦理人格的承认并非是完全无保留的,仅限于对于人格的特定方面或层面,而对于这些层面之外的其他人格价值,法律无力实现或者至少局限于当时的立法技术无法实现。伦理人格和法律人格的关系类似光与影的关系,伦理人格之光透过法律技术这棵大树在法律中获得的是法律人格之影,后者只是对于前者的部分反映。

法律不能对于伦理人格予以全面的接纳和确认,是由法律规范与伦理规范的差异以及法律技术的局限性造成的。其表现在如下方面:第一,法律规范与伦理规范在价值范围以及具体技术方面存在重大不同,相较于伦理规范调整的价值的广泛性,法律规范仅对伦理价值中的正义价值予以调整。[③] 第二,法律规范与伦理规范的重要区别在于法律规范并不考虑行为的动机,只考虑行为的合法性,而伦理规范要求行为

---

① Heinrich Hubman, Das Perönlichkeitsrecht, 2 Auflage, Böhlau Verlag, 1967, S. 68.

② [德]弗朗茨·维亚克尔:《近代私法史》,陈爱娥等译,三联书店 2006 年版,第 387 页。

③ 法律是实现正义的艺术。

的义务作为行为的动机。① 因而法律被认为只能调整外在的行为，而不能对于内在精神的道德性予以判断。② 伦理人格不但包括外在价值还包括内在价值，而且其本质在于内在的精神特质，而法律对此只能间接保护而不能直接促进。第三，伦理人格的核心在于意志的自我决定，这种自我决定是意识到行为的价值出于自愿的决定，其动机在于该决定是无条件的义务，而非实施该行为的有利后果或者不为该行为的不利后果。也就是说，这种决定不能出于外部的强制。而法律被认为是强制规范，通过强制得以实现的人格已经丧失了其本来的伦理意义。第四，法律除了伦理价值之外，作为一种外在立法，还需要考虑法律的安定性③、可实施性以及国家政策的需要，因而在某些情况下为了法律的安定性或者可实施性会放弃对于人格的某些伦理价值的保护。

除了伦理人格的价值之外，对于伦理人格在宪法中直接体现的宪法人格的价值在现代法学以及司法中也对于民法人格产生深远的影响，其价值被民法通过特殊的法律技术予以实现。德国、日本以及我国一般人格权制度的构建是其典型的表现。需要指出的是，虽然在哲学上和宪法上存在完整的人格以及人格作为一个整体不可分割的现象和观念，但是能够得到民法确认的人格只能是这一整体人格的部分片段。《德国基本法》第 1 条关于人格尊严的规定和第 2 条关于人格发展的规定确立了完整的一般人格价值，被称作宪法上的一般人格权，这种人格权是对于人格价值的全面概括。而法院以此为基础发展出的民法上的一般人格权的客体仅是上述一般人格的重要领域，也就是它的部分片段。德国联邦法院通过具体案件将这些片段确认为信件、私人领域、话

---

① ［德］康德：《法的形而上学原理——权利的科学》，沈叔平译，商务印书馆 1991 年版，第 19～20 页。

② Arfons Kraft, Rechtspflicht und Gewissenspflicht, AcP 163, 473.

③ Gustav Radbruch, Vorschule der Rechtsphilosophie, Verlag Scherer, 1947, S. 28.

语等。这种民法上的一般人格权制度，对于人格的多种领域进行保护，①大大扩张了民法对于伦理人格价值的承认范围。

宪法上的人格与人的人格发展相联系，意味着每个人去做他愿意做的，因此人能够实现其自由以及自我负责的本质。这种宪法上的人格通过自我的任意发展得以确定，而这种自我发展又表现为作为或不作为。② 民法人格对于宪法人格在一定程度上予以实现，民法不但对于处于第一位的与理性相关的人格的自我发展予以实现而且还对于在人格的发展过程中作为自我实现的产物的人格利益予以保护，③这种人格利益是人在发展其个性特质的过程中的产物。

（四）法律实证主义下伦理人格对法律人格实施影响的途径

进入法律实证主义时期，当国家权力成为法律正当性的唯一来源时，法律就成为自我证成的效力源自上层规范的封闭体系。当伦理哲学失去对法律长久以来的影响后，上层法律规范成为解释法律的唯一有效根源，而宪法作为民主政治国家最上层的规范，自然以“宪法上的人格”替代伦理人格成为影响法律人格的主要方面。所以，有学者认为，近代以来，作为自然人一般法律地位的法律人格是由宪法加以确认的，而现代民法上的权利能力，是承受民事权利义务的主体资格，就自然人而言，是其法律人格在私法领域的具体表现，甚至可以被说成是自然人在私法上的一种“人格”。④

---

① BGHZ 13, 334. BGHZ 26, 349.

② Knut Müller, Postmortaler Rechtsschutz-Überlegungen zur Rechtssubjektivität Verstorbener, Peter Lang, Frankfurt 1996, S. 80.

③ Knut Müller, Postmortaler Rechtsschutz-Überlegungen zur Rechtssubjektivität Verstorbener, Peter Lang, Frankfurt 1996, S. 80.

④ 尹田：“论人格权的本质——兼评我国民法草案关于人格权的规定”，载《法学研究》2003 年第 4 期。

随着现代人权观念的发展,人的尊严和自主性,也就是自我决定权所体现的发展人格的自由获得人们的重视。但是这些关于人的价值如何获得法律的承认呢?在法律实证主义以及法律解释学盛行的今天,法律人是不能够不经充分理由证明其正当性,而径自适用这些价值的,必须经过特殊的法律技术处理。

一种方法是对法律进行修改,而且现在这些人权价值已经在各部门法中得以渗透,部分国家和地区对于民法中禁治产制度的修改即是基于此种人权价值。传统民法中禁治产是对成年人行为能力的限制,基于现代人权观念,认为对于成年人行为能力的限制有违人权保障的理念,进而对成年人监护制度进行改革。法国于1968年1月3日颁布第68-5号法律,废除了原来的禁治产和准禁治产宣告制度,舍弃无行为能力的司法抽象拟制,转为完全依个案审查具体有无实际行为能力。通过司法鉴定确定本人的意思能力,即通过个案审判衡量当事人的意思能力以决定需要的监护类型。德国国会于1990年9月12日公布了《对成年人监护及保佐照顾法律的改革法》(以下简称《保护法》),自1992年1月1日开始生效。自此,德国民法中有关剥夺行为能力的禁治产宣告完全废除。成年监护制度的保护类型由二元结构的"监护、辅佐"合并为一元化的富有弹性的"照管"制度。在这一转变过程中,成年人的无能力是基于其事实上的精神和心灵状态,而非法院的无行为能力宣告。① 不对成年人进行无能力的法律宣告,而是基于其事实上的无能力对其进行照顾和补正,其中体现的是法律对于人权价值的肯定和保护。

另一种方法是宪法中有关人权保障条款的私法适用。虽然学界对于宪法条款能否在私法中予以适用存在争议,反对者秉承传统学说认

① [德]迪特尔·施瓦布:《民法导论》,郑冲译,法律出版社2006年版,第122页。

为，宪法中对于公民权利的宣示是对于国家权力的限制，或是对国家义务的课加，国家有义务通过各种途径去保障公民的权利，包括制定和修改法律以达此目的。但是司法界已经通过宪法条文来保护公民的私权，而且是行之有效的；德国法院已经通过宪法条款进行一般人格权的构建从而对于人格权进行保护，而且我国最高人民法院在“荷花女”案中已经采用宪法条款对人格权进行保护。

而且从法解释学上来说，宪法条文在私法中的适用在法律技术上也不存在太大的障碍。法律体系非仅为法条之联合，法条之外，尚有法律原则、法律理念等诸此要素共同构成一个内在的价值体系，法律条文的理解与适用均须置于此价值体系框架内进行。宪法中的基本权利不仅仅具有消极功能，更重要的是这些权利构建了一个价值体系，并且在对私法进行解释时这种价值体系必须被考虑在内。① 该价值体系是通过私法一般条款和法律原则的转介对民事主体之间的关系进行调整的。质言之，在对民法中一般条款及法律原则进行解释时，必须与源于宪法基本权利的价值体系相契合。德国联邦宪法法院在此基础上甚至更进一步认为，宪法基本权利不但包含了一个价值体系，并且要求法院在某些案件中确保对于这些价值一定程度的尊重。② 通过这些法律技术，伦理人格通过宪法上的人格继续影响法律人格，并对整个民法制度的构造产生深远影响。

四、构成民法中人格的各项制度

因此，民法人格主要包含了两个层面，一方面是意志的自我决定以

---

① See Katja S Ziegler, Human Rights and Private Law, Oregon: oxford and portland, 2007, p. 25.

② See Katja S Ziegler, Human Rights and Private Law, Oregon: oxford and portland, 2007, pp. 25 – 26.

及人格尊严；另一方面是人的自我实现的客观化表现。这两个层面通过民法不同的具体制度予以确认和保护，表现出复杂的存在形态，因而民法中的人格价值分散在各相关法律制度中，表现为高度的法律技术性。只有对这些经过法律技术处理的相关制度进行综合分析，才能形成关于民法人格的完整认识。

（一）权利能力制度确认了人格的主体特性

民法中关于人格的规定首先表现为权利能力（Rechtsfähigkeit）制度，权利能力制度确认了人格的主体特性，是对于人格的主体诉求的法律确认。一般认为，权利能力是作为权利义务承担者的能力。① 具有权利能力的人（Mensch）才能够成为民法上的人格人（Person）。② 这里立法者使用了两个不同的概念，说明法律上的人不同于基于出生的自然意义上的人。民法上的人并非是自然意义上的人，而是从自然意义上的人中抽取了特定要素并进行重新构建了的规范意义上的人。即使每个自然意义上的人（Mensch）都可以成为人格人（Person），但是在核心意义上已经发生了转变，因而民法典采用了专门的用语——自然人（natürliche Person），以显示两者的差异。正是因为人格人不同于人，因而只要符合法律关于人格人的判定标准的存在都可以是人格人，与自然意义上的人完全不同的组织体也可以成为人格人，作为法律主体。③

① Rüthers/Stadler, Allgemeiner Teil des BGB, 14. Auflage, Verlag C. H. Beck, München 2006.

② 在德国法上关于“人”存在 Mensch 和 Person 两个概念，前者是指基于出生的生物的人，后者是指被法律所认可的人，包括自然人和法人。在译法上，对于前者存在“自然现实的人”或者“人”不同的译法，对于后者存在“人格体”、“法律抽象人”和“人格人”的不同译法，本书将前者译为“人”，将后者译为“人格人”，在个别地方为了行文方便也用自然意义上的人指代前者，用法律意义上的人指代后者。

③ 德国民法中的人格人包括自然人和法人。瑞士以及我国民法也存在这样的分类。

虽然权利能力与人格人是民法典的基本概念，但是民法典对于作为它们前提的判定标准只字未提。各国民法典只是规定了人自出生时起就具有权利能力，成为人格人，仅在条文表述上稍有不同而已。有的民法典采用人格人的表述，①有的民法典采用权利能力的表述，②还有的民法典采用人格的表述，③但其所指都是作为法律上的主体的能力。据此，每个人都在法律秩序的框架内享有平等的拥有权利和承担义务的能力。

从《奥地利民法典》、《德国民法典》以及《瑞士民法典》这三部法典的表述来看，赋予每个人以权利能力是一种无条件的必须，立法者对此只能予以遵守而不能随意处分。《德国民法典》第一草案说明书对此作出了很好的说明：不考虑人的个性和意志承认他们的权利能力是理性和伦理的命令。④ 也就是说，《德国民法典》并不涉及创造人格人，而只是遵循理性和伦理关于人格人的判断标准，作出一个实证法上的规定而已。

因此，人格人的判定标准，也就是赋予权利能力的前提条件存在于实证法的理性和伦理价值中。拉伦茨也认为，对此只有从伦理学上的人的概念出发才能理解。这就是，人依其本质属性，有能力在给定的各种可能性的范围内，自主和负责地决定他的存在和关系，为自己设定目标并对自己的行为加以限制。⑤ 也就是说，权利能力的判定前提在于伦理人的自由。

---

① 《奥地利民法典》第 16 条规定，每个人享有天赋的由理性启迪的权利，因而被作为人格人对待。

② 《德国民法典》第 1 条规定，每个人自出生的完成时起享有权利能力。

③ 《瑞士民法典》第 11 条规定，每个人具有权利能力，第 31 条第 1 款规定，人格开始于出生完成的生命，终止于死亡。

④ Motive zu dem Entwurfe eines Bürgerlichen Gesetzbuches für das Deutsche Reich , Amtliche Ausgabe, Berlin Guttentag, 1888, Bd. Ⅰ, S. 25.

⑤ Larenz, Allgemeiner Teil des BGB, 7. Auflage, S. 34.

1. 权利能力的内质是以客观意志自由为基础的人格尊严

人格的本质在于以其意志按照规律去行为，并因此具有人格的尊严。康德认为人格人是那些行为具有归责能力的主体。① 法律上的人也建立在这种关于人的认识之上，法学将权利能力的内质建立在这种意志自由之上，内在于作为种属物的人的伦理自由和意志作为证成人有资格成为人格人的实质因素。② 也就是说，人格人和人格具有紧密的联系，在承认价值物的法律地位时人格人绝对需要通过渗入人格的概念去确定。③ 萨维尼认为，所有的法律都是为道德的、内在于每个人的自由意志而存在。因此，人格人或者法律主体的源初概念必须与人的概念相一致，并且这两个概念的源初同一性表现在，每个人，并且只有单个的人才具有权利能力。④ 克因也认为，因为人有能力成为伦理人格人，因此他必须是法律上的人格人并拥有权利，以此来使得他在自由行为中的伦理自由得以实现。⑤作为人格人的伦理基础的自由和自我负责确定了人作为法律人格人的地位，⑥权利能力取决于意志能力（Wollen-Können）。⑦ 也就是说，学者多认为权利能力源于人的意志和理性，但是权利能力并不等同于理性和意志，只是对基于理性和意志产生的主体诉求的确认。

---

① Kant, Einleitung in die Metaphysik der Sitten, 2. Aufl., herausgeben von Karl Vorländer (Philosoph. Bibl. Bd. 42), Leipzig 1907, XXⅡ.

② Rolf Knieper, Gesetz und Geschichte, 1. Auglage, Nomos Verlagsgesellschaft, Baden-Baden 1996, S. 58.

③ Monika lanz-Zumstein, Die Rechtsstellung des unbefruchteten und befruchteten menschlichen Keimguts, V. Florentz GmbH, München 1990, S. 81.

④ Savigny, System des heutigen römischen Rechts, Zweiter Band, Berlin 1840, S. 2.

⑤ Coing, Der Rechtsbegriff der menschlichen Person und die Theorie der Menschenrechte, Tübingen1950, S. 201.

⑥ Fritz Rittner, Die werdende juristische Person, J. C. B. Mohr, Tübingen 1973, S. 162.

⑦ Gustav Nass, Person, Persönlichkeit und juristische Person, Duncker&Humblot, Berlin1964, S. 35.

意志自由，就是能够以理性按照普遍的法则去行为的能力。这种能力使得行为人能够摆脱自然界物理性的因果关系的束缚，约束自己的兴趣、爱好、欲望等激情，依据一种能够得到普遍适用的法则去行为。把自己人身中的人性和其他人人身中的人性作为目的去尊重，[①]使得所有人的自由能够并存，并成为目的王国的成员。因而伦理人是摆脱了任性按照普遍法则行为的人，正是人的伦理上的决定自由赋予人以主体的地位，只有那些行为建立在伦理上的自我负责基础上的人才是人格人。[②] 正是这种意志自由使得人具有了被尊重的尊严，其按照自己的意志去行为并建立与他人的关系的能力获得法律的尊重，使其具有了作为法律主体的资格。

但是如果学说坚持将权利能力的内质限定于内在于人的自由意志，而不作出进一步的发展的话，在法人的权利能力正当性论证的问题上则会产生无法克服的困难。

萨维尼将权利能力的内质限定于伦理人的意志自由，并认为只有人才具有权利能力，造成了法人权利能力论证上的极大困难。正是由于权利能力源初于人，并且只有人才具有权利能力，那么作为组织体的法人的权利能力自然就必须是“拟制”的。萨维尼提出了“拟制”说，法人是一个被作为法律目的接受的人，[③]法人通过他的目的并且只有通过他的目的存在。[④]

萨维尼的这种理论被认为将法人视为神秘的，其物理性基础悬而未决，并完全独立于此物理性基础的一种存在。[⑤] 萨维尼只是从法人具

① ［德］康德：《道德形而上学原理》，苗力田译，上海人民出版社 1986 年版，第 81 页。
② Fritz Fabricius, Relativität der Rechtsfähigkeit, C. H. Beck Verlag, München 1963, S. 37.
③ Savigney, System des heutigen römischen Rechts Ⅱ, Berlin 1840, S. 236.
④ Savigney, System des heutigen römischen Rechts Ⅱ, Berlin 1840, S. 312.
⑤ Olivecrona Karl, Studier över begreppet juridisk Person, Uppsala 1932, S. 48.

有作为权利主体的能力——被拟制的权利能力的角度进行考察,并未顾及法人的其他存在层面,在他看来这些层面并不属于法人的法律概念。[①] 因而萨维尼并未否认法人的实质性存在,将"拟制"说解读为法人本身是一种拟制的观点显然存在误解。[②] 萨维尼所关注的只是一种法律上的存在,因而被拟制的只是权利能力而非法人本身。被作为法律目的接受的仅仅是法人的作为法律关系承担者的能力,而非作为实体的国家和社团。[③] 至于作为一种真实的社会存在的法人的本质,萨维尼并未涉及,他仅对于这种社会形象的财产能力的私法属性予以考量,对于它的实质存在并未予以讨论。

萨维尼认为法人的权利能力是一种拟制,这种拟制源于制定法的特别规定。萨维尼通过以下方法对其予以论证:成文法可以对于人格的原初概念部分地修正、限制或者排除。首先可以将单个人的权利能力部分或者全部排除,其次可以将权利能力转授予单个人以外的某些主体即人造的法人。[④] 虽然法人的权利能力是拟制的,但是法人的意志能力却是不可缺少的。萨维尼认为,法人的真正的存在在于特定人的代理的意志,这种意志作为拟制的产物,被看作法人的真正的意志。[⑤] 这样,萨维尼通过拟制法人的意志为法人的权利能力创造了前提。

这种"拟制"说并没有说明法人的本质,而且对于法人被赋予权利能力的正当性也未论及,因而被批评为"对待一个稻草人如同对待一个

---

① Werner Flume, Allgemeiner Teil des bürgerlichen Rechts, Erster Band, Zweiter Teil, Springer Verlag, Berlin 1983, S. 4.

② Werner Flume, Allgemeiner Teil des bürgerlichen Rechts, Erster Band, Zweiter Teil, Springer Verlag, Berlin 1983, S. 3.

③ Werner Flume, Allgemeiner Teil des bürgerlichen Rechts, Erster Band, Zweiter Teil, Springer Verlag, Berlin 1983, S. 6.

④ Savigney, System des heutigen römischen Rechts Ⅱ, Berlin 1840, S. 2.

⑤ Savigney, System des heutigen römischen Rechts Ⅱ, Berlin 1840, S. 312.

人一样”。[①] 因为，如果立法者愿意，完全可以通过拟制的方法赋予稻草人以权利能力，并为其设定代理人以补充它的意志能力。这表明，萨维尼的不考虑法人本质的“拟制”说并不能令人满意，因为它并未解决赋予法人权利能力的正当性问题。

后来的学说研究法人的本质，认为法人具有真正的团体人格，试图从法人的本质来论证其获得权利能力的正当性。其代表人物是基尔克（Gierke），他认为，社团作为集合体不仅仅具有权利能力，也具有意志能力和行为能力。[②] 法人具有真正的团体人格，这种团体人被作为社会机体看待，作为一种集合的机体，由人作为组成部分构成。[③] 基尔克将法人与单个人进行类比，通过人类学的观点将法人确立为人格，因为他们具有意志能力和行为能力。法人在其机体的活动中直接显现出来，就像人通过嘴说话，通过手行动一样。[④] 学者认为，基尔克的将法人的价值按照人的标准予以评价的人类学观点，使得他的关于法人的真正团体人格的学说与“拟制”理论等同起来。“拟制”理论由于没有在法人那里发现与人的标准相对应的人格，因而对于法人的真实性予以拒绝，不得不拟制了它的权利能力；而基尔克的学说将法人的真实性改变为意志能力和行为能力的人格，因而是另外一种“拟制”理论。[⑤] 不同于萨维尼的对于权利能力的拟制，基尔克的这种拟制，是对于法人本质的拟制，将法人拟制为类似于生物的人，作为一种机体存在，具有与自然人

---

① Rolf Knieper, Gesetz und Geschichte, 1. Auglage, Nomos Verlagsgesellschaft, Baden-Baden 1996, S. 62.

② Gierke, Genossenschaftstheorie, S. 603.

③ Gierke, Das Wesen der menschlichen Verbände, Berliner Rektoratsrede 1902, S. 9.

④ Andreas Von Tuhr, Der allgemeine Teil des Deutschen bürgerlichen Rechts, Erster Band, Duncker &Humblot, Berlin 1957, S. 461.

⑤ Werner Flume, Allgemeiner Teil des bürgerlichen Rechts, Erster Band, Zweiter Teil, Springer Verlag, Berlin 1983, S. 18.

相同的意志能力和行为能力。通过这种方法证明法人具有真正的权利能力。因此,基尔克的出发点与萨维尼的出发点是相同的,都认为,权利能力源于作为道德人的意志和行为自由。基尔克尝试寻找法人与人的共同点,并被他成功发现,那就是:法人和自然人都是一种生命机体,都具有意志。但是正如学者所言,从生物人作为意志的存在的视点出发,他永远不可能获得团体人的本质的真实观点。[①] 这种理论陷入了只有生物人才具有意志的误区,将意志等同于心理意志。

普赫塔的下述论述在很大程度上具有正确的因素:我们在人的法律关系中观察人,我们所注重的是,他具有意志的可能性。我们放弃了对于他的意志的道德性质具有决定性的他的个性特质,或者仅给予它们次要的意义。将关于个体的具有决定性的均匀的力量或者意志的可能性放在核心地位。作为这样的在其能力中被构思出的意志的主体,人成为人格人,这才是他在法律中的地位。人格是作为一种法律意志的主体性力量。[②] 因此,法律对于人格人的判断源于人的意志,源于意志能够按照普遍的规则去行为的能力,至于对这种意志具有决定作用的人的心理和个性特征并不属于考量因素。因而,法律上的意志不同于道德上的意志。道德上的意志,要求人将行为的动机作为考量因素,而法律上的意志并不考虑行为的动机,仅考虑行为的合法性,也就是意志能够按照法律的规则去行为。在伦理上的人格人和法律上的人格人的构建过程中,一种普遍的能够使得所有人的自由并存的规则处于优先的地位。这种规则在道德领域被称为神圣的道德法则,在法律领域就是法权。具有理性以认识这种规律,并以自由的意志按照这种规律去行为的人,才是人格人,在道德领域是伦理上的人,在法律领域则是

---

① Julius Binder, Das Problem der juristischen Persönlichkeit, Leipzig 1907, S. 21.

② Puchta, Rechtslexikon Ⅲ, 65.

法律上的人。遵循道德法则的意志是伦理上的意志，遵循法律规则的意志是法律上的意志。

我们应当从这种法律上的意志出发去论证享有权利能力的正当性，这种意志自由源于道德上的意志自由，但是剔除了后者的动机属性，因而并不局限于人。人以外的社会存在如果能够认识自己的行为及其后果，并具有按照普遍的外在立法的规则去行为的能力，就具有法律上的意志自由。这种意志是一种完全脱离了人的心理现象的自由，是一种按照法律所确定的界限去行为的理性。

固然，人的心理功能可以产生意志，并且人们对于意志的最初认识来自人的心理功能，但是意志并非必须完全依存于人的心理功能。这一点正如逻辑，逻辑虽然最初也是一种心理现象，但是却可以脱离人的心理功能而独立存在，否则现代科学几乎不可能产生，因为计算机在很大程度上代替人脑完成逻辑推理和运算的功能。因而，意志并非人所独具，人以外的社会存在也可能具有意志，但是由于这种意志脱离了人的心理功能，因而不再具有主观的特性而成为一种客观意志。

正是在这种意义上法人具有意志，法人的意志不同于人的主观意志，是一种客观化的意志。这种客观化是通过章程与成员的主观意志相区分而得以实现的，通过法人的组织机构获得具体化，其法律后果归属于法人。因而法人是一种局限于特定目的的社会存在，是一种具有意志力量的社会存在，这种存在与生命存在无关。正是因为作为意志力量的存在，才使得法人能够认识自己的行为，按照法律的规则去行为，并为自己的行为承担后果，从而成为了法律上的人，获得了人格尊严，具有被赋予权利能力的正当性。

2. 作为权利能力基础的客观意志自由是一种被构建了的意志自由

具有自由意志与可归责性，以及以此为基础的应当被尊重的地位，是权利能力的实质性因素。按照这一基本原则，理性并不完满的人的权利能力的构建则存在一定的障碍。因为这些人并不能依据自己的意志进行自我决定,而且依据通行的观念也不具有归责能力,并不能被归责,因而并不适合作为法律关系的主体。但是他们也具有一定的认识能力,具有潜在的意志自由,或者通过年龄的增长,或者通过医学的治疗,逐渐获得完满的意志。让他们具有权利能力,参与社会和法律交往,对于他们理性与人格的发展具有重要意义。因此,法律通过代理制度对其理性的不足予以弥补,对于上述障碍予以克服。通过法定监护人对于未成年人的理性进行补充,由法定监护人代替被监护人进行法律行为,法定监护人的理性部分地成为未成年人的理性,法定监护人的行为被拟制为未成年人的行为;未成年人法律行为的有效性反而依赖于监护人的理性判断,未经授权或追认的未成年人的法律行为一般是无效的。不具有判断能力的未成年人的侵权行为在监护人存在过错时由监护人承担赔偿责任,没有过错时承担公平责任。法律通过这种方法构造了未成年人的理性,在一定程度上也构造了他的可归责性。

通过上述制度,未成年人也成为能够自我决定的理性人,在一般的法律关系中获得了人格尊严,具备了权利能力的前提性要求。对于理性障碍的成年人的理性的构建,法律也同样采用了代理制度,其本质都是在尊重他们的有限的自我决定的基础上通过代理人对其理性进行全面补充。比较法上不同国家只是在具体制度的设计上略有不同而已。①

法典和学说通过代理制度构建了理性不完满人的自由意志,使得他们也能够成为自我决定、自我负责的人格人。通过这种方式扩张了权利能力的范围,使得那些并不现实地具有完满理性但是具有理性可

① 德国民法采用的是较具弹性的照管制度,依据被照管人的理性欠缺程度的不同设置照管人相应的代理权限。魁北克民法规定了监护人和顾问。日本民法采用成年监护制度,具体又可区分为后见、保佐、辅助三种类型。

能的人也能够享有权利能力，成为法律主体。这样做的目的，一方面，他们具有理性的可能性。法律对此只能加以培养和尊重，通过赋予他们权利能力，并辅以代理人，使得他们能够参与社会生活，不断锻炼其理性，最终使得他们的理性得以成熟。另一方面，这些人的理性只是被偶然因素所影响，仍然具有恢复的可能性。因而仍然属于道德上应当予以尊重的对象，应当具有权利能力。

作为权利能力基础的客观意志自由是一种被构建了的意志自由。这种构建性表现在两个方面：第一，法律将现实中并不平等的人的意志能力予以平等化。也就是说，现实中的人具有并不相同的意志能力，却被法律视为具有平等的意志能力，因而具有平等的权利能力。第二，对于已经出生但并不具有完满理性的人，其理性的欠缺部分通过监护人的理性予以弥补，从而被构建为一种完满的意志能力。

这种经过构建的客观意志自由不但包括自身所现实具有的意志自由，也包括通过法律手段构建了的以他人的意志为补充的意志自由。这种被构建的客观意志扩大了人的尊严的范围。对于所有的人来说，其基于出生获得的生命、身体和健康这些具有人的尊严的人格存在，应当得到他人的尊重，成为他人尊重的对象。在此之外的其他社会关系中，理性不完满的人由于不能正当地对待他人，因而并不能自然地成为被尊重的对象。因为只有把自己的行为控制在合理的范围内，并能够正当地对待他人的人才具有获得尊重的资格。而被构建的客观意志自由使得理性不完满的人具有了正当对待他人的能力，并因而成为全面的受尊重的对象，具有了获得全面权利能力的正当性基础。

因此，传统的一般权利能力制度的基础是由意志自由产生的人格尊严。当事人具有了正当行使权利、正确对待他人的能力，因而获得广泛的人格尊严，能够享有一般的权利能力。

3. 小结:权利能力的判断标准

权利能力制度的构建以伦理人为原型。从人的道德的意志自由出发,将理性和意志,以及以此为基础的人格尊严,作为权利能力的本质根源,人因其理性及基于此的人格尊严而有资格获得权利能力。

这种理论在法人的权利能力的正当性论证上产生了重大困难,因为法人作为一种社会组织不具有人所具备的生理意志。为了论证其具有获得权利能力的资格,学界采用了"拟制"说,或者认为法人的权利能力是"拟制"的,或者将法人本身"拟制"为具有生命的机体,从而论证其权利能力。但是这种"拟制"却是不必要的。

法律规范与伦理规范虽然在内容上存在广泛的一致,但是在调整方法上却存在重大区别,这种区别主要表现在两者对于动机的不同态度上。那种使得一种行为成为义务,而这种义务同时又是动机的立法便是伦理的立法;如果这种立法在其法规中没有包括动机的原则,因而容许另一种动机,但不是义务自身的观念,这种立法便是法律的立法。① 一种行为如果不考虑它的动机而仅要求其遵循法律的规则,那么它就是合法的;如果在遵循规则之外,仍然要求将遵守该规则的义务作为动机的,那么它就是合道德的。

因而,对于法律来说,重要的是遵守规则的意志,至于该意志是否人的心理功能进而具有义务的动机并不重要。所以,法律上的意志是一种客观的意志,这种意志不但人具有,作为组织体存在的法人也具有。在此基础上,为了构建未成年人和精神障碍人的权利能力,法律通过监护人的意志构建了他们的客观意志,使得他们可以作为法律的主体。因而权利能力的判断标准是,具有客观的自由意志以及具有潜在

① [德]康德:《法的形而上学原理——权利的科学》,沈叔平译,商务印书馆1991年版,第19~20页。

的自由意志并通过法律手段构建了客观的意志自由,并因而获得了全面人格尊严的人或组织。

(二)法律行为制度对于人格的意志自由要素予以外在化实现

私人自治原则被认为是每个人按照其意志自主形成法律关系的原则,该原则是人的自我决定一般原则的一部分。① 个人的自我决定按照宪法精神也与社会存在紧密的联系,如果没有个人的自我决定,一个社会将不会产生。意志自由原则与私人自治原则在民法领域最为重要的表现是法律行为制度。法律行为将自由意志的法律后果确认的前提和框架进行了法律上的确定。② 法律行为的价值在于对于旨在产生法律后果的意志予以确认,通过法律行为制度,当事人的意志成为变动法律关系的根据。当事人按照自己的意志自主形成法律关系的能力集中体现为作为法律行为核心的意思表示制度,当事人将追求某种法律后果的意思通过一定的方式表达出来,如果并不违背法律所设定的框架,这种法律后果将得到确认,并获得法律强制力的保障。这一制度使得作为人格核心的人的自我决定的意志在外部得以实现,是人格发展不可或缺的保障。

当然这种意志的自主决定并非意志能够以任意的方法形成法律关系,而是仅按照法律确认了的方法予以实现。只要符合法律所规定的形式条件,并不违反法律的实质性限定条件(主要是法律的禁止性规定以及公序良俗),当事人的意志就可以获得对于外部世界的控制力,按照意志所追求的模式去塑造自己的社会关系。通过意思表示制度所实

---

① Werner Flume, Allgemeiner Teil des bürgerlichen Rechts, Zweiter Band, Das Rechtsgeschäft, Zweiter Auflage, Springer Verlag, Berlin 1975, S. 1.

② Larenz Wolf, Allgemeiner Teil des bürgerlichen Rechts, 9. Auflage, Verlag C. H. Beck, München 2004, S. 394.

现的意志自由是一种由民法技术处理过的具有高度法律抽象性的自由,表现为意思表示的相关法律制度。

具有法律形成作用的并非是其本质处于不断变动中的内在意志,而是表现于外的意志,是在特定情况下以特定方法表达出来的他的意志。① 因此意思表示包括两个要素,内在意思和它的外在表现。内在意思不能被识别,它必须通过表示获得外在识别。意思在表示中获得其实体存在,意思和作为意思的外在化的表示构成一个整体。② 按照德国通说,(内在意思)包括行为意思、表示意思和效果意思。行为意思是指行为人有意识地从事该行为,睡梦中以及被麻醉时的行为不具有行为意思。表示意思是指行为人对于自己的行为将产生一定的法律后果具有认识,并不要求对于具体产生何种法律后果具有认识。效果意思,是指行为人希望通过表示实现特定法律后果的意思,与表示意思不同之处在于这里要求特定具体的法律后果。③ 表示包括明示的表示、可推断的行为以及特殊情况下的沉默。④

因而,意思表示制度的内容是内在意思和外在表示的结合,体现了行为人的意志自由。若意思的外在表示并非当事人的真意,也就是意思与表示不一致的情形,其法律后果如何判断是意思表示制度的核心。此种情形体现了经法律技术处理的意志自由,其法律后果的判断兼顾当事人的自我决定以及对该外部表示的可归责性。如果某一意思的表示与其真实意思的不一致是由可归责于表意人的原因造成的,那么表

---

① Von Tur, Allgemeiner Teil des bürgerlichen Rechts, Zweiter Band, Erste Hälfte, Verlag von Duncker & Humblot, München und Leipzig 1914, S. 144.

② Hans Brox, Allgemeiner Teil des BGB, 33. Auflage, Carl Heymanns Verlag 2009, S. 44.

③ Hans Brox, Allgemeiner Teil des BGB, 33. Auflage, Carl Heymanns Verlag 2009, SS. 44 – 45.

④ Larenz/Wolf, Allgemeiner Teil des bürgerlichen Rechts, 9. Auflage, C. H. Beck Verlag 2004, SS. 439 – 440.

意人要受到该意思表示的拘束；如果该不一致不能归责于表意人，那么表意人并不受该意思表示的拘束。学者一致认为，对于表意人的表示的法律意义必须可归责于表意人，①这一要求体现了行为人的自我决定以及对于该决定承担责任的理性人价值。这一精神体现在意思表示的多项制度中。

在真意保留的情形下，表意人故意使得其表示与其真意不相符，对此具有可归责性，因而意思表示的内容按照表示所体现的内容确定，表意人不受该表示约束的真实意思不予考虑。在这里仍然是尊重了表意人的意志的自我决定自由，因为得到外在表现的表示是表意人有意识发出的内容，表意人所表示的，正是他想表达的内容，表示并不因表意人不希望它发生法律后果而存在瑕疵。任何人知道并且希望他的表示被无保留地理解的，就必须承认该表示对其产生效力。② 我国台湾地区"民法典"第 86 条对此予以规定：表意人无欲为其意思表示所拘束之意，而为意思表示者，其意思表示，不因之无效。但其情形为相对人所明知者，不在此限。《德国民法典》第 116 条第 1 句也规定：意思表示并不因表意人的隐藏保留不希望其发生效力而无效。

对于意思表示错误的情形，其前提在于表意人是否存在错误的表示。如果虽然表示的规范意义与表意人的真意不符，但是这种表示是不可归责于表意人的原因造成的，那么该表示根本不具有法律意义，表意人也无需对其予以撤销，因为它根本未生效。这种情况的典型案例是"特里尔葡萄酒拍卖会案"，在该案中 A 是一个外地人，他走进一家地

---

① Larenz, Allgemeiner Teil des deutschen bürgerlichen Rechts, 7. Auflage, C. H. Beck Verlag, München 1989, S. 356. Werner Flume, Allgemeiner Teil des bürgerlichen Rechts, Zweiter Band, Das Rechtsgeschäft, Zweiter Auflage, Springer Verlag, Berlin 1975, SS. 311 – 312.

② Dieter Medicus, Allgemeiner Teil des BGB, 8. Auflage, C. F. Müller Verlag, Heidelberg 2002, S. 230.

下室酒店,不知道里面正在进行拍卖会,拍卖会规定举手即为出价。A在人群中发现了一个熟人,于是向他招了招手,拍卖人将他的招手动作理解为出价表示,同他买定成交。[①] A的行为造成了拍卖出价的表示。这一表示显然与他的真意不符,对于这种表示意义A不具有可归责性。因为他作为外乡人完全不知道也不可能知道此时此地是在进行葡萄酒拍卖会,因此该表示并不在这种意义上发生法律后果。也就是说,A的行为并不发生参与葡萄酒拍卖出价的法律后果,因而他根本也不需要对于这种后果予以撤销。这是对于当事人意思决定自由的保护,任何人不得将不可归责于当事人的表示内容归属于他。

如果是表意人对于意思表示的主要内容发生了重大误解,并且如果知道该内容则不会从事该意思表示的,为了尊重当事人的意思决定自由,体现私人自治精神,法律允许他对这一表示予以撤销,以避免当事人受到并非出于自己本意的法律后果的约束。这真正实现了当事人在法律关系变动方面的自我决定。但是如果撤销对于相对人造成信赖损害的,应当赔偿这一损害。这是因为,如果允许个人对于自己的法律关系可以自我决定,他也应当对错误的自我决定负责。[②]

对于胁迫或欺诈的情况,因为不是表意人的真实表示,法律允许表意人撤销该意思表示。如果表意人是在受到相对人或者相对人知情的第三人的恶意欺诈或者不法胁迫情况下进行意思表示的,由于该意思表示并非表意人的真实意思,表意人的意志的自我决定受到侵害,如果仍然赋予这种表示以法律后果就会造成由他人决定当事人法律关系的

---

① Larenz, AT, Rn. 355.

② 我国台湾地区“民法典”第88条规定:意思表示之内容有错误,或表意人若知其事情即不为意思表示者,表意人得将其意思表示撤销之。但以其错误或不知事情,非由表意人自己之过失者为限。《德国民法典》第119条规定:在作出意思表示时对于内容存在错误或者无意作出这种内容的表示的人,如果知道真实情况并且对该情况进行合理评价就不会作出意思表示的,可以撤销这一意思表示。

现象，形成“他律”，那就会违背作为法律基本原则的私人自治和自我决定原则。因而法律允许表意人撤销该意思表示。

从以上这些方面我们知道，法律行为制度是私人自治以及民事主体意志自由和自我决定价值的重要实现方法。通过该制度以及作为其核心的意思表示制度，法律上的人可以按照自己的意志使得自己的法律关系发生流转，自主地塑造自己与他人之间的关系，从而发展自己的外部人格关系，促进自己人格的发展。由于法律作为一门科学，已经高度专业化，因而民法对于人格人意志自由的实现是通过各种专门化的精细制度实现的，使得各种可以归责于当事人的表示对于当事人具有约束力，体现了民法中自我决定自我负责的人格形象。

（三）人格权制度对于实现了的人格部分予以确认和保护

上述制度对于作为人的创造能力的核心的意志进行了确认，是对被舍弃了客观化存在的人的考察。意志能力以外的人的其他存在对于这种考察来说并不具有多大的意义，这样的人格只有意志一种要素。但是，随着现代社会人权观念的发展，以及受此影响的法学的发展，学界逐渐认识到这并非人格的全部。人格在法律意义上要比人格人丰富，它不是仅把人当作主体看待，而是从整体上对人进行把握，①包含了人格人的广泛的伦理品质。人的尊严和个性以及通过行为予以实现的人格特征等全面的人格存在是通过人格权予以确认和保护的。

1. 具体人格权确认了各种典型外部人格要素

我国《民法通则》规定了生命权、健康权、名誉权、姓名权等具体人格权。《德国民法典》第 823 条将生命、身体、健康、自由作为具体人格

---

① Monika Lanz-Zumstein, Die Rechtsstellung des Unbefruchteten und befruchteten menschlichen Keimguts, Verlag V. Florenz, München 1990, S. 78.

权予以保护，第12条明确了姓名权作为一种具体人格权，德国《肖像艺术和摄影作品著作权法》确认了肖像权的具体人格权地位。《日本民法典》规定了生命权、身体权、名誉权等具体人格权。这些具体人格权的规定对于各种典型的界限明确的人格要素予以保护。

各国在确认具体人格权的同时又赋予了这些具体人格权类似物权请求权的绝对权请求权。德国法上的人格权请求权是通过《德国民法典》第823条第1款确认了人格利益的绝对权地位，并类推适用《德国民法典》第1004条的物权请求权实现的。而我国的人格权请求权是学者借鉴比较法上的经验，总结既有学说的基础上提出的。[①]

具体人格权作为一种权利，其客体是作为法益的人格的组成部分，通过具体人格权确认了意志之外的人格的其他构成要素，使得法律中的人格逐渐丰富起来。应当注意的是，由于立法之时，人格权发展刚刚起步，立法者对于人格权的认识尚不全面，仅对部分典型的人格部分予以确认。随着社会的发展，法律对于人格层面的认识逐渐丰富起来，发展出一般人格权制度对其进行保护。

2. 一般人格权确认了广泛的人格要素

随着社会的发展，人的人格尊严、人格个性以及人格发展被认为是人格的重要部分，它们的保护成为一种法律的必然要求。这种要求产生的部分原因在于现代科技的发展尤其是大众传媒的发展，使得属于个人的情感、思想以及私密被暴露于公众之前的可能性急剧扩张，而这对当事人造成极大的精神痛苦，法律必须予以关注。美国法上发展出了隐私权对于人的丰富的人格组成部分进行广泛的保护；德国法上发展出一般人格权制度对于人格的现实存在进行保护，将人格构成部分作为法律上的利益进行保护；我国借鉴德国法一般人格权的司法实践

① 参见杨立新、袁雪石："论人格权请求权"，载《法学研究》2003年第6期。

也确立了一般人格权制度对于人的全面的人格利益进行保护。

在对人格构成部分予以保护的人格权制度中,人格构成部分的判定成为核心问题,同时也是非常棘手的问题。因为人格首先在于其伦理价值,在于按照意志的自我决定和自由行为,这是一种无形的观念存在。而民法局限于其作为外部强制性规范的本性并不能对于人格予以直接的促进,而只能予以间接的实现,也就是为人格的实现提供可能,并对那些已经得到实现的人格存在予以保护。因此,作为人格权保护对象的人格要素是那些通过一定手段和载体得到外在化的人格价值。由于人格价值的存在和发展依赖于人的社会生活,人格价值通过社会生活得以外部化,因而使得法律通过对于社会生活的调整从而间接对于人格价值的保护成为可能。

德国判例和学说通过《德国基本法》第 1 条第 1 款和第 2 条第 1 款的结合,发展出一般人格权,对于人格尊严和人格发展予以保护。[①] 并在司法实践中通过对于人格的各个部分予以确定并明确其范围,来逐步把握和保护人格的组成部分。与此相对比,我国的一般人格权制度仍然停留在价值范围划定的层面,尚未尝试通过司法实践对于一般人格权的各个部分予以具体化的明确把握,这样的一般人格权在具体法律适用方面仍然存在一定的障碍。因而,我国的一般人格权制度在实现其预定功能方面比德国法上的一般人格权要略逊一筹,需要进一步予以发展和改进。

应当注意的是,民法上的一般人格权与宪法上的一般人格权存在严格的区分。作为基本权意义的宪法一般人格权与民法一般人格权并不相同,后者仅是一般法上的制度。[②] 宪法上的一般人格权确立了一种

---

① BGH, Urteil vom 25. 5. 1954, NJW 1954, 1405.

② NJW 1973, 1221, 1223.

价值体系,国家权力机关有义务对于以人格尊严和人格发展为核心的人的价值予以促进和实现,包括通过立法、行政、司法等多种方法以细致化的措施实现上述价值。不但表现为通过立法规定为实现人格价值创造条件,例如在私法方面通过合同法、一般交易法的规定,在经济法方面通过对于市场竞争的维持,对于消费者的人格价值创造实现的条件的规定;而且表现为通过医疗、教育、社会福利等政府行政力量为人格尊严和人格发展创造条件。通过宪法上的一般人格权补充宪法上关于公民基本权利规定的不足,提供公民为发展其人格而向国家要求某种积极作为的权利,更好地实现对于人权的保障和促进。因而,宪法人格权包含了积极要求的内容。

而民法上的一般人格权是在私法领域可以针对第三人主张的人格受到尊重的权利,其仅包含消极的排除防害的内容,而不包含积极的要求他人作为的内容。此外,基于其私法属性,该权利的存在要兼顾其他人的人格与自由,因此需要采用特定的规范措施,设定合理的权利边界,表现为更加具体的权利外观。比较起来,民法一般人格权所把握的人格要素更加具体化,是通过法律技术予以限定并具体化了的人格价值;而宪法一般人格权则更接近价值的层面,并不存在明确的权利边界。而且,并非所有的由宪法一般人格权所确立的人格价值都可以得到民法一般人格权的保护。因为某些人格价值可能并不满足权利边界明确的要求,或者可能与其他人同等的人格价值产生冲突,或者包括了积极要求的内容,因而需要民法通过制度而非权利的模式予以实现。例如,联邦宪法法院将非婚生子女知悉自己身世的权利确定为宪法一般人格权的内容,①但是该权利由于涉及子女与父母的人格冲突,并不能转化为民法上的一般人格权,而只能通过在亲属法中增加知悉信息

① BverfG, NJW 1988, 3010.

的请求权的条文，通过设定双方当事人的权利和义务予以解决。①

由于本书限定于民法一般人格权所认识的人格组成部分，因此应当特别注意剔除宪法一般人格权所提出的边界并不确定的人格要素，因为它们并不能转化为民法上的一般人格权。因此，作为民法上一般人格权保护客体的人格要素，需要具有一定具体的边界，获得特定的外在表现方式。也就是说，需要外部存在作为其载体，获得类似于物的存在形态，以获得权利模式保护的可能。

对于民法人格权所保护的人格的组成部分进行判断和发展，形成可以把握的相对清晰的人格要素的过程是将人格尊严和人格发展具体化的过程。通过对于人格的外在表现的逐个把握从而对于人格价值予以促进和实现，以形成个别的相对具体的人格部分，这就是一般人格权的发展过程。学者对其予以总结提出了“领域说”，一般人格权可以具体化为个性领域、私人领域以及私密领域。② 个性领域是指在社会环境中表现出来的人的特征；私人领域是指家庭、住宅以及其他私人生活领域；私密领域是指人的内在思想、主观感受，以及它们的外在表现。例如私密信件和日记，除此之外还有健康状况和性生活的记录。③ 也有学者将人格划分为实体存在，包括生命、身体、健康以及身体自由；精神存在，包括隐私、秘密等；姓名、名誉以及各种感觉和自由。④ 虽然不同的学说对于存在哪些人格要素的看法不尽一致，但是下面这些相对具体

① 立法者在民法典中增加了1598a，赋予父母子女之间请求同意基因检查以澄清孩子血缘出身的请求权。

② Heinrich Hubmann, Das Persönlichkeitsrecht, 2 Auflage, Böhlau Verlag 1967, SS. 175ff. und 268ff.

③ Jürgen Gleichauf, Das postmortale Persönlichkeitsrecht im internationalen Privatrecht, Peter Lang Europäischer Verlag der Wissenschaften, 1999, S. 68.

④ Inge Schmitz, Persönlichkeitsrechte und zivilrechtliche Deliktshaftung im französischen und deutschen Recht. 1967, SS. 30 – 90.

的人格要素已经基本获得了广泛承认，生命、身体、健康、姓名、肖像、名誉、私人领域、自主决定等，①这些都是人格尊严和人格发展的人格价值的外在表现。

对于法人，法律同样将其人格要素作为一种法益予以保护，形成法人人格权，包括具体人格权和一般人格权。

在德国，通过解释法律的相关规定对于法人提供具体人格权保护。帝国法院时期就开始发展出法人的姓名权；而联邦最高法院则通过将法律关于自然人的具体人格权的规定适用于法人，后来又援用刑法关于名誉的保护以及《德国民法典》第 823 条第 2 款的规定对于法人和商事合伙的名誉予以保护。最终德国联邦法院又将产生于对自然人予以保护的一般人格权转用于法人，只要这些保护的价值和功能适用于法人。② 法人一般人格权源于《德国基本法》第 19 条第 3 款的规定。德国国内的法人组织在与其本质相符的范围内享有《德国基本法》所规定的基本权利，包括作为一般人格权基础的第 2 条第 1 款，因而可以享有与其本质功能相符合的一般人格权，当然其范围要比自然人的一般人格权的范围狭窄得多。其于 1975 年通过一般人格权确认了法人的名誉和社会形象，③于 1980 年通过一般人格权对于宗教社团的名誉予以保护，④于 1981 年通过一般人格权对于两合公司的姓名予以保护。⑤ 因此，法人除了可以具有法律规定的具体人格权之外，还可以在其目的功能范围内享有与其本质相符的一般人格权。通过这种方法广泛确认了法人的人格要素，对于这些人格要素的侵害可以主张财产损害赔偿，而

① Kötz /Wagner, Deliktsrecht, 10. Auglage, Luchterhand 2006, SS. 147 – 155.
② BGHZ 78,24. BGHZ 98,94,97.
③ BGH, NJW 75,1882.
④ BGHZ 78, 278.
⑤ BGHZ 81,75,78.

且可以行使人格权请求权，请求排除妨碍，却不能主张精神损害赔偿。

在我国，对于法人是否具有一般人格权仍然存在争议。目前似乎否定说占据了主流地位，[①]只有个别学者赞成法人拥有一般人格权。[②]本书认为，对于法人一般人格权的否定源于人们对于尊严的狭隘理解。法人一般人格权否定说的学者认为，尊严规定了人的内在价值、存在和本质，只有人是上帝创造的，被赋予了尊严的产物。与此相对，法人只是人类法律秩序的安排。[③] 还有学者将尊严的概念与伦理层面的人的理性能力、伦理价值以及自我负责相联系。[④] 按照这样的理解，法人作为一种被创造的组织体当然不享有人格尊严，因而并不能具有一般人格权。

然而事实并非如此。人的尊严被认为是所有的人在特殊和真实意义上所表现出来的东西，完全表现了人的内在价值、人的独立和存在，其在于人的伦理意识和道德的自我决定。[⑤] 这种伦理意义上的人的尊严源于康德伦理学，其本质在于人具有按照普遍的道德规则行为的自我决定的能力，人因为这种能力成为道德的主体，因而应当受到尊重，具有尊严。从社会的角度观察，这种自我决定的能力在法律领域也具有重要意义，正是人所具有的按照法律规则行为的自我决定的能力，使得人成为法律的主体，因而应当尊重。因而尊严存在两种层面的含义，其一是伦理尊严，其二是社会尊严。两者之间存在着紧密的联系，只不

---

① 王利明：《人格权法研究》，中国人民大学出版社 2005 年版，第 165 页；尹田："论一般人格权"，载《法律科学》2002 年第 4 期。

② 杨立新：《人身权法论》，人民法院出版社 2006 年版，第 364 页。

③ H. Enger, Die juristische Person als Trägerin von Grundrechten, S. 55.

④ Manfred Feiler, Das Bonner Grundgesetz und die juristischen Personen als Träger von Grundrechten, S. 72.

⑤ Nipperdey, Die Würde des Menschen, In Neumann/Niepperdey/Scheuner, Die Grundrechte, Handbuch der Theorie und Praxis der Grundrechte, Zweiter Band, Die Freiheitsrechte in Deutschland, Berlin 1954, S. 1.

过前者是先验的道德世界,后者是现实的法律社会。两种能力都是实践理性的能力,分别构成内在自由和外在自由,对此康德在《法的形而上学原理——权利的科学》一书中进行了详细的阐述。①

因而,在经验的社会中,人的认识法律规则的理性能力、按照法律规则行为的自我决定的能力,使得人成为目的,具有社会价值。正如学者所言,与人的价值紧密联系不可分割的价值并不限于伦理的、精神的以及物理的基础,更在于一种社会基础。② 人更多地被作为一种具有社会尊重请求权的社会价值予以理解,他并非是无条件的无限制的自由,而是一种与社会连结的由自我决定保障的自由。③ 人的价值源于他的本质,因为他依其存在能够实现社会功能,因而应当受到尊重。自然人和法人在这一社会价值层面的尊严是相同的。

虽然人的尊严概念所包括的作为精神层面的价值,只有作为生命和灵魂存在的人所能够具有,法人并不能拥有。然而,组织体的社会价值在于他的外在社会形象,通过这一形象他被作为法人承认,法人所具有的尊严价值在于他的社会伦理的内容,而与依存于生物人的内容无关。④ 因而,法人和自然人一样都是尊严的载体,因为他们都具有尊严所内含的社会价值。

人格发展的核心是广泛地依据自己的意志行为的自由。它是与社会相关的行为,包括文化的、政治的以及经济的广泛行为,通过这种行为自由去不断地丰富和发展自己的本质存在,促进人格的成熟。自然

---

① [德]康德:《法的形而上学原理——权利的科学》,沈叔平译,商务印书馆 1991 年版,第 14 页。

② Behrendt Richard F., Menschenwürde als Problem der sozialen Wirklichkeit, In: Die Würde des Menschen Ⅱ, Untersuchungen zu Artikel 1 des Grundgesetzes für die Bundesrepublik Deutschland, Hannover 1967, SS. 12 – 13.

③ Georg Wronka, Das Persönlichkeitsrecht juristicher Person, Dissertation, 1972, S. 98.

④ Georg Wronka, Das Persönlichkeitsrecht juristicher Person, Dissertation, 1972, S. 99.

人的人格发展不但表现在通过行为自由去实现其精神和灵魂的存在，更在于去实现和丰富其社会性存在，展现其不断成熟和发展的社会形象和价值。法人作为特定目的的承担者，虽然没有生命人意义上的精神和灵魂，但具有同样的社会性存在。这种社会性存在表现为团体所具有的文化、理念、形象等社会属性，法人在其目的范围内通过自主决定和自由行为去实现、丰富和发展这种社会性存在，就是对于自己人格的发展。

比较来说，自然人人格发展的范围比法人宽泛，包括了精神和灵魂层面的发展，以及社会层面的发展。而且由于自然人作为目的是未被限定的，因而其人格发展表现出无限种可能，其限制仅在于宪法秩序和道德规范。而法人是一种被限定了的目的存在，而且法人并不具有精神和灵魂存在，因而法人的人格发展仅表现为在其目的范围内的社会层面的发展。

法人作为一种社会组织，本质在于其社会价值，在限定的范围内是一种目的性存在，因而获得尊严，并在此范围内依照其意志自由行为，从而不断实现和发展其社会存在。在这种社会价值层面上，法人具有广泛的人格存在，应当得到一般人格权的保护。由于法人的人格尊严和人格发展仅在社会价值层面与自然人相同，因而法人的可以获得一般人格权保护的人格范围远较自然人狭窄。如果以自然人的一般人格权作为参照的话，法人仅在与其本质相关的范围内享有一般人格权。对于法人人格的保护主要在于法人作为一种集合体的社会价值，以及与其紧密相连的在交往生活中受尊重的请求权。① 法人的人格范围并非是对于自然人人格范围的类推，而是基于法人作为社会集合体的本性的人格范围，是法人的人格特性的表现、社会形象的表现、私密的表

① Georg Wronka, Das Persönlichkeitsrecht juristicher Person, Dissertation, 1972, S. 123.

现以及与人格紧密相连的行为自由。具体包括:声誉、信用、名誉、名称或者商号、企业或者商业秘密,以及意见表达自由等。[①] 值得注意的是,每个法人可以适用的人格权依据其在法律生活中的地位的不同而存在差异,[②]因而表现为不同的人格内容。例如,经营性社团享有的商业信用公益性社团就不享有。

3. 小结

法律所确认和保护的人格层面呈现出逐渐扩大的趋势。意志自由被作为人格的核心是没有疑问的,传统民法所忽略的意志自由以外的伦理人格中的人的尊严和人的个性等方面逐渐被作为人格利益获得人格权的保护。但是被法律作为利益以主观权利方式保护的人格内容并不完全等同于伦理人格的内容。伦理人格的内容是以自然人为原型构建起来的,具有精神和灵魂层面的价值。而法律作为一种不同于伦理规范的社会规范的特性,决定了对于伦理价值之外的社会价值予以保护的必要。因而作为人格权保护客体的人格内容包含了伦理价值和社会价值,正是这一特性使得自然人和自然人以外的社会存在都具有了获得人格权保护的可能。法人作为一种社会组织体,具有由其组织机构产生的自由意志,能够约束自己按照法律规则去行为,并能够对于自己的行为承担责任,因而是一种值得尊重的社会主体。因此法人也具有广泛的人格内容,能够作为一般人格权的保护对象。由于自然人具有伦理和社会双重价值存在,因而其人格内容要远较仅具社会价值的法人的人格内容宽广,具有为其精神性存在所独具的精神完整不受干扰以及私密领域等人格内容,这些是仅作为社会性存在的法人所不具

---

① Götting /Schertz /Seitz, Handbuch des Persönlichkeitsrechts, Verlag C. H. Beck, München 2008, S. 638.

② Heinrich Hubmann, Das Persönlichkeitsrecht, 2 Auflage, Böhlau Verlag 1967, S. 337.

备的。

综上,法律通过人格权制度大大扩张了法律所认可的人格内容,使得自由意志以外的其他丰富的伦理的和社会的人格价值上升为法律上的人格内容,并通过人格权制度予以保护。这样,法律对于人格的认识更加全面了。

五、民法中的人格界定

德国法系国家的民法体系实现了科学化,其科学性建立在科学实证主义的法律图像之上。这种科学实证主义认为,所有的法律规则和判决都必须由法律概念和原则推导出来,所有的可以想象到的案件都可以通过逻辑操作获得正当的决定。[①] 法律概念成为构建这种体系的关键,在这一概念体系金字塔的顶端是最高概念,它的下面是其他可以归属于它的概念种类和次概念种类,这些所有概念之间的联系构成了一个封闭的整体。在这样的民法体系中,所有法律外的道德、社会和经济观念没有直接适用的可能,它们的价值判断已经通过法律技术转化为特定的概念。因而人格作为法律需要确认和促进的价值通过法律技术转化为法律中的相关制度,这些制度的整体构成了法律人格。由于法律人格是以伦理人格为原型,因而与伦理人格在实质方面存在高度的一致性。但是由于法律技术的局限,其内涵不如伦理人格的内涵那么丰富,只是对于伦理人格主要层面的规定。但是法律的安定性和确定性要求,使得法律人格在伦理人格模糊争议之处采用特定的技术予以处理,在明晰性和确定性方面远胜伦理人格,摆脱了伦理人格晦涩模糊的特点。因而法律人格的内涵和外延相对清晰,为我们确立了明晰

① Franz Wieacker, Privatrechtsgeschichte der Neuzeit, Vandenhoeck & Rupecht, Göttingen 1952, S. 254.

的人格形象。

人格是一个不断的自我发展过程,包含了动态层面和静态层面。动态层面是指意志的决定自由,包括意志针对外部世界的决定自由,这种决定自由构成了作为一般法律主体的必要前提;以及意志针对自己的人格状态予以发展的决定自由。静态层面是在人的自我发展过程中已经得以实现和确定的人格状态。这两个方面都是人格的重要存在,不能将它们割裂和对立起来,完整的人格是它们的综合存在,欠缺任何方面都将影响人格的存在。民法上的人格是具有客观的意志自由,不断自我发展的社会存在。

民法人格概念的内涵分散在权利能力制度、法律行为制度以及人格权制度中,这些制度各自从某一方面对于法律人格予以确认并实现其价值。

(一)具有客观的意志能力与自我发展能力

客观的意志能力又可以区分为现实的意志能力以及虽然仅具意志可能性但通过法律制度补充构建了的意志能力。前者是指具有成熟理性的成年人及法人,他们现实地具有完满的意志能力;后者是指虽然并不现实地具有完满的意志能力但具有部分意志,法律通过代理制度予以补充从而使其具有完满的意志能力。

权利能力制度是法律人格在主体层面的体现,它以法律人格的意志要素作为判断标准,将意志作为具有权利能力的前提性要求。确立了法律人格能够参与法律关系,享有权利和承担义务的地位和能力,为不断发展其人格提供了必要的前提性保障。法律人格与伦理人格的不同之处在于,法律人格是经过法律技术纯化的人格,是人格人的充分必要条件;而伦理人格仅是人格人的充分条件。具有伦理人格者一定能够成为人格人,但是人格人却并非一定都具有伦理人格,例如法人虽然并不具备伦理人格却能够成为人格人。

因而作为法律人格核心的意志不同于作为伦理人格核心的意志。法律人格的意志自由是一种客观的能够认识自己行为的社会及法律意义,将自己的行为约束在法律的界限内,并对自己的行为承担责任的能力。它并不考虑达成这种能力的机制,不管是基于心理功能还是组织功能,在法律看来并无不同。因而基于心理功能具有意志自由的自然人和基于组织功能具有意志自由的组织体都具有法律意义上的意志自由。

那些可能具有意志自由但由于各种原因尚不具有意志自由的存在,他们的意志处于一种潜在状态。儿童的意志处于不断发展过程中,在不同的年龄阶段对自己的行为具有不同的认识能力,社会有义务对他们进行教育以促进其意志的发展;而且由于他们具有伦理人格的尊严,承认他们具有权利能力是伦理戒律的必然要求,通过权利能力制度将天赋的作为人的尊严的人权转化为私法上的主观权利,从而能够得到法律的保护并在受到侵害时获得救济。

但是法律并没有限制于只是通过权利能力对其天赋的人格尊严的确认和保护,法律进一步通过设定法定监护人对于他们予以教育和管束,补充了他们欠缺的意志能力,构建了一种客观的意志,从而满足了获得一般的广泛的权利能力的前提。使得他们不但因为人格尊严获得被尊重的权利,还具有发展自我人格的权利(这主要是通过一般人格权实现的),更进一步地具有了获得财产权利的资格。

意志存在障碍的成年人虽然丧失了部分或者全部的意志能力,但是他们的意志能力存在恢复的可能,更重要的是,他们同样具有伦理人格的尊严,享有天赋的人权,因而法律也必须承认其权利能力。法律通过法定代理人对其意志予以补足,同样构建了一种客观意志,使其具有了获得广泛权利能力的能力。

因此,法律所规定的意志自由的客观性不仅可以是脱离了主观心理功能的组织意志,还可以是他人的主观心理意志,只是这种意志对于被代理人来说是客观的。

法律行为制度赋予主体的意志对于外在法律关系的控制力,主体可以按照自己的意志建立、变更和消灭一定的法律关系,按照自己的意愿自由地发展与他人的关系,实现自己的人格。法律行为制度所设定的是一种表现于外的客观意志,它已经脱离了人的内部心理过程通过表示的方法获得客观表现。作为法律人格核心的意志自由表现为客观的认识自己行为的性质并按照法律规则去行为的能力,这种能力通过法律的确认获得对于外部世界的控制力。

自我发展的能力作为法律人格重要组成部分,就是意志通过自我决定实现和发展自我的能力。传统民法人格权制度所针对的并非意志人格的自我决定本身,而是对于作为意志载体的外部人格要素的保护,这种保护使得作为人格核心的意志决定自由能够顺利实现。这种保护的局限性除了法律技术的不足以外,还有法律确定性方面的限制。

法律将人格要素中的自我发展能力作为权利客体予以保护,需要满足权利本身的明确性要求。为了避免对于他人自由的过分限制,权利需要一个相对明确的权利表观,而要对意志关于人格的发展划定一个相对明确的边界则并非那么简单。比较法上这一任务是通过一般人格权制度实现的。

《瑞士民法典》第28条对于人格予以全面保护,这种作法为可能出现的各种人格方面的保护提供了立法上的依据。但是由于《瑞士民法典》并未对于人格的概念予以界定,加之人格本身的抽象晦涩,因而在如何理解人格这一抽象概念上产生了严重的困难。通常认为《瑞士民法典》所规定的人格是指:所有的服务于人的个性化的存在,以及所有的在人与人之间的关系方面和在良好道德的框架内的具有保护价值的存在。[①] 即便如此,这一认识也是一种框架式的高度抽象的认识,仍然需要进一步的具体化,对于这一概念的解释,属于司法判决的任务。[②] 因此,虽然从表面上来看瑞士法上并不存在关于人格的个别方面的规定,但是这种个别化的过程隐藏在司法实践中。瑞士法中的人格权制度是通过立法上关于一般人格保护的规定,以及司法实践对它的具体化协力构建起来的。这种一般人格权弹性机制的立法模式能够适应随着社会的发展提出的新的人格方面保护的要求,对于人格提供全面的保护。一般认为,瑞士法上的一般人格权除了对于人格的实体层面予以保护之外、还对于精神层面以及社会层面的意志的自我决定进行了保护。从而确认了广泛的包括实体、精神存在、社会存在和意志自由的人格要素,其本质是人的尊严以及作为人格核心的意志的自我决定的外部表现。

相比较来说,德国法上通过司法实践发展起来的一般人格权制度对于人格的界定更加明确。一般认为,这种通过一般人格权予以保护的人格以人格尊严和人格发展为核心,由《德国基本法》第 1 条第 1 款关于人格尊严的规定和第 2 条第 1 款关于人格发展的规定所确认。[③] 这种通过宪法确认的一般人格价值,其核心在于与人格紧密相关领域的自我决定,其实质在于"使得人在其内在的人格领域获得其应得的自由和自我决定"。[④] 但是要作为民法上的权利受到保护,还必须通过法院的努力,将其固定在相对明确的外部载体上,实现其具体化。联邦最高法院通过一系列的判决确定了其外部表现:包括书信、肖像、以及声

---

① Praxis 1994 Nr. 148 S. 343 ff., 345, BGE 70 Ⅱ 127 ff., 130, Hodler.

② Andreas Bucher, Natürliche Personen und Persönlichkeitsschutz, Helbing & Lichtenbahn Verlag, Basel 1986, S. 132.

③ Hans Brox/Wolf-D. Walker, Allgemeiner Teil des BGB, 30 Auflage, Carl Heymanns Verlag, 2006, S365.

④ BGHZ 27, 284.

音等。实现了对于人格要素的逐步确认。德国学说配合这种具体化的判决,试图划定由基本法所确认的一般人格的表现方面,一般人格权具体化的努力是其最典型的表现。

我国的一般人格权制度是在借鉴德国法的一般人格权制度的基础上发展起来的。学者认为,它是对于人格尊严、人格自由、人格平等的保护,因而一般人格权的保护对象是抽象的人格尊严、人格自由和人格平等。至于哪些属于这一范畴则需要司法实践的解释和具体确认。由于人格尊严要求每个人都被当作目的予以尊重,因而人格平等是人格尊严的必要之义。由于我国法学界对于康德学说的陌生,产生了人格平等与人格尊严并列的现象。而人格自由的核心是人能够依据自己的意志自主决定,以发展自己的人格,与人格发展的含义并无实质区别。①因此,我国的一般人格权所规定的人格尊严、人格自由和人格平等与德国法上的人格尊严和人格发展在实质意义上是一致的。

因此,比较法以及我国通过一般人格权确认的人格要素是以人格尊严和人格发展为核心的人格的组成部分,是对于人格自我发展的保护,以实现人的最高本质。

(二)具有产生客观意志能力的物质基础

法律作为调整社会生活的规范,以外部的客观存在为基础,这是其不同于道德的重要特性。客观意志能力是经过法律确认的意志能力,这种能力的产生必须以一定的物质基础为前提,这种物质基础也是法律人格的组成部分。对于自然人来说,这种基础就是人类的生命、身体和健康。学者认为,生命的价值和意义在于提供给人建立自己人格的

① 在德国人格发展被解释为人的广泛的行为自由。

机会。[①] 身体是自然向人类提供的一种可资使用的将精神行为通过一定的方法在现实的物质世界予以实现的工具，它使得人有可能介入外部世界并使得他的创造性的使命变得恰当。身体并非人格本身，它仅是人格的外在形式和容器，更多的未予说明的其他方面的关系存在于它与精神之间。[②] 人的健康和疾病状态会影响精神的状态，他的情绪、他的活动以及能力，[③]因而健康也是人格存在的必要前提。

在生命、身体和健康三者之中，生命具有更加重要的意义。意志是发展到成熟阶段的人类生命的机能，意志依赖于生命的存在，两者紧密地结合在一起，因此人的生命被作为人的尊严的重要部分予以尊重。正因为未成年人和意志障碍的成年人具有人的生命，因而具有人的尊严，法律才设定法定代理人以构建其客观的意志能力，使其能够具有权利能力。也正是因为人的生命被作为人的尊严予以尊重，所以被法律作为一种重要的价值通过人格权予以保护。

对于法人来说，作为客观意志载体的是通过法人的章程予以确定的一定的组织机构和决定形成机制。章程作为法人的基本组织规则确定了法人的目的，以及在可能组织结构框架内设置可以实现该目的的规则。除此之外，更需要能够使得章程所规定的规则得以确定和实现的具体的组织机构，也就是股东会或董事会。

（三）具有体现自我个性的多种社会存在

作为法律上的人，能够在社会关系中发挥独立的功能，必须具有外

① Heinrich Hubmann, Das Persönlichkeitsrecht, 2 Auflage, Böhlau Verlag, Köln 1967, S. 222.

② Heinrich Hubmann, Das Persönlichkeitsrecht, 2 Auflage, Böhlau Verlag, Köln 1967, S. 226.

③ Heinrich Hubmann, Das Persönlichkeitsrecht, 2 Auflage, Böhlau Verlag, Köln 1967, S. 226.

部的与他人相区分的个性表现。自然人的基本表现就是姓名、肖像，随着社会活动参与度的扩张，还有名誉和信用等个体特性。姓名是一个人最主要的外在标志，在法律交往中使得主体的独立地位得以实现。姓名积极方面的作用表现为将行为的法律后果正确地归属于某人，在大多数情况下需要对涉及的法律主体的姓名予以明示；消极方面的作用表现为，姓名作为责任主体的指代，是债权人要求履行债务的对象。肖像是识别一个人的重要标志，建立了与作为本体的人的社会关联，是人的一种重要社会表征。名誉是人在社会生活中获得的评价，是人参与社会生活的产物，这种存在是人的个性在社会层面的表现。这些个性特征成为人格的外在方面，它们作为法律人格的构成要素，受到传统人格权法的保护。

（四）人格是以上层面的综合

民法上的人格是上述规范化的意志能力、自我发展能力、物理性存在以及社会性存在的综合，具有丰富的表现，具有这些要素的人或组织是民法上的完满人格。

第二节 准人格权利能力状态判定的理论基础

准人格是指那些只具有部分人格构成的人和组织。正是由于其并未符合法律所要求的全面的人格存在形态因而并未被法律确认为一般的法律主体。但是准人格所具有的那些部分人格状态使得他们在一定的范围内具有了以受到尊重作为目的并因而获得法律主体资格的可能性。也就是说，正是准人格具有的人格状态使其具有了在某些范围内获得权利能力的可能性。准人格在某些法律关系中获得权利能力的可能性源于权利能力的可分性。

权利能力其实并非一种非有即无的二选一状态,在具有全面的权利能力和不具有权利能力之间,存在在部分法律关系中具有权利能力的可能性。这是因为权利能力的内容事实上与人格状态具有紧密联系:具有完满人格要素的人和组织能够享有全面的权利能力;具有部分人格要素的人和组织仅能享有部分权利能力;并不具有人格要素的人和组织不能享有权利能力。这就为准人格具备部分权利能力提供了前提性的理论基础。权利能力制度与人格状态的紧密联系不但能够从权利能力制度的学说发展过程得到证明,还能够从权利能力制度与行为能力制度及责任能力制度之间的内在关联得到证明。

一、权利能力的判断内在地包含着人格要素

传统民法关于法律主体地位的判断标准是权利能力制度,这种权利能力是一种一般地作为法律秩序主体的能力,并未表明能够具体享有的权利能力的范围和内容。虽然在一般意义上,学说并不认为权利能力与人的人格状态相联系,从出生到死亡阶段的自然人,不管其理性等人格要素的状况如何都具有平等的权利能力。但是问题并非如此表面化,权利能力其实内含着人格要素,权利能力的平等事实上以人格要素构成的平等为前提。权利能力制度在创立之初就内含着理性和尊严的人格因素,随后学说的发展逐渐凸显尊严的要素而将理性的要素逐渐隐藏。其结果虽然构造了一种形式上平等的权利能力,但是也造成了权利能力的单薄和空洞,自然人权利能力的具体内容需要另外借助监护和代理制度的辅助才能够得以确定。不但如此,这一形式化的过程也抽空了权利能力的内涵,使得我们仅从该制度本身完全无法认识享有权利能力的前提条件,也就无法判断哪种人或组织能够享有权利能力,而只能依赖于立法者在立法当时所作出的结论。甚至在社会价

值观念已经发生重大变化因而需要在自然人和法人之外承认其他人或组织的法律主体地位的情况下也无能为力。因为我们完全不知道权利能力与人或组织的连接点在何处,人或组织的何种要素使其具有获得权利能力的正当性。这正是我们下面要着重予以研究的内容。

权利能力制度的正当性源于伦理上自我负责的人格形象,这种通过理性行为处理与他人的关系,尊重他人的权利,约束自己的行为的能力使人获得了人格尊严,因此具备了获得权利能力的正当诉求。萨维尼认为,所有的法律都是为道德的、内在于每个人的自由意志而存在的。因此,人格人或者法律主体的源初概念必须与人的概念相一致,并且这两个概念的源初同一性表现在,每个人,并且只有单个的人才具有权利能力。[①] 克因也认为,因为人有能力成为伦理人格人,因此他必须是法律上的人格人并拥有权利,以此来使得他在自由行为中的伦理自由得以实现。[②]作为人格人的伦理基础的自由和自我负责确定了人作为法律人格人的地位,[③]权利能力取决于意志能力(Wollen-Können)。[④]因而,人格是权利能力制度的前提性基础,人格要素的具备程度决定着权利能力的内容和范围。

现代意义上的权利能力概念最早于19世纪初期由蒂堡(Thibaut)提出。蒂堡在其1803年第7版《潘德克吞法体系》一书中,将意志和理性作为权利能力必须具备的条件。[⑤] 这意味着欠缺理性和意志能力的

---

① Savigny, System des heutigen römischen Rechts, Zweiter Band, Berlin 1840, S. 2.

② Coing, Der Rechtsbegriff der menschlichen Person und die Theorie der Menschenrechte, Tübingen1950, S. 201.

③ Fritz Rittner, Die werdende juristische Person, J. C. B. Mohr, Tübingen 1973, S. 162.

④ Gustav Nass, Person, Persönlichkeit und juristische Person, Duncker & Humblot, Berlin1964, S. 35.

⑤ Thibaut, System des Pandektenrechts, 1803, § 212.

人并不具有权利能力或者至少并不具有全面的权利能力。① 这种观点具有浓厚的自然法色彩，严格执行了伦理上对于人格人的判断标准，将理性和意志作为法律主体所必须具备的能力。在这里，主体的主动地尊重他人和被动地承受他人尊重的要素并未被区分开来，权利能力的概念中包含着主动行为的能力。在这种情况下行为能力不可能成为独立的概念，或者说，行为能力的概念内含在权利能力的概念之中。

由于这种以理性和意志为必备要件的权利能力制度排除了未成年人和意志障碍的成年人作为法律主体的可能性，并不能满足人们的伦理观念和法情感。因而时隔三十年，蒂堡在其 1834 年第 8 版《潘德克吞法体系》中将理性和意志的要求从权利能力的概念中排除，将每一个具有人类躯体的人都作为权利能力的主体。② 对于这种转变的原因蒂堡并未论及，但是这种排除理性和意志的权利主体概念却与权利的概念产生了矛盾，因为权利是一种为或不为一定行为的自由，权利的概念需要以理性为前提。③ 对于这一矛盾蒂堡并未提出合理的解决方法。

真正解决上述矛盾并逻辑一贯地构建了权利能力概念的是作为德国历史法学派领军人物的萨维尼。虽然萨维尼也将权利视作意志的支配领域，但是他将权利能力仅仅构造为拥有权利的可能性，而非现实地行使权利的可能性。在萨维尼看来，权利的拥有与权利的获得以及权利的行使应该被严格区分。④ 既然权利能力仅仅是拥有权利的可能性，拥有权利并不需要理性，那么权利能力概念与权利的概念之间的矛盾就被化解了。萨维尼的这种区分观念成为当代关于权利能力认识的主

---

① Thomas A. Roth, Ausgestaltungen der Rechtsfähigkeit im 19. und 20. Jahrhundert, Peter Lang, Frankfurt 2008, S. 5.

② Thibaut, System des Pandektenrechts, 1834, § 119.

③ Fritz Fabricius, Relativität der Rechtsfähigkeit, C. H. Beck Verlag, 1963, S. 38.

④ Savigny, System des heutigen römischen Rechts Ⅲ, 1840, § 106.

流观点。

权利能力制度在创立之初与人格中的理性能力具有紧密的联系,随后通过法律技术上对于权利的拥有与权利的行使的区分,将权利中积极行使的部分排除出去,将权利拥有这种消极被动的因素作为权利能力考量的唯一内容。这种法律技术处理的结果是将哲学上的人格进行了分割,将人格中积极的理性行为的能力予以分离,仅提取了其中消极地承受他人尊重的能力——人的存在及其所拥有的利益被作为权利予以尊重——作为权利能力的内容。相较于人格,权利能力的内涵是被大大缩限了的,正是内涵被缩限成这样的权利能力,其所能包容的外延却得到了大大扩展:权利能力不但可以被赋予那些具有理性的人,也可以被赋予那些不具有理性的人。但是从整个法律秩序来看,绝大多数法律关系都是双向的,包括以积极行为对待和尊重他人的方面以及消极地接受他人尊重的方面。因而,那些欠缺理性的人若要参与法律关系,其所不具备的在前一方面的能力则必须通过另外构建其他制度予以弥补,法律通过监护和法定代理制度予以实现。

表面看来,好像权利能力制度完全被排除了理性的要素,理性等人格要素并非权利能力的前提,但其实并非如此。虽然法律截取了人格中的被动承受能力——人格尊严,作为权利能力的核心,但是人格中的理性的积极行为方面的要求并未从主体能力中消除,只不过以间接的方式表现为通过监护人的理性予以弥补了的当事人的意志。因而,监护制度成为权利能力制度不可欠缺的辅助工具。可以设想,如果没有监护制度的存在,未成年人与精神障碍的成年人在大部分双向法律关系中根本是不适格的,无法作为这些法律关系的主体。他们既不能自己去行使权利并从中获得利益;也不能合理地约束自己的行为并履行对待他人的义务。

因此,在权利能力制度的构建过程中,理性的要素如影随形。在权利能力制度创立之初，理性能力作为其内在的组成部分；在权利能力制度已经确立的今天，理性能力虽然不再作为权利能力制度本身的内在要素，但仍然通过间接的方式与权利能力制度保持紧密的关联。

权利能力与理性等人格要素的紧密联系主要表现在权利能力与意志能力、人格尊严的内在关联，以及权利能力与行为能力、责任能力之间的紧密联系。

（一）权利能力与意志能力、人格尊严具有紧密的内在关联

现代权利能力制度是作为一种一般的整个法秩序的主体的能力，虽然其仅以被动的一般的人格尊严作为判断标准。学者认为，依据人格尊严，每个人都具有要求其他任何人把他作为人尊重的权利，①权利能力产生于这种人格尊严的基本思想，②但是其与理性因素仍然具有紧密联系。

理性因素在权利能力制度中的隐性存在源于理性能力是一般人格尊严的基础的这种哲学认识。康德认为，从整个社会和法秩序来看，正是因为人具有意志，并因此具有按照规律行为的能力，人才具有了一般的人格尊严。正是自律的能力使人获得了自由，并因此获得了作为人的基本价值和尊严，并以此为基础具有了真正的人格。③ 舍勒（Schiller）也认为，精神自由是通过道德力量去控制欲望，尊严是其表

① Larenz/Wolf, Allgemeiner Teil des bürgerlichen Rechts, C. H. Beck, München 2004, S. 22.

② Larenz/Wolf, Allgemeiner Teil des bürgerlichen Rechts, C. H. Beck, München 2004, S. 101.

③ 寇东亮："德性与自由的融通——康德伦理思想的一个旨意"，载《学术论坛》2008 年第 6 期。

现。[①] 因此,对于舍勒来说意志和自主是尊严的基础。[②] 这种哲学传统将人格尊严建立在理性和意志的基础之上,因此,虽然从表面上看法律关于权利能力的判断标准是人格尊严而非意志自由,但究其实质,该标准仍然与客观的意志自由具有紧密联系。

因此,在抽象的整个法律秩序层面,权利能力直接地与人格尊严相联系,间接地与理性和自由相联系。要作为整个法律秩序的主体,具有一般权利能力,理性的因素是不可或缺的:理性健全的成年人具有理性自不待言;即使是未成年人或者意志障碍的成年人,也通过监护人的理性的辅助具备了完满的意志。正是这种完满的意志使得人具有了按照规律行为的能力,并因而具有了广泛的人格尊严。可以想象的是,如果没有监护制度和法定代理制度,理性欠缺人所能够参与的法律关系的范围将会被大大缩小,其将不能作为整个法律秩序主体部分的双向法律关系的主体,而仅局限于个别的单向受益型法律关系领域。因为他们根本无法满足双向型附有义务的法律关系的内在要求。可见,权利能力制度的构建源于自我行为、自我负责的人格形象,权利能力与作为人格重要部分的理性要素和人格尊严之间具有紧密的联系。权利能力的内容事实上取决于人的规范化的理性的能力,以及由此产生的人格尊严的范围。

这种人格尊严与理性和意志之间存在紧密关联的认识也得到现代社会学上关于人的认识的肯定与佐证。在社会学看来,人作为一种广泛的与目的相关的存在,是社会的成员。因为其承担的社会性,因而包含了一种社会价值。人的社会价值产生于人的本质,因为人依其本质

---

① Schiller, F. V.: GW Nationalausgabe Weimar, 1962, Bd. 20, S. 294.

② Bernhard Giese, Das Würde Konzept, Duncker Humblot, Berlin 1975, S. 41.

要去履行社会功能。这种社会价值是尊严概念的重要方面。① 人的自我个性在社会交往中实现自身,人有意识或者无意识地将自我的诠释与每一个可以识别的生活表现连接起来,人就是一种自我展现。尊严必须是被构建的,它是一种复杂的结果,一种部分有意识的、部分无意识的人的自我展现。它是一种可以感受到的人的利益,由于其具有极高的抽象性,因而可以涉及整个人的全部个别方面。② 在这种社会学的视野中,如果没有自由的行为或行为方面,尊严不存在获得实现的材料。因此,人的尊严首先在于人的自主与自我负责,他主不但是自由的终结也是尊严的终结。作为这种人格尊严基础的是客观意志。具备理性者参与社会生活,合理控制自己的行为并正当对待他人,产生了值得尊重的社会性人格尊严。这种人格尊严产生于理性的自律,尊严的享有以具备理性为前提,只要能够自我负责地行为、正当地对待他人,就具有了一般的人格尊严。因而这种尊严的享有者包括能够理性地参与社会生活的生物人和组织体。

除了上述的全面人格尊严观念之外,另一种人格尊严观念认为,人的存在本身就是被一种尊严。这种观念的形成与宗教、哲学以及生命伦理学具有紧密的联系。在宗教上,每个人因为继受了上帝的外形,因而人这种存在形态就是被尊重的对象;而且每个人的生命都是上帝的创造,都具有被尊重的价值。在伦理哲学上,人的生命、身体是理性的唯一自然来源,它们与理性不可分割地融合在一起,成为理性不可缺少的载体,它们是人的尊严的载体,具有伦理尊严的价值。生命伦理学也认为,人的生命形态具有区别于物和其他生命形式的一种特殊的尊贵和庄严,具有生命尊严。因而,只要是作为人的形态的存在都是获得尊

① Georg Wronka, Das Persönlichkeitsrecht juristicher Person, Dissertation, 1972, S. 98.

② Luhmann, N. :Grundrechte als Institution, 1965, Ⅰ, S. 69.

严的对象,它通过人的生物和社会特性予以识别。

这种尊严产生于作为生物和精神统一体的人的存在,只有生物人才能够享有。其以人的存在为已足,并不考虑人的个别方面的特质。人的国籍、年龄、智力发展状况以及是否具有意识和相应的行为能力,都是不重要的,只要是作为人的种属物的存在都具有人的尊严。精神上的疾病、残疾或者犯罪都不排除尊严请求权,或者使其相对化;同样地,无意识也不能成为停止尊严的正当理由。只要存在人的生命,就存在人的尊严,至于承担者是否意识到这一尊严或者事实上是否知道并不重要。那种从初始起在人的存在中具有的潜在的(具有理性的)能力,足以作为尊严的基础。① 每个人不考虑其品质、功绩和社会地位都具有尊严。②

但是应当注意的是,这种人格尊严产生的应当被作为主体尊重的能力,并不意味在所有的法律关系中都应当被尊重,只意味在作为人存在的领域,必须被作为人去尊重。因而这种人格尊严的本质并未要求一种全面的法律秩序的主体能力,而只是一种在特定法律关系中作为主体的能力。主要是单向受益型法律关系,具体来说主要是生命、身体以及人身自由等人格权方面的权利能力,以及作为其生命和人格发展所必要的基本物质条件方面的权利能力,由于理性的欠缺其无能力要求在广泛的法律交往中具有权利能力。

基于意志的人格尊严与基于人的存在的人格尊严的范围并不相同。前一种人格尊严产生于人与人交往的社会活动,与其相对应,在法律上表现在广泛的法律关系领域。不但包括人格权法律关系,还包括财产和家庭法律关系,是一种全面的权利能力。后一种人格尊严局限

① BverfGE 39, 1, 41.

② BverfGE 87, 209, 228.

于人的伦理和精神性存在，与其相对应，在法律上表现为对于人的物质性和社会性人格存在的尊重，局限于人格权法律关系领域，以及与此相关的维持人的存在的必要的纯粹获益性财产法律关系，是一种部分权利能力。这两种范围不同的人格尊严决定了两种权利能力的存在，前者是概括地作为一般法律关系主体的全面权利能力，后者是作为部分法律关系主体的部分权利能力。传统民法仅构建了一般地作为法律秩序主体的全面权利能力，忽视了部分权利能力的存在。

制定法只是将学说构建的成果——从出生到死亡阶段的人具有全面的权利能力——予以规定。而该成果背后复杂的学说构建，也就是权利能力与人格要素的关联，则随着时间的发展而逐渐被遗忘了。

（二）权利能力的平等源于对于意志能力现实差异的规范化处理

现实社会中每个经验中的人的意志能力都是不同的，并不存在意志能力相同的人。既然作为权利能力基础的意志能力是不同的，何以产生平等的权利能力呢？这就在权利能力的平等与意志能力的现实差异之间产生了冲突。法律通过两项制度解决了这一冲突：其一是以年龄作为意志能力的判断标准；其二是以监护人制度弥补不足的理性。也就是说，基于权利能力与意志能力的紧密联系，法律通过对于意志能力现实差异的规范化处理才构建起来形式上平等的权利能力。

虽然德国法系国家法典中并不存在意志能力的规定，但是其在行为能力制度的设计中是一个前提性概念。意志能力是判定行为能力等级的公认标准，依据意志能力的差异行为能力被划分为无行为能力、限制行为能力以及完全行为能力，而这一意志能力的差异表现在法典中就是年龄的差别。也就是说，法典采用了形式化的年龄标准方法实现了意志能力的规范化，具有相同年龄的人被认定为具有相同的理性，而且所有的成年人都具有相同的理性。因而，所有达到成年年龄的人，不管其意志能力的现实差异,都被法典构建为具有平等的意志能力,它成为权利能力平等的前提。

人自其出生后,其理性就在生命的发育以及社会磨砺中逐渐成长。人在达致成年之前已经或多或少地具有了意志能力,只是这种意志能力并不成熟而已。因而未成年人已经现实地具有一种不完满的理性,以这种理性为基础其并不能享有与成年人平等的权利能力,法律通过监护人制度对此予以克服。通过监护人的平等的理性来补充未成年人的理性的瑕疵,从而构建了未成年人与成年人平等的意志能力。对于理性存在瑕疵的成年人法律同样以此方法通过监护人或保护人的理性予以弥补。以此为基础,未成年人和精神障碍的成年人获得了与正常成年人平等的理性与意志,并以此为基础具有了平等的人格尊严,构建了人人平等的权利能力制度。

二、权利能力与行为能力及责任能力之间的内在联系

权利能力与理性等人格要素的紧密联系在法律制度上表现为权利能力与行为能力及责任能力之间的内在联系。法律上的人是依据法律本体论和法律伦理学方面的基础而产生的,无论是立法者还是法律科学都不能任意处分这些基础。① 对于人,重要的是他应当具有自我意识,应当自主地决定自己的存在,对于其他人则应当承担起责任。② 因此,学者往往将作为法律关系主体的能力建立在人的自由以及理性的基础上。也就是说,每个人都有权要求其他任何人尊重他的人格、不侵害他的生存和他的私人领域;相应地,每个人对其他任何人也都必须承

① [德]卡尔·拉伦茨:《德国民法通论》(上册),王晓晔等译,法律出版社2003年版,第57页。

② [德]卡尔·拉伦茨:《德国民法通论》(上册),王晓晔等译,法律出版社2003年版,第56页。

担这种尊重他人人格及不侵害他人权利的义务。这种相互尊重关系是法律上的基础关系。① 这种关于法律关系的认识最早为康德所主张，并逐渐成为一种通识。康德认为，权利是人的自由的并存。② 也就是说，法律主体性建立在人的自由以及在此基础上的控制自己的行为并尊重他人的自由的能力上。这正符合康德关于人的认识，康德认为，人是主体，有能力承担加于他的行为。而相反的，物是指那些不可能承担责任的东西。③

按照这种认识，适宜作为法律关系参与者的是具有理性和意志的人，因为只有这样的人能够自我负责地自由行为，并尊重他人的行为自由。但是这样就将具有法律主体性的存在限定在非常有限的范围内，因而并不能令人满意，尤其是将未成年人以及精神障碍的成年人排除于法律主体之外，不利于对于他们的保护。

法律通过对于法律主体性进行技术上的处理，将法律主体性的内涵进行分割，分别提取不同的要素具体构建为与主体相关的不同制度。由于法律关系主要区分为每个人要求他人尊重其人格和权利，以及相应地尊重他人的人格和权利，这样双向的关系。前者是一种被动的被他人尊重的关系，后者是主动的对待他人的关系。正是在对法律关系进行这种双向区分并进行法律技术处理的基础上形成了法律主体性的三种具体制度、分别是：权利能力制度、行为能力制度和责任能力制度。通过只截取人的被动的承受他人尊重的能力作为权利能力制度的要素，从而使得理性并不成熟的人也能够作为法律关系的主体；而将主动对待他人的能力构建为区别于权利能力的行为能力制度和责任能力

① ［德］卡尔·拉伦茨：《德国民法通论》，王晓晔等译，法律出版社 2003 年版，第 47 页。
② ［德］康德：《法的形而上学原理》，沈叔平译，商务印书馆 1991 年版，第 41 页。
③ ［德］康德：《法的形而上学原理》，沈叔平译，商务印书馆 1991 年版，第 26 页。

制度。

法律通过代理人代理理性不完满人的行为，使得每一个具有权利能力的人都具有了正当对待他人的能力，从而解决了对待他人的问题；将未合理约束自己行为对他人造成损害承担责任的能力构建为责任能力制度，具有责任能力者能够对于自己的行为产生的责任具有认识能力，确立了对于自己的行为自我负责的能力。对于那些虽然具有权利能力，但是并不具有责任能力的人，法律课监护人对其以监督义务。通过监护人理性判断被监护人的行为的合理性与危害性，在一定程度上弥补了被监护人欠缺的理性。监护人未尽监护义务使得被监护人侵害他人的，监护人承担侵权责任，间接构建了一种自我负责的能力，从而与行为能力制度共同实现了正当对待他人的能力。

这样将伦理学和法哲学上关于法律主体性的完整的形象——即自主地实施行为，发展自我，并对他人承担责任——分割为不同的部分，并构建为不同的制度。法律通过这三项制度对于主体性进行了层次化的规定，比较全面地完成了法律主体性的构造。一个完整意义上的法律上的人是同时具备以上三种能力的人。正如学者拉伦茨所言：凡一个人具有全面的能力时，就不仅仅具备权利能力，具备行为能力，而且还能够为其行为承担责任。① 下面对于这三种能力进行具体分析。

(一)权利能力制度

权利能力虽然在民法典中具有核心作用，并作为一种前提性规定，但是其并未得到法律的明确界定。② 人在作为尊严的载体从而获得他

① ［德］卡尔·拉伦茨：《德国民法通论》，王晓晔等译，法律出版社2003年版，第120页。

② Schmitt, Münchener Kommentar zum BGB, Band 1., 5. Auflage, München 2006, §1, Rn. 1.

人的尊重和正确对待的法律关系方面并不需要理性的能力，这一方面的主体性是一种被动承受的能力。对于这种能力的法律技术构建的产物就是权利能力制度。这一制度排除了人格中的理性和意志的能力，仅选择了人格中作为被他人尊重的对象的能力作为核心，是对于人格概念的片段式抽取，具有高度的法律技术性与抽象性。仅被认为是作为权利享有者和义务承担者的能力。[①] 其已不同于以意志与自由为核心的人格概念。因此权利能力的概念和人格的概念并不等同，前者侧重被动的方面，后者更侧重主动发展的方面。

（二）行为能力制度

法典将法律主体性中积极行为的能力在法律交易中的表现构建为行为能力制度，作为从事具有法律意义的行为的能力。[②] 行为能力是人最为重要的能力，是通过自己的行为自主地进行法律交易实现私法自治的能力。具有该能力者必须是具备完满理性的能够认识自己行为的意义以及他人行为的意义的人。学者认为，当人具有行为的能力时，完全意义上的人格人才首次存在。[③]

德国法上，虽然立法并未对享有行为能力的条件予以规定，学者一般认为：行为人必须具有认识和判断的能力。[④] 瑞士法上则对于行为能力的条件进行了明确规定。该法第 13 条规定成年并具有判断能力的

---

① Larenz/Wolf, Allgemeiner Teil des bürgerlichen Rechgts, 9. Auflage, C. H. Beck, München 2004, S. 100.

② Hans Brox, Allgemeiner Teil des BGB, 28. Auflage, Car Heymanns Verlag, Köln 2004, S. 134.

③ Karl August Deynet, Die Rechtsstellung des Nasciturus und der noch nicht erzeugten Person im deutschen, französischen, englischen und schottischen bürgerlichen Recht, Alfred Metzner Verlag, 1960, S. 17.

④ Hans Brox, Allgemeiner Teil des BGB, 28. Auflage, Car Heymanns Verlag, Köln 2004, S. 134.

人具有行为能力；第14条和第16条进一步对于成年和判断能力进行了具体界定：成年人是满18周岁的人，判断能力是那些并未因为未成年，精神疾病或者精神孱弱，醉酒以及类似状态欠缺依据理性去行为的能力。我国学者同样认为，行为能力以对于行为的认识能力，也就是意思能力为基础。[①] 可见，行为能力建立在理性的判断能力的基础上，是对于人的理性在法律交易上的概念化。行为能力的实质判断标准是人的理性的判断能力，其形式标准是达到成年的年龄。

与权利能力着重于抽象的人格平等相比较，行为能力制度更关注于具体的人格差异。行为能力着重对于人的理性和意志能力的具体状态的考察，并依据人的判断能力的不同将人区分为完全行为能力人、限制行为能力人以及无行为能力人。具有行为能力的人能够完全通过自己的行为建立各种法律关系；限制行为能力人只能通过自己的行为建立部分法律关系，其他的法律关系的建立则需要代理人代理；无行为能力人自己完全不能建立任何法律关系，所有的法律关系的建立都需要代理人的代理。

在一般的抽象意义上，学界并不认为行为能力是作为法律关系主体的必要资格。每个人，即使是行为能力欠缺人也都由于其平等的权利能力能够成为法律的主体。但是，具体到特定的法律关系，行为能力事实上对于当事人能否作为该法律关系的主体具有重要影响。人的法律关系的建立除了少量的由事件产生以外，大部分是由事实行为以及法律行为产生，其中由法律行为产生的法律关系所占的比例尤为重大。对于必须通过法律行为建立的法律关系，如果具有人身属性的限制而不能通过代理人代为进行的，那么行为能力欠缺人事实上是不能成为这类法律关系的主体的。从这种意义上来说，行为能力事实上与人的

① 王利明：《民法总则研究》，中国人民大学出版社2003年版，第343页。

主体能力存在紧密的联系。

因此,德国法上存在从行为能力与权利能力紧密结合的角度来界定权利能力的努力,将权利能力理解为能够具有法律意义地自我行为的能力。① 作为这种观点代表的是法布里齐乌斯,他认为:权利能力是人或其他被作为法律主体承认的社会组织,能够有效地自己或通过受托人、代理人或机构进行具有法律后果的行为的能力。②

通过这种方法界定的权利能力制度的内涵更加具体明确,实际上将权利能力的具体范围包含在内。具有完全行为的能力的人,由于能够通过自己的行为自主进行具有法律后果的行为,因而能够广泛地作为物权法律关系、债权法律关系、以及家庭法律关系的主体。具有部分行为的能力或者不具有行为的能力的人,由于仅能通过代理人代为进行非人身属性的行为,因而能够作为物权法律关系、债权法律关系、以及部分被动型的家庭法律关系的主体,而不能作为主动型的家庭法律关系的主体。被动型的家庭法律关系是指基于出生由法律所赋予的法律关系,主要是家庭法上的权利。主动型的家庭法律关系是指通过自己的行为建立的家庭法律关系,例如婚姻法律关系以及收养法律关系。

(三)责任能力制度

作为法律关系的参与者,在对待他人方面非常重要的一种能力是对由自己的行为对他人造成的侵害承担责任的能力,这也是法律主体性的一个方面。③ 这种能力的判断标准在于对自己的行为对于他人的

---

① Schmitt, Münchener Kommentar zum BGB, Band 1., 5. Auflage, München 2006, § 1, Rn 7.

② Fritz Fabricus, Gedanken Zur höchstrichterlichen Rechtsprechung betreffend den Nasciturus, FamRz, 1963, S. 44.

③ 这就是哲学家和法哲学家所说的作为人的本质的重要的能够承担责任的能力。康德将其作为人与物的重要区别。

危害性的认识能力，其依赖于人的个性和智力的发展状况。[1] 这种能力成为侵权责任人的前提性条件，不符合该条件的人对于自己的不法行为造成他人的损害不承担责任，不能作为侵权法律关系中的义务人。因此在侵权法律关系中，作为侵害人成为侵权法律关系主体的前提条件除了权利能力之外，责任能力也是必要的前提。

欠缺对于自己行为针对他人的危害后果的认识能力的人，完全有理由被怀疑不能正确地对待他人。对于这些人法律可以选择只赋予其享有权利的能力，而限制或剥夺其行为的能力，将其作为危险物一样妥善保管。但是这些人有很大部分会成长为理性的公民，而另外一些则会从理性欠缺的病态中恢复过来，因而允许他们广泛地实施行为并参与社会活动，对于磨砺他们的理性，促进理性的成长具有重要的意义。社会性是人的人格的重要组成部分，人的理性只能在社会中养成。限制理性不完满的人参与社会活动的能力，等于剥夺了他们获得理性的能力，因此必须允许理性不完满的人正常地参与社会活动。而这些人由于并不能认识自己行为的危害性，对他人造成的损害，要其承担责任并不符合道德以及法律的基本理念，因为其行为并不具备可责难性，因此应当否定其责任能力。对于他们给他人造成的损害则由全社会共同分担：一方面法律设定监护人，对于他们的行为进行监督，并对由于监督过失而对他人造成的损害进行赔偿；另一方面监护人并不存在监督过失的，受害人的损害则由受害人自己承担。通过这样的方法将理性欠缺人对于他人造成的损害在监护人和受害人之间进行了分配。

（四）权利能力与行为能力及责任能力之间的紧密联系

完满的法律主体，应当具有通过自己的行为去行使权利、并通过自

---

① Kötz/Wagner, Deliktsrecht, 11. Auflage, Vahlen Verlag, München 2010, S. 139.

己的行为去履行义务的能力、以及对于自己的不当行为造成他人的损害承担责任。法律关系以及权利和义务都主要是动态的内容,需要当事人通过自己的行为去实现,无法通过行为去实现的权利和义务是没有意义的。而且权利的行使存在一定的边界,行使自己的权利不得侵害他人的权利,因此权利的行使者必须具有理性的判断能力。因而仅从被动的角度构建的权利能力并非法律主体的全部,学者也认为民法典关于人的构建是一件未完成的作品。① 由于权利能力制度排除了理性的判断能力,欠缺此种能力的主体对于权利的行使需要通过代理人代为实施。因此,代理制度是权利能力制度的必要辅助,其补充了权利能力制度所排除的理性的判断能力,是理解权利能力制度不可或缺的部分。也就是说,被权利能力制度所排除的理性最终以代理制度予以弥补。

权利能力虽然以被动的要素作为判断标准从而使得每个人都获得了作为法律关系主体的基本资格,但这仅是一种最初级的资格,具体到各种不同的法律关系,可能还要求额外具备其他一些能力。法律关系可区分为财产法律关系和人身法律关系。作为财产法律关系的主体并不必然需要权利能力之外的其他能力,因为欠缺的理性的判断能力可以通过代理人予以弥补。在人身法律关系领域却并非如此,具有人身属性的行为不能由他人代理。因而,作为人身法律关系的主体除了需要具有一般的权利能力之外,还需要年龄和理性达到成熟的程度,具有理性的判断能力。例如作为婚姻法律关系的主体,以及作为收养法律关系的主体,除了具有一般的权利能力之外,还要求年龄达到一定的标准,②具有成熟的理性。因为只有这样的人才能够认识婚姻关系的本

---

① [德]梅迪库斯:《德国民法总论》,邵建东等译,法律出版社 2000 年版,第 778 页。

② 例如我国《婚姻法》对于结婚年龄的规定,男不得早于 22 周岁,女不得早于 20 周岁。

质;通过自己的行为能力去建立法律关系;并通过自己的行为去行使权利、履行义务。

因此,权利能力只是一种最基本的作为法律主体的能力,被权利能力所排除的理性能力在法律关系中还是必须的,只是被隐藏了起来:大部分具有权利能力的成年人已经满足了理性的前提;理性并不完满的人,对于可由他人代理的法律关系,法律通过代理制度弥补了其理性。对于那些依其本质无法由他人代理的法律关系,欠缺理性的人事实上是无法作为其主体的,也只有在这些法律关系中,理性能力在权利能力中的隐含地位才得以凸显。

可见,立法者为了扩张权利能力拥有者的范围,排除了理性的行为的能力,但是却不得不通过其他立法技术予以弥补。因而,权利能力与自然的行为的能力(natürliches Handlungsfähigkei)以及作为这种能力具体化的行为能力(Geschäftsfähigkeit)、责任能力(Deliktsfähigkeit)之间具有紧密的联系。权利能力之所以与行为能力、责任能力这些自然的行为能力之间存在紧密联系,其根源在于权利能力植根于主体的自我负责的理性的行为的能力,权利能力在法学上原初地是作为主体可归责的行为的能力而发展起来的。①

三、权利能力与理性及人格尊严的联系是准人格部分权利能力的正当化基础

综上所述,权利能力与人的理性的行为能力以及人格尊严之间具有紧密的联系。依据人的理性能力的不同以及人的人格尊严范围的不同,人的权利能力的内容和范围表现出类型化的状态:具有完满理性的人和组织获得了广泛的人格尊严,能够作为全面的法律关系的主体;具

① Fritz Fabricius, Relativität der Rechtsfähigkeit, C. H. Beck Verlag, München 1963, S. 42.

有并不完满理性的人但是通过法律构建的监护人制度具备了完满的理性，因而也获得了相对广泛的人格尊严，能够作为相对全面的法律关系的主体，但在部分依其本质无法代理的法律关系中，不能作为法律主体；虽然具有理性但并不符合法律所设定的理性模式的组织体，只能在部分法律所允许的范围内作为法律主体；并不具有理性的人，并不能依其理性正当对待他人因而并不能具有广泛的人格尊严，但是其作为人的存在本身所具有的人格尊严使得他在受益型的法律关系中能够作为法律主体。

因此，权利能力并非一种绝对的形式平等，而是表现出一种类型化的形态。具有相同人格状态的人作为同种类型能够获得相同内容的权利能力，具有不同人格状态的不同类型的人之间的权利能力的内容和范围存在一定的差异。以此为基础，准人格虽然并不具有法律所设定的理性能力，但是具有了一定的人格要素，在某些法律关系中具有了人格尊严，能够作为这些法律关系的主体。权利能力与人格要素的紧密联系以及以此为基础表现出的类型化是准人格具有部分权利能力的前提性的理论基础。

CHAPTER 03 >>

第三章

准人格一般理论

第一节　准人格概念的界定

民法中的人格是经过法律技术构建了的概念，确立了典型的民法中的人的形象。符合这种形象的包括人和组织体两种：前者限定为出生至死亡阶段的人——自然人，后者是符合法律规定的组织构成并经登记的组织体——法人。他们具有意志自由，这种意志自由或者源于自身的成熟理性，或者源于自身有限理性与法定监护人的理性的结合，或者源于通过组织机构形成的理性，他们具有作为意志载体的现实存在，具有不断发展自我的能力。除了这种典型的人格存在之外，还存在一些并不完全符合这一标准的人和组织的存在形态。

作为精神、肉体和社会性存在的人，是一个生命的发展过程，这一过程开始于受精卵的发育，终止于死亡。甚至在生命终结后，人的某些社会性存在还会继续一段时间。在这一过程中人的人格是一个不断丰富发展而后又逐渐消退的过程。从受精卵开始，人就开始其人格发展过程并逐渐具备了生命、身体和健康这些基础性的人格要素；在出生以后，人又通过自己的行为不断地向外表现并发展其人格，因而人格要素不断增多；在死亡以后，人丧失了生命和健康这些基础性的人格要素，也丧失了通过自己的行为发展人格的能力；随着时间的推移其生前通过自己的行为所获得并表现出的部分社会性人格要素也逐渐消退并在一段时间后最终消亡。在人的这一发展历程中，有的阶段完全符合民法人格的内容性要求，有些阶段并不完全符合这一要求，仅仅具备法律人格的部分要素。例如在出生前的阶段，人并不具有意志能力，也不具备发展其人格的能力，但是具有作为意志能力物质性基础的生命和身体，并具有人类的尊严；死亡以后的阶段，人虽然不再具备意志自由，丧失了人格发展的能力，不符合人格要求，但是在一段时间内仍然具有部分社会性人格要素以及人的尊严。

至于组织体，其构建方式有很多种，团体内部的紧密程度也各不相同，只有符合法律规定的组织结构形态且经登记的才能具备完全的法律人格。其他的组织形态虽然并不完全符合法律规定的条件，但是某些已经通过一定的方式实现了获得共同决定的能力，具备了获得意志能力的物质性基础；拥有了一定的财产；以此为基础具有承担一定责任的能力；并且获得了名称、商号以及商誉等人格个性特征。因而，这些组织形态具备了法律所设定的完整法律人格的部分构成要素。

对于这些并不符合法定的人格模型的人或组织的人格状态及权利能力的研究，比较法上多有涉及，但是大多仅是对于其中个别类型的研究，①将它们作为一个整体概念进行研究的为数不多。据笔者考证，德

① 主要是对于胎儿和死者的人格的保护的问题，以及对于合伙和设立中法人的权利能力的讨论。

国法上存在从权利能力的角度统合它们的做法，专门研究它们的权利能力问题。学者法布里齐乌斯构建了权利能力相对性的概念，认为权利能力的内容并非绝对相同，存在以行为的能力为标准的相对化现象。根据人和组织的行为的能力的不同，人的权利能力的内容体现出层次化的形态。[①] 这一研究成果具有重大意义，却并未具体分析它们的人格要素的具体状态。应当说明的是，正是这些并不符合法定人格模型的人或组织的人格要素状态正当化了其在某些范围内具有的权利能力，人格要素占有的范围决定了权利能力的范围，正是人格要素的层次性使得权利能力表现出层次性。在我国，有学者在对胎儿的人格利益予以保护的研究中，提出胎儿具有准法律人格的观点。学者认为，准法律人格是既非完全法律人格者亦非完全无法律人格者。[②] 这种观点认识到了胎儿具有部分人格的特性，但遗憾的是对于法律人格并无界定。这里所使用的法律人格是仅限于权利能力，还是也包括人的各构成部分，仍然存在疑问。而且类似于胎儿的具有部分人格构成的其他人或组织存在被忽略了。因此，本书认为应当对于准人格的概念进行全面的重新界定。

由于这些人和组织并不具备全面的法律人格要素，因而并不符合法律人格的构成要件，不能作为法律人格。但是它们具有法律人格中的部分人格要素和形态，我们称之为准人格。准人格的法律概念是：仅具有部分民法人格要素的人或组织的人格状态。主要研究它们的人格要素形态、权利能力和行为能力状态。

---

① Fritz Fabricius, Relativität der Rechtsfähigkeit, C. H. BECK Verlag, Berlin 1963.

② 张莉："胎儿的准人格地位及其人格利益保护"，载《政法论坛》2007年第4期。

第二节　准人格的特征

一、准人格欠缺规范化的意志能力

准人格并不具备法定的规范化的意志能力，这是准人格与人格的本质区别。民法通过抽象的法律技术构建了人格的规范化的意志能力，这种意志并不是现实生活中存在的人与人之间的具有差异的心理意志，而是一种抽象的认识、判断与决定能力。这种抽象的意志能力通过年龄的划定实现了绝对的平等，只要达到成年的人都具有平等的意志能力，而不管现实中人与人之间的意志能力存在多大差异；未成年人则通过监护人的意志间接获得了这种平等的意志能力。准人格存在表现为，或者尚未发育到意志能力的程度而不适合被赋予这种能力（胎儿），或者曾经具有这种能力但是现在不再具有（死者），或者具有一定的意志能力但是并不符合法律的规定（合伙及形成中的法人等）。因而，准人格并不具备法定的规范化的意志能力。

二、准人格具有部分人格要素

准人格并不具备完全的民法人格构成。完整的民法人格包括意志能力、自我发展能力、物理性存在以及社会性存在，而准人格只具有部分上述人格组成，而且每种准人格存在所具备的人格要素并不相同。

作为生物人存在的准人格形态的共同特征是不具有意志能力，不能通过意志的决定去发展自己的人格，以及参与法律交易。它们只具有一些简单的静态人格组成部分。其中，胎儿并不具有意志或者意识反应，只具有身体和生命这些物质性人格要素。这些人格要素作为人的存在基础，是人格的重要部分，因而胎儿已经具有了部分人格要素。

死者丧失了依赖于生命的意志能力,也不具有自我发展的能力,但是在其死亡后的一段时间内仍然具有姓名、肖像、名誉等外化的社会性人格形态,以及在世时通过一定方式得到外在化固定的人格个性。这些人格形态和个性是意志曾经的载体和表现,是人格的重要组成部分。

作为组织体存在的准人格形态也具有部分的人格组成部分。其中,合伙虽然并不具有法律所规定的意志,但是合伙的组织形态已经能够部分地形成团体意志,并具有了他人可以识别的名称,而且具有一定的相对独立的财产并能够以此为基础承担相对独立的责任。设立中法人虽然尚未现实地具有意志,但是已经具有了相对独立的财产和组织形式,具有了意志产生的现实基础,而且其在特定目的范围内具有了名称,具备了可识别的社会个性。因此作为准人格存在的组织体在一定程度上具有了部分人格要素。

三、准人格的权利能力并未得到法律的规定

被法律作为典型予以确认的只是从出生至死亡阶段的人,以及得到法律承认的法人组织。他们具有完满的民法人格,权利能力得到法律的明确规定。准人格并不符合法律所确定的完满人格的类型,并不具备规范化的意志能力,不能够自我负责地广泛参与法律交易,因而并不能具备法律所规定的全面的一般权利能力。但是由于准人格具有部分人格要素,以此为基础在某些方面具有了参与特定法律关系的能力,因而具有了获得部分权利能力的正当要求,虽然这种能力并未得到法律的规定。由于不同的准人格类型所具有的人格要素种类并不相同,因而他们能够具有的权利能力的内容也不相同。不同的准人格所具有的权利能力的内容是由他们所具有的人格要素的内容所决定的。

四、准人格是人格权法保护的对象

准人格虽然并不具备完整的人格存在，但是已经具有了部分人格要素，这些人格要素应当获得人格权法的保护。对于胎儿来说，虽然并不具有自我发展人格的能力，[①]但是具有了人格中的基础性构成要素——生命、身体和健康。这些人格要素具有自身存在目的，是值得尊重的人格权保护对象。对于死者来说，虽然随着死亡其丧失了自我发展人格的能力，但是其在生命存续期间通过行为自由所实现了的，得到外在化的人格存在，在其死亡后仍然继续存在，体现着死者的人格尊严，是值得保护的人格价值。合伙及设立中法人等非法人组织，虽然没有按照法定的模型形成独立的组织体，但是具有了参与社会交往的能力，通过在社会中履行特定的社会功能，获得了其社会人格。这些社会人格的各种标志与表达，包括名称、名誉、信誉等，是人格权的保护对象。

五、准人格具有开放性

准人格是为了弥补传统民法人格原型的不足，对于不能被传统人格模型所容纳的人和组织的概括，从而建立了它们与民法体系沟通的渠道。准人格这一概念的生命力也是其最大优势在于它是一个开放的概念，它建立了一种根据人或组织的人格要素构成状态判断其权利能力状态、其参与法律关系的范围，以及其所具有的人格要素内容和能够具有的人格权的内容。使得各种非典型的人和组织都能够通过这一制度纳入民法体系，从而获得民法的调整。因此，准人格具有高度的包容性，不但能够包容多种人和组织类型，而且随着社会的发展，还能够包

---

① 一般认为自我发展人格的能力是指通过自己的行为去展现与实现自我的能力。

容新出现的人和组织类型。

第三节 准人格的类型及其人格要素构成

准人格包括法律规定的自然人以外的其他人的存在——胎儿和死者;法人以外的某些组织形态,主要是合伙与设立中的法人;以及其他的准人格类型。下面分别对其人格要素构成状况进行分析。

一、胎儿的人格要素构成

胎儿并不属于法律规定的典型的人的类型,它并不具有理性,尤其是不具有社会交往的基本沟通和反馈能力,也不具备姓名、肖像等人的社会性特征。但是现代医学研究表明胎儿已经具有了作为种属物的人的物质性前提要素,具有了人的生命、身体和形态等人格存在。胎儿在受精后的第三周已经具有躯体的重要部分,尤其是心脏已经开始发育,并在第 21 天开始有规律的跳动。第五周末手指和牙齿已经可以辨识了。随着发育过程的继续,胎儿将逐步发育成完整的人的存在。

因此胎儿是人的初始阶段,具备了人的基本的生命、身体、健康这些物质性人格要素,因而具备了作为人的基本尊严,属于准人格的一种类型。

二、死者的人格要素构成

随着生命的终结,死者丧失了意志能力,也丧失了人格中的动态部分,其不再能够通过自己的行为去发展自己的人格,去继续展现自己的人格。但是其在生命存续期间通过行为及社会交往予以外化和实现了的人格特征和表现已经通过一定的方式获得相对客观的存在,这种存在并不随着生命的终结而消灭。这些或者是人在社会交往中得以识别并与他人区分的人格特性，例如姓名、肖像、名誉等人格存在；或者是内在的人格个性或倾向通过客观载体的外化表达，例如日记、书信等载体上所体现的人格存在。这些得到外在客观记录的人格存在是人的人格个性的表达，是人的人格的重要组成部分。

因此，并非死者所有的人格要素均随着生命的终结而消灭。只有依赖于生命现象的那些人格构成部分在生命终结时丧失，其他大部分人格表现在人的生命终结后仍然会继续存在，尤其是部分重要的社会性人格要素超越生命继续存在。这些人格部分的继续存在是死者人格的一种延续，代表着死者的人格尊严。

三、合伙的人格要素构成

合伙虽然并不符合法律关于独立的人格化的组织体的构造，但是已经具有了一定的组织结构，具有了合伙决议的形成机制。这些特征使得合伙能够形成区别于合伙成员的相对独立的合伙意志。而且合伙具有了相对于合伙成员一定独立性的合伙财产，使得合伙具有了一定的责任承担能力。此外，合伙具有了自己独立的名称，具备了在社会交往中与他人相区别的社会性人格特征。这些都是人格的重要组成部分。因而，合伙事实上具有了类似于法人的人格构成，只是在独立程度上存在差异。

四、设立中法人的人格要素构成

设立中法人虽然没有通过登记获得民法人格，但它是一种具有独立特色的前法人组织。它已经具备了行为机构、独立的财产、相对独立的责任能力、姓名，从事与法人设立相关的法律活动，对外参与法律关系并能够作为这些法律关系的承担者这些要素。因此，它已经具有了部分人格要素，具有了类似于人格的存在，属于准人格。

五、其他准人格的人格要素构成

准人格是对于法律明确规定的具有独立人格的自然人和法人以外的其他人和组织形态的概括。这一概念具有一定的开放性和张力，所有法律所未赋予独立人格的人和组织形态都属于准人格的类型。因此，胎儿、死者、合伙和设立中法人只是主要的准人格类型，除此之外，还存在一些其他的组织形态。这些组织形态在一定程度上具有了某些人格构成要素，以这些人格要素为基础，它们能够在一定的范围内具有部分权利能力，从而参与法律交往；同时，它们的人格构成要素也能够作为人格权的客体受到人格权的保护。这些其他的准人格类型的具体认定要根据其具体人格要素的具备情况，结合相关法律关系的基本原则和精神予以确定。只要某种组织形态具有一定的人格构成要素，具有相对独立于其成员的意思形成机制、事务执行机构，具有参与法律关系的社会要求，该种组织形态就能够在与其能力相关的法律关系中具有部分权利能力，参与法律关系。相应地，其人格构成要素也因此能够获得人格权客体的地位，受到人格权的保护。对于生物人来说，胎儿和死者现在成为公认的准人格类型。随着科技的发展，人们对于人的生命历程认识程度的加深，以及人们对于人的尊严敏感程度的提高，可能人的其他存在阶段也会被作为一种准人格类型得到承认，其在某些法律关系中的部分权利能力被承认，从而其人格要素获得人格权法保护。

第四节 准人格的部分权利能力

按照本书第二章第二节所论，权利能力制度事实上与人的人格要素状态具有紧密联系，权利能力的内容和范围取决于人的人格状态的完满程度。具有完满意志的人和组织，能够理性地行为，从而获得广泛的人格尊严，进而具有了全面的权利能力。而未成年人和有精神障碍的成年人，本来并不具备完满的理性，并不能够在所有的法律关系中具有权利能力。然而法律通过监护制度，由法定代理人的理性弥补他们不足的理性，因而扩大了其能够享有的权利能力的范围。但是在那些并不能由代理人代理的法律关系中，由于其理性的不足，还是不能作为这些法律关系的主体。因此，权利能力的内容和范围事实上与人的人格状态呈正相关，具有完满人格的人能够拥有权利能力的内容要多于并不具有完满人格的人。这就为准人格具有部分权利能力提供了理论上的基础。

准人格是那些只具有部分人格构成状态的存在。正是由于其并未符合法律所要求的全面的人格存在形态因而并未被法律确认为一般的法律主体。但是准人格所具有的那些部分人格状态使得他们在一定的范围内具有了受到尊重作为目的并因而获得法律主体资格的可能性。也就是说，正是准人格具有的人格状态使其具有了在某些范围内获得法律主体地位的可能性。权利能力并非一种非有即无的二选一状态，在具有全面的权利能力和不具有权利能力之间，存在于部分法律关系中具有权利能力的可能性。权利能力的内容事实上与人格状态具有紧密联系，具有完满人格要素的存在能够享有全面的权利能力，具有部分人格要素的存在仅能享有部分权利能力，并不具有人格要素的存在不能享有权利能力。

一、一般权利能力与具体权利能力的区分

随着学界对于权利能力制度研究的深入，逐渐发展出一般权利能力和具体权利能力的概念。一般权利能力与具体权利能力区分的学说

现在已经成为德国的通说。有学者认为，一般权利能力是指作为权利和义务承担者的能力，与此相区分存在作为特定权利和义务承担者的具体权利能力。① 还有学者认为，权利能力不必任何时候都以全部范围的状态存在，它可以在涉及个别权利的享有和获得方面存在欠缺，在这种意义上存在一般权利能力与具体权利能力的区分。② 作为德国重要民法典评论之一的《帕兰特民法典评论》认为，所有人都具有权利能力的基本原则并不意味着每个人都能够拥有每一种权利。有很多法律地位以特定的年龄、特定的性别或者其他特别的特性为前提。在涉及获得特定个别权利方面存在着一般权利能力与具体权利能力的区分。③ 我国台湾地区也有学者认为，权利能力存在一般权利能力与特别权利能力的区分。④ 关于一般权利能力与具体权利能力，我国学界并不存在明确的论述，仅有学者在对德国民法中权利能力发展的介绍中对此予以评论，并未将其作为我国法中的一项制度予以建立。⑤

从一般权利能力到具体权利能力的发展，是现代民法发展趋势的一种具体表现。近代民法注重形式，法典的体系和内容建立在形式理性及形式正义的基础上，这种重形式轻实质的特点是对于以身份为区分的封建法律的反动，对于废除旧的法制，建立人人平等的近代法具有重要意义。基于这种背景，法典擅长并追求抽象，表现在民事主体制度上就是，立法者对人进行了高度的形式抽象，建立了一般权利能力制

---

① H. P. Westermann, Erman BGB Kommentar, 11. Auflage, Aschendorff Rechtsverlag, Köln 2004, S. 2.

② Von Tur, Allgemeiner Teil des bürgerlichen Rechts, Zweiter Band, Erste Hälfte, Verlag von Duncker & Humblot, München und Leipzig 1914, S. 378.

③ Heinrichs-Ellenberger, Palandt bürgerliches Gesetzbuch, 67. Auflage, C. H. Beck, München 2008, S. 9.

④ 施启扬：《民法总则》，中国法制出版社 2010 年版，第 64 页。

⑤ 龙卫球：《民法总论》（第 2 版），中国法制出版社 2002 年版，第 168 ~ 169 页。

度。这一制度排除了人的个性与差异，建立了形式上的作为权利和义务承担者的平等的能力。由于其高度的抽象性，我们并不能从该概念中判断出每个现实中的人所能够具体享有的权利能力的内容和范围。

现代民法逐渐从极端的形式主义向一定程度的实质主义转变，逐渐关注现实人，以现实人为基础展开民法的价值。① 其具体表现就是民法中实现了生产者与消费者的区分，对于消费者的弱势地位予以一定的制度上的弥补，如产生了合同法上的格式合同的解释和限制规则，以及产品责任中的严格责任原则。除此之外，随着医学、生物技术以及现代社会观念的高度发展，在传统的出生至死亡这一阶段被高度抽象了的人的概念之外，存在着胎儿与死者这些具体的现实的人的存在形态。对于这些现实的人，法律基于实质正义必须予以关注，对于他们的法律地位予以判断。由此产生的相关具体规则，成为传统民法中极度抽象的权利能力制度的特别规定，并对其产生一定的冲击，影响了传统民法体系上的融洽与完美。现代民法学者的任务，就是将基于现实的实质正义产生的特别规则通过一定的方法与既有的体系相调和，并使之融入既有体系。具体到民事主体方面，就产生了一般权利能力与具体权利能力这一对概念以及全面权利能力与部分权利能力这一对概念。

（一）一般权利能力是一种抽象的主体地位的概括

传统民法所规定的权利能力是一种形式上的概念，它不考虑人的性质和能力，尤其是不考虑欠缺的一般的行为的能力而适用于每一个人，由此产生了人的形式上的平等。② 这种权利能力是对于法律主体的

① 朱岩："社会基础变迁与民法双重体系建构"，载《中国社会科学》2010 年第 6 期。

② Larenz/Wolf, Allgemeiner Teil des bürgerlichen Rechts, C. H. Beck, München 2004, S. 101.

一般法律地位的抽象概括，它并未具体到某一类主体和某一类法律关系，因而它并不代表每个人在每一种法律关系中都能够具有实质上的平等。

这种权利能力是一种一般的权利能力，它是主体一般地具有的能够作为法律秩序的主体，作为权利义务承担者的能力。一般权利能力是抽象地针对法律主体在所有法律关系领域的法律地位的概括，而不考虑该主体具体是在哪种法律关系领域具有主体地位。它只说明某一主体能够成为某种权利和义务的承担者，而未明确是何种具体权利和义务。正如学者所言，它是一种一般的形式化的作为法律关系归属终点的能力。① 这种权利能力是对于从具体社会关系中形成的主体能力的一般化和抽象化。在这种一般化和抽象化的过程中，忽视了个别主体的个性化能力，形成了能够适用于所有法律主体的极度抽象的概念。

经过这样处理的权利能力概念仅剩下一个空洞的地位，在内容上它能够包含任何人所具有的权利能力，意味着个别主体的权利能力在该抽象概念中具有一个位置。除此之外这一概念并不能表明任何其他的意义，它不再与现实相关，也不与特定主体的个别化的权利能力相关，而仅作为理念层面的秩序概念。值得注意的是，这种一般权利能力并不是完全的绝对的权利能力，具体到每个人，只能或多或少，而决不可能完全填充一般权利能力所设定的全部地位，一种普遍的权利能力是不存在的。②

通过一般权利能力人们只能得出具有该能力的人能够在现行法律秩序中获得一定的主体地位，成为某种不特定的法律关系的主体的结论。至于该主体能够具体享有的法律关系的内容和范围则无法获得。

① Habermann /Weick, Staudinger Kommentar BGB, Vor § 1, RdNr. 1.

② Fritz Fabricius, Relativität der Rechtsfähigkeit, C. H. Beck Verlag, Berlin 1963, S. 51.

法典之所以使用一般权利能力的概念，是因为立法者不可能对个别主体所享有的内容不同的权利能力予以明确规定，而只能就某一主体是否具有抽象的一般法律主体地位予以判断。

这种一般权利能力制度以抽象的方式构建了一种形式上的人格平等。这种平等是一种超越实证的，直接源于正义的法律原则，满足了人人平等的社会与政治诉求。这种平等主义的历史根源在于17世纪的理性人文主义思想。随后法国大革命在政治制度上将其予以实现。《人权宣言》第1条便在立法上作出了规定：人们生来并且始终是自由的，在权利上是平等的；社会的差别只可以基于共同的利益。特权、出生的不利、身份、阶级以及头衔等差别基于平等原则都必须被排除，抽象的一般权利能力对于这种外在地位差异的排除具有重要意义。这种贯彻平等理念的一般权利能力在18至19世纪法典化过程中得到确认，在《奥地利民法典》和《法国民法典》中都有相应的规定。① 这种一般权利能力以民法的专有概念实现了人人平等的哲学和政治诉求，在排除传统的身份阶级等外在于人的因素对于人的法律地位的影响方面具有重要意义。尤其是在人格权法律关系领域的权利能力的平等，排除了任何人作为其他人的生命和身体的主体的可能性，否定了奴隶制的存在。

虽然这种形式上平等的权利能力为所有人提供了平等地在法律秩序中获得主体地位的资格，却没有排除人由于自身的意志能力的实质性差异而能够现实地具备的权利能力内容的不同。法律面前的平等并不意味着任何法律对所有人无差异地内容上的机械平等，它是一种人

---

① 《奥地利民法典》第16条规定：每个生物学意义上的人（Mensch）都享有与生俱来因而被看作法律意义上的人（Person）的权利。奴隶制、奴役以及以奴隶制和奴役为依据的权力行使，禁止之。第18条规定：任何人都可根据法律规定的条件获得权利。《法国民法典》第8条规定：所有法国人均享有民事权利。

的相对平等,①绝对的平等根本不存在。形式上平等的权利能力,只是提供了一种机会上的平等,立法者不加区分地提供所有人平等地成为法律关系主体的可能性,任何人都不能被人为地排除获得这种能力的资格。由某种法律关系的本质对于主体能力(主要是意志能力)的特殊要求所产生的某些人并不能成为该种法律关系主体的结果,并不违背形式平等的本旨。因为这种现实的权利能力内容上的差异并不是一种机会上的不平等,而是相应主体对于该法律关系的一种实质上的不适合与无能力。形式上的机械平等观念并不能成为排除在具体法律关系层面考量特定人的权利能力的具体权利能力制度的正当理由。一般权利能力仅构建了一种形式上的人的平等,并未排除实质内容上的人的差异,更未排除基于人的实质上的差异而必然产生权利能力的内容和范围的不同。

学者认为,权利能力的形式平等是指,所有人在法律秩序的可能范围内基本上能够享有权利和义务。与此对应,存在一种权利能力限制性的实质平等,所有人仅在有限的范围内具有实质上平等的权利能力。其范围仅在作为人的尊严的直接表现的每个人自出生时起就事实上以平等的方式享有的权利,具体包括人格尊重,生命和健康的不可侵犯以及人格的自由发展。② 也就是说,权利能力的实质性平等仅限于人格权法律关系方面。在这种法律关系中,仅以人的存在作为考量的唯一要件,每个人的存在都被平等地尊重。在除此之外的其他法律关系领域,只是具有一种形式上的平等,并非每个人都能够实质上平等地具有权利能力。因为基于这些法律关系的本质存在着对于人的意志能力和年

---

① Hans Peter Ipsen, Gleichheit, in: Neumann-Nipperdey-Scheuner, Die Grundrechte, Berlin 1954, S. 141.

② Larenz/Wolf, Allgemeiner Teil des bürgerlichen Rechts, C. H. Beck, München 2004, S. 102.

龄的要求。

因而，针对特定人的权利能力的内容和范围予以界定的具体权利能力虽然没有得到法律的明确规定，但并未被法律所排除。

（二）针对具体法律关系的具体权利能力

一般权利能力是对于参与社会生活的人的主体能力的确认。这种权利能力是一种抽象的广泛的权利能力。与其相对应还存在对于人在个别法律领域的具体权利能力，具体权利能力使得人在该领域的主体能力得到法律上的确认。

具体权利能力是特定主体享有的作为某种具体法律关系的承担者的能力。是对于特定人或组织能够享有的具体法律关系的主体能力的概括，它考查特定人在某种具体法律关系中的主体能力。这种权利能力之所以存在是因为法律秩序并非一般地与人相关，而是在某一特定法律关系或法律领域与人相关。民法体系区分为债权、物权、家庭、人格等法律关系，每种法律关系的规则都不相同，因而这些法律关系对于主体的能力的要求会有所差异。在这种相对具体的法律关系中考察权利能力能够得出比较明确的规则。法律关系大都由于其本质属性对于人的理性能力或年龄存在着一定的要求，只有达到该要求的人才有能力实现该法律关系的调整目的，适合作为这种法律关系的主体。

表现最为典型的是婚姻法律关系。婚姻法律关系具有高度的伦理属性，要求婚姻双方当事人对于婚姻的性质，以及由婚姻产生的责任和义务具有明确的认识，并有能力去予以实现。因此各国对于婚姻法律关系的主体能力都有明确的要求，一般均要求达到一定年龄并具有相应的认识能力。收养法律关系对于作为其主体的收养人的能力具有比较高的要求，这是因为收养法律关系要求收养人具有成熟的理性去照顾和培养被收养人，只有符合特定条件的人才能够实现该法律关系的宗旨和功能。因此,并非每个人都能够具有作为收养法律关系主体的能力,我国《收养法》将这种能力概括为三十五周岁以上且具备抚养教育被扶养人的能力。在财产法律关系领域,依据法律关系的本质,其主体必须有能力依据自己的意志去实现权利,并有能力去履行义务,因此并非对于主体的意志能力没有要求。婴儿和意志有障碍的成年人之所以能够成为这种法律关系的主体,是因为他们从其法定代理人那里获得了意志能力。尤其是作为侵权法律关系的侵害人,还需要具备认识自己行为的危害后果的能力。

一般权利能力并非是能够从中推导出具体权利能力内容的上位概念,具体权利能力的内容和范围必须从个别法律关系的法律规则中推导获得。① 必须结合该法律关系的法律原理与规则,以及特定人的理性、年龄等因素的发展状况,去决定该特定人能否作为该法律关系的主体。具体权利能力能够真实地反映特定主体所享有的权利能力的内容和范围,而一般权利能力只说明该主体能够作为权利和义务的承担者,从而具有法律主体资格。由于每个人的权利能力的内容和范围都是被特定化了的,在这一层面上,具体权利能力能够比一般权利能力更好地发挥功能。

(三)一般权利能力与具体权利能力的区别

一般权利能力是从整个法律秩序的视角一般地去考查权利能力的享有者。这种考量方法具有哲学和法哲学的思想,是一种一般地抽象地对于主体能力的认定,从一种作为主体的能力的角度去判断,而不具体去考量是作为哪种法律关系的主体的能力。这种思想建立在哲学以及法哲学上关于抽象的人格尊严概念的基础上。具有人格尊严的存在

① Fritz Fabricius, Relativität der Rechtsfähigkeit, C. H. Beck Verlag, 1963, S. 51.

是一种值得被尊重的对象，应当被作为主体对待，绝不能成为被支配的客体，因此应当是法律秩序中的主体。这种一般权利能力的判断建立在以意志为基础的人格尊严之上，具备意志的存在都是尊严的对象，能够在法律秩序中获得一定的位置，具有了一般权利能力。

而具体权利能力则是从某种具体法律关系的功能和目的角度，考量特定人是否具有实现该法律关系的原则与目的的能力。其标准建立在经过技术化的该种法律关系的观念和原理之上。基于法律关系本质及功能的不同，每种法律关系的具体要求是对于抽象人格尊严的具体化，表现为对不同的理性和年龄的要求。例如要认识婚姻的本质并能够实现婚姻的目的，必须至少达到成年的年龄；而认识自己行为的危害并能够承担侵权法律关系的主体，其年龄要求则要低一些。①

因此一般权利能力只是说明主体能够在法律秩序中具有主体的地位，至于该地位的内容则没有予以明确，即使该主体只能在某一狭小的法律关系中具有主体能力，也不影响其作为一般权利能力拥有者的地位。而具体权利能力则具体到某种法律关系，明确了主体能够享有的法律关系的内容和范围。

(四)全面的一般权利能力

一般权利能力仅说明特定人或组织体具有作为法律秩序主体的资格，并不表明其权利能力的范围，也不表明其能够全面地作为所有法律关系的主体。然而法律通过特定的制度构建了具有完满理性的人和组织体，使得他们能够具有全面的一般权利能力。

---

① 按照我国《婚姻法》的规定，作为婚姻法律关系的主体，男性必须是22周岁以上，女性必须是20周岁以上。按照我国《侵权责任法》第32条的规定，能够具有侵权责任能力，承担侵权法律关系的人是完全民事行为能力人，也就是18周岁以上的人。

理性和意志的能力使得主体能够自我负责地参与所有的法律关系,合理地行使权利,正当地履行义务,从而能够作为所有法律关系(包括人格权法律关系)的主体,具备全面的一般权利能力。成年人具有完满的理性,满足了具备全面权利能力的前提性条件。而理性存在瑕疵的人,其理性或者处于尚未发展的沉睡阶段,或者被疾病夺去了,由于其并不具有自我负责地参与法律交往的能力,就不能被全面地赋予权利也不能被课加义务,[①]仅在人格存在方面具有受到尊重的能力,并不具备享有全面权利能力的资格。但是这样的人(未成年人和精神障碍的成年人)的理性只是暂时的不完整,仍然具有获得或恢复完满理性的可能。法律通过监护制度,由监护人代为进行相关的判断,为被监护人构建了完满的理性。这样,理性不完整的人具有了能够自我负责地全面参与法律生活的能力,具备了获得全面权利能力的基础。

虽然立法在条文表述上并未顾及理性而只是宣示所有的人自出生时起一律具有平等的权利能力,但是这种平等的权利能力是以平等的理性和意志为基础的。这种理性和意志的平等是通过法律技术予以范式化的,虽然每个人的理性并不相同,但是法律将年龄作为人的理性的判断标准,达到成年的人都具有平等的理性。而对于并未达到这一年龄的人,法律通过监护制度以监护人的理性作为替代从而构建了平等的理性。

正是通过这种范式化的法律技术,法律将现实中的人的不平等的理性构建为平等划一的理性。以此平等理性为基础,人有能力广泛地成为大部分法律关系的主体,实现了一种全面平等的权利能力。因而,从制度体系上来看,监护(代理)制度成为权利能力制度的必要支撑,正是代理(监护)人的理性弥补了理性欠缺人的理性,从而实现了所有出

① Thibaut, System des Pandektenrechts, 1828, § 212.

生后的人具有平等权利能力的必要前提。全面权利能力正是建立在这种被范式化了的人的理性以及以此为基础产生的人格尊严之上。然而值得注意的是,那些被构建了理性的自然人的全面的权利能力也主要表现在财产领域。由于代理在非财产领域无法适用,因而理性欠缺人并不能在非财产领域获得全面权利能力,而只能在个别法律关系中获得具体权利能力。可见,这种经过法律构建的全面的一般权利能力的平等性只是一种相对的平等,这种平等只表现在人格权领域和财产领域,在其他的领域人的权利能力并不平等。

由于法人是一种被构造的组织体,其自我负责地行为的能力是被构建出来的。它的意志和行为的能力通过章程约定的决策形成机制由法人机构形成;除此之外它还必须具有对于自己的行为承担责任的能力,这种能力表现为它具有独立的财产。这一点与自然人不同,自然人由于其伦理属性,只要具有独立的意志能力就具有承担责任的能力,法律并不特别要求自然人要以一定的财产作为承担责任的基础。

得到法典明确规定的自然人和法人或者通过自己的理性,或者通过监护人的理性,或者通过组织结构的理性,能够自我负责地参与法律关系,合理地约束自己的行为、正当地对待他人、并对自己的行为承担责任,能够全面地作为一般的法律关系的主体,具有了全面的权利能力。

这种建立于经过法律构建和处理过的完满理性基础上的全面的一般权利能力成为权利能力的主导类型得到法典的承认。大陆法系国家民法典关于权利能力的规定都是这种全面的一般权利能力,对于具体权利能力法典并未予以规定。这是因为局限于法典的形式拘束,立法者只能抽象地构建并确认全面的一般权利能力,而不能对于特定主体能够具有的具体权利能力的内容予以规定。

(五)部分的具体权利能力

由于具体权利能力并非针对人的一般法律地位的考量,而是对主体在各种具体法律关系中的主体能力的具体判断。它仅表明人在个别的法律关系中具有承担能力,而并不涉及能否普遍地作为一般的法律主体,能否具有全面的权利能力。具体权利能力从特定具体法律关系的法律原则和本质出发,考虑特定人是否有能力作为其法律主体。通过该种权利能力判断出的是在部分法律关系领域的主体能力。相对于全面的一般权利能力从整个法律秩序的宏观高度来说,这是一种部分的权利能力。

二、准人格具有与其人格本质相符的部分具体权利能力

由于法典的形式抽象性以及立法者能力的限制,得到法典规定的权利能力只是一种高度抽象的全面的一般权利能力。立法者仅对能够享有全面的一般权利能力的自然人和法人进行了规定,对于除此之外的人或组织体这样的准人格能否享有部分的具体权利能力并未作出结论。诸如此类的问题只有交由学说与司法实践去解决。

(一)准人格并不能享有全面的一般权利能力

理性完满的人能够自我负责地参与各种法律关系,由此产生的人格尊严使其具备了全面地作为一般法律关系主体的能力。成年人具有完满的理性,具有获得全面权利能力的前提;理性并不完满的未成年人以及理性存在障碍的成年人,法律通过代理制度使其获得了平等的完满理性,获得了具有全面权利能力的能力。因此从出生到死亡阶段的人具有了全面的一般权利能力。

虽然法律上的完满理性可以通过法律制度来构建,但是这种构建

却不能够无限扩张。法律关系除了人格尊严之外还要考虑法律秩序的安全和法律规则的可实施性。因此,通过代理人去弥补和构建理性的人的存在必须具备明确的社会性特征和标志。而且,还要考虑构建这种理性是否存在现实的必要。人在出生至死亡这一阶段具有个体、姓名、肖像、住所等各种人格标志,这些标志和特征保证人参与各种法律关系都具有明确的权利义务的归属点,并不会影响法律交易的安全。而尚未出生的胎儿并不具有这些外在的标志,它们并不适宜广泛地参与法律关系,因此并不适合通过监护制度去扩张它们的法律交易范围。而且也不存在这种必要,因为人的人格的快速发展以及对于外界的依赖主要是在出生后。在出生前只需要对于其人格存在予以尊重,并为其提供一种出生后必备的生活资源即为已足。死者虽然具有这些外在的人格标志,但是死者的人格已经停止发展,定格为死亡时的最后状态,因此并不存在为其提供人格发展必须的参与广泛法律关系的必要。因而,胎儿和死者并不能享有全面的一般权利能力。

由于组织体并不具备先于法律的伦理价值,其尊严以及法律主体地位源于其意志,能够自我负责地参与法律关系的能力。符合法律规定的组织体具有了人格化了的存在组织以及各种明确的人格标志,具有了限定在一定目的内的存在价值,因而在此目的范围内具有全面的权利能力。而不符合法律规定的组织体并不具有完全人格化了的存在组织,并不符合法律上的能够自我负责地行为的人的模型,因而并不能具有全面的权利能力。

(二)准人格的部分具体权利能力

由于准人格并不能具有全面的一般权利能力,因而在法典关于权利能力的规定中其并未出现,但这并不表明法典对他们的具体权利能力也予以否定。准人格虽然并不具备完满的人格存在,尤其是并不存在完满的理性,但是已经具有了部分人格的要素。因而在某些法律关系中具有了人格尊严,能够具有部分权利能力。其能够享有的具体权利能力的内容和范围,要结合准人格的具体人格状态与相关法律关系的原则与目的予以判断。

胎儿已经具备了生命和身体,获得了人的尊严,具有准人格的地位,因此其部分生活关系应当纳入法律调整的范畴,以保护其作为人的尊严和人格发展。首先,胎儿在人格权领域享有具体权利能力,①可以获得对其生命和身体的法律保护。其次,胎儿已经具有了生物层面的存在,出生以后人格的发展更离不开财产的支持,而且财产权利的享有是人格存在和发展的物质基础,较少涉及人的伦理价值,因而不具有理性的人也能够作为权利主体,享有财产权利带来的利益。

虽然死者丧失了自我发展人格的能力,但是其仍然具有得到实现了的人格特征,包括姓名、名誉、肖像等社会性人格存在,这些人格存在是死者人格尊严的体现。在这种人格权法律关系领域中享有权利能力,并受到法律保护,是对于死者人格尊严予以尊重的要求,死者在人格权法律关系中具有权利能力。

合伙虽然并不符合法律关于法人的组织形式,但是已经具备了超越合伙个人的独立团体意志。具有相对独立的财产,这些财产被限定在合伙目的范围内使用,并能够以其作为责任财产去履行债务,具有了承担责任的基础。具有自己的共同标志,通过这样的标志去参与法律生活,获得了一种外界可以识别的与个别的合伙人相区分的人格标志。当合伙作为一个整体在合伙目的范围内与第三人进行法律交往时,具有权利能力。这种权利能力的范围包括拥有合伙财产的能力、与第三

① Enneccerus-Nipperdey, Allgemeiner Teil des bürgerlichen Rechts, 15. Auflage, 1959, §84, Ⅱ, 3, S. 482.

人缔结合同并作为合同权利义务承担者的能力、作为自己人格标志享有者的能力以及作为这种能力在诉讼中体现的参与诉讼作为诉讼主体的能力。在涉及合伙内部成员的法律关系中,合伙并不具有权利能力。也就是说,合伙的权利能力限定在外部合伙,内部合伙并不具有权利能力。

设立中的法人虽然没有通过登记获得民法人格,但是已经具备了行为机构、独立的财产、相对独立的责任能力、姓名这些人格的构成要素,而且从事了与法人设立相关的法律交往,从而可以在个别法律关系中拥有部分具体权利能力。具体来说,设立中法人可以作为财产权的主体,具有相对独立的责任能力,在人格法律关系中具有权利能力。

其他准人格类型的部分权利能力要根据其构造形态,具体分析其人格构成要素的具备程度,来判断其权利能力的具体状态。

第五节 准人格的行为能力

行为能力在德国法上称为 Geschäftsfähigkeit,是指当事人亲自有效地实施法律行为的能力。[①] 按照这种界定,行为能力仅局限在从事法律行为的资格方面。在我国,行为能力存在狭义和广义两种理解,广义方面,是指依据自己的意思活动,能够引起法律效果的能力;狭义方面,是指从事完全有效的法律行为的资格。[②] 在学说上,我国大部分学者采广义理解。有学者认为,行为能力是以自己的行为行使民事权利和设定

---

① H. Palm, Erman BGB Kommentar, 11 Auflage, Aschendorff Verlag, Band 1, Vor § 104, S. 212.

② 史尚宽:《民法总论》,中国政法大学出版社 2000 年版,第 108 页。

民事义务，并且能够对于自己的违法行为承担民事责任。是独立进行民事活动的能力或资格。① 还有学者认为，行为能力是民事主体以其行为参与民事法律关系，取得民事权利，承担民事义务和民事责任的资格。② 还有学者认为，行为能力是指能以自己的行为取得民事权利，承担民事义务的资格。③ 可见，行为能力制度的含义在我国已经得到一定程度的扩张，并不仅仅局限于从事法律行为的能力。由于承担民事责任的认识能力，并不同于行为能力的认识能力，因而行为能力的内涵不应当包括承担民事责任的资格。因而，本书是在中等范围含义上讨论行为能力制度的。也就是说，行为能力是能以自己的行为取得民事权利，承担民事义务的资格。

行为能力的核心是主体的认识和判断能力，也就是主体人格构成要素中的理性要素。依据主体的理性要素的具备程度，行为能力呈现出类型化的状态。因此，对于准人格的行为能力的判断，主要是考察准人格是否具有理性要素，以及理性要素的具备程度。由于准人格是对于人格要素的不完全具备，并不具有全面的人格要素，其中某些准人格类型欠缺理性要素，因而并不能具有行为能力，只有那些具有理性要素并具有判断能力的准人格类型才能够具有行为能力。下面对于四种主要的准人格类型的行为能力进行分析。

胎儿只具有生命、身体、健康等物理性人格要素，并不具备理性的人格要素。虽然在出生前胎儿的大脑已经发育完备，但是只具有一定的感觉和生理反应，尚不具备认识事物规律的能力，也不能依据对于事物的认识做出判断。因而并不能通过自己的行为参与法律关系，享有

① 王利明：《民法总则研究》，中国人民大学出版社 2003 年版，第 342 页。
② 杨立新：《民法总论》，高等教育出版社 2007 年版，第 75 页。
③ 魏振瀛主编：《民法》，北京大学出版社 2000 年版，第 54 页。

权利和承担义务，不能具有行为能力，是一种无行为能力的状态。因而胎儿需要保护人代为实现和保护权利，胎儿的保护人主要是胎儿的父母，详见第四章保护人制度部分。

死者随着生命的终结丧失了人格中的动态要素，丧失了通过行为发展自己人格的能力，不再具备理性的要素。死者所具备的只是其在生前通过自己的理性和行为所展现和实现的人格要素，包括死者的尸体、姓名、肖像和名誉等人格要素。因而死者并不具备认识规律及依据规律进行判断的能力，并不具有行为能力。因而，死者权利的实现及权利的保护也需要保护人代为进行，死者的保护人主要是死者的近亲属，详见第四章保护人制度部分。

合伙虽然在内部关系中并没有形成法人那样的完全与成员相脱离的独立的结构，但是已经通过合伙事务的共同决定机制，以及合伙事务执行人，形成了合伙的独立意志和行为机构。通过合伙人的共同决定，合伙具有了完全的理性。能够进行独立的判断，并通过事务执行人予以实现，因此合伙具有了完全的行为能力，能够通过自己的行为参与法律关系。

设立中法人与合伙类似，虽然尚未通过登记获得法人地位，但是它已经通过设立人的共同决定具有了独立于其成员的意志和理性，能够认识外部事物和规律，并依据这种认识具有独立的判断能力。除此之外，设立中法人为了实现法人的设立，已经具有了一定的行为机构，去进行与设立目的相关的各种行为。也就是说，设立中法人不但具有了判断能力，还具有了依据这种判断去实施行为的能力。因此，设立中法人能够通过自己的行为去参与法律关系，具有完全行为能力。

其他准人格类型的行为能力，主要根据这种准人格类型所具有的理性能力来进行判断。一般来说，组织型的准人格类型的意志是通过一定的决策机制所形成相对独立于其成员的意志，而且有一定的机构去实现这种意志,因而具有完全的行为能力。而生物人的意志能力与其年龄具有紧密的联系,因而,生物人的准人格类型并不具有成熟的意志,不具有行为能力。

CHAPTER 04 >>

第四章

准人格的人格权保护

第一节 准人格法律保护概说

我国和比较法司法实践中虽然不存在整体地对于准人格的人格要素予以保护的理论，但是对于各种具体的准人格类型的人格要素，广泛地予以保护。对于胎儿人格要素的保护（主要是胎儿的生命、身体以及健康权的保护）在德国、美国和法国的司法实践中被广为承认。[①] 在我国，理论界和司法实践中也都承认对于胎儿的人格的保护。对于死者继续存在的人格要素的保护，也成为德国、法国和我国司法实践中的普遍做法。[②] 对于准人格中的组织形态类型，其中主要是合伙与设立中法人的人格保护，在德国已经得到普遍的承认，其名称权、名誉权、信誉权得到德国联邦法院的保护。[③] 在我国，法人能够享有人格权已经

---

① 参见本书第五章第一节的相关部分。

② 参见本书第六章第一节的相关部分。

③ 参见本书第四章第二节的相关部分。

逐渐为大多数学者所接受。① 也就是说,学界已经逐渐接受法人作为一种组织体具有社会性的人格要素构成,但是准人格中的组织形态类型的人格权并未得到承认。事实上,它们作为社会组织参与社会活动,履行一定的社会功能,已经具有了社会性的人格要素,因而人格要素也应当获得法律的保护。司法实践中对于这些准人格的人格要素进行了广泛的保护,至于这些保护的理论基础仍然需要进行深入探讨。

第二节 准人格具有人格权

局限于传统理论,我国学说并不承认准人格的人格权。但是随着社会的发展,司法实践中对于死者人格的保护事实上已经突破了这种认识,确认了死者的人格权,这就为确立准人格具有人格权提供了实践经验的支撑。学理上,准人格在人格权法律关系中具有部分权利能力,同时又具备了一定的部分人格要素,这两方面已经决定了其能够享有独立的人格权。

一、我国司法实践事实上已经承认了准人格的独立人格权

关于准人格的保护,我国司法实践中经验最为丰富,也最为成熟的是对于死者人格的保护。在我国,存在最高人民法院关于死者保护的多个批复和司法解释,这些批复和司法解释表现为逐渐成熟和完善的过程。

最高人民法院1989年《关于死亡人的名誉权应受法律保护的函》

① 马俊驹等:"试论法人人格权及其民法保护",载《法制与社会发展》1995年第4期。王利明:《人格权法研究》,中国人民大学出版社2005年版,第40页。

认为:"吉文贞(艺名荷花女)死亡后,其名誉权应依法保护,其母陈秀琴亦有权向人民法院提起诉讼。"①最高人民法院 1990 年《关于范应莲诉敬永祥等侵害海灯法师名誉权一案有关诉讼程序问题的复函》称:"海灯死亡后,其名誉权应依法保护,作为海灯的养子,范应莲有权向人民法院提起诉讼。"②这两个司法解释代表着我国司法机关对死者人格权保护的认可,是第一个阶段。在这一阶段,司法机关认为应当予以保护的是死者的人格权,死者的母亲和养子是死者人格权的保护人,可以死者人格权被侵害为由向法院提起诉讼。

接下来是第二阶段:最高人民法院 1993 年 8 月 7 日的《关于审理名誉权案件若干问题的解答》第 5 条规定死者名誉受到侵害的,近亲属有权向人民法院起诉。最高人民法院 2001 年 3 月 10 日的《关于确定民事侵权精神损害赔偿责任若干问题的解释》第 3 条对于各种侵害死者人格的类型进行了列举,对于侵害这些类型的死者人格给近亲属造成精

---

① 最高人民法院《关于死亡人的名誉权应受法律保护的函》天津市高级人民法院:你院津高法〔1988〕第 47 号关于处理荷花女名誉权纠纷案的请示报告收悉。经研究答复如下:一、吉文贞(艺名荷花女)死亡后,其名誉权应依法保护,其母陈秀琴亦有权向人民法院提起诉讼。二、《荷花女》一文中的插图无明显侵权情况,插图作者可不列为本案的诉讼当事人。三、本案被告是否承担或如何承担民事责任,由你院根据本案具体情况确定。以上意见供参考。

② 最高人民法院《关于范应莲诉敬永祥等侵害海灯法师名誉权一案有关诉讼程序问题的复函》四川省高级人民法院:你院川法民示〔1990〕9 号函请示的范应莲诉敬永祥等侵害海灯法师名誉权一案有关诉讼程序问题,经研究答复如下:一、根据民事诉讼法(试行)第十七条第二款、第二十条规定和最高人民法院有关批复精神,同意你院审判委员会的意见,即此案可由成都市中级人民法院管辖。二、海灯死亡后,其名誉权应依法保护,作为海灯的养子,范应莲有权向人民法院提起诉讼。三、被告敬永祥撰写的"对海灯法师武功提出不同看法"一文,其内容不是指向海灯法师武馆。因此,不应追加该馆作为本案原告参加诉讼。四、被告敬永祥撰写"对海灯法师武功提出不同看法"投稿于新华通讯社《内参选编》,不是履行职务,范应莲未起诉新华通讯社。根据民事诉讼法(试行)第十一条规定和本案的具体情况,不宜追加新华通讯社作为被告参加诉讼。以上意见供参考。

神痛苦的，可以主张损害赔偿。[①] 在这一阶段，法院除了对于有权代替死者向法院提起诉讼的主体（近亲属）予以确认之外，还承认了因死者人格被侵害其近亲属遭受精神损害的情况下，近亲属可以主张精神损害赔偿的权利。

除此之外，最高人民法院在措辞上也存在细微的变化。在第一阶段最高人民法院使用的是"名誉权"这样的表述，而在这一阶段使用的是"名誉""肖像"等，相比之下，后一阶段的用语少了"权"字。这一措辞上的变化，以及对于死者近亲属精神损害赔偿的确认，被不少学者解读为最高人民法院对于死者保护态度的转变。有学者认为，最高人民法院从一种直接保护转变为间接保护，也就是从对于死者人格的直接保护转变为通过对于死者近亲属的保护间接实现对于死者人格的保护。而且最高人民法院从"名誉权"到"名誉"的转变，表明最高人民法院否定了死者具有名誉权。[②] 我认为这种观点值得商榷：首先，"名誉权"与"名誉"两者仅存在一字之差，仅通过这一字之差并不能表明最高人民法院的态度从肯定死者具有人格权转变为否定死者具有人格权。名誉为名誉权之客体，正如物为物权之客体，通过客体来指代权利为学界与司法实践中常有之事。对于某物的物权的侵害，也常被表述为对于某物的侵害，不能就此认为，表述者有意否定存在于该物之上的是一

① 最高人民法院1993年8月7日的《关于审理名誉权案件若干问题的解答》第5条："死者名誉受到损害的，其近亲属有权向人民法院起诉。近亲属包括：配偶、父母、子女、兄弟姐妹、祖父母、外祖父母、孙子女、外孙子女。"最高人民法院2001年3月10日《关于确定民事侵权精神损害赔偿责任若干问题的解释》第3条规定："自然人死亡后，其近亲属因下列侵权行为遭受精神痛苦，向人民法院起诉请求赔偿精神损害的，人民法院应当依法予以受理：（一）以侮辱、诽谤、贬损、丑化或者违反社会公共利益、社会公德的其他方式，侵害死者姓名、肖像、名誉、荣誉；（二）非法披露、利用死者隐私，或者以违反社会公共利益、社会公德的其他方式侵害死者隐私；（三）非法利用、损害遗体、遗骨，或者以违反社会公共利益、社会公德的其他方式侵害遗体、遗骨。"

② 张红："死者人格精神利益保护：案例比较与法官造法"，载《法商研究》2010年第4期。

种物权。同样的，最高人民法院关于死者“名誉”被侵害的表述，是对于被侵害的客体的指代，并不能因此认为最高人民法院认为死者仅具有名誉而不具有名誉权。其次，如果最高人民法院已经改变了立场，从肯定死者的名誉权转变为否定死者的名誉权，那么第一阶段的批复应当被废除。最高人民法院的上述批复和司法解释都仍然处于有效的状态，这也说明最高人民法院前后立场并不存在不同。

我认为，最高人民法院对于死者人格保护的态度并未改变。最高人民法院 1989 年《关于死亡人的名誉权应受法律保护的函》与 1990 年《关于范应莲诉敬永祥等侵害海灯法师名誉权一案有关诉讼程序问题的复函》确立了死者具有人格权这样的立场，明确承认了死者的名誉权。随后的 1993 年 8 月 7 日的《关于审理名誉权案件若干问题的解答》（以下简称《解答》）第 5 条关于“死者名誉受到侵害的，近亲属有权向人民法院起诉”的规定并未有意改变死者人格权的立场，而仅是对于具有起诉权的人的范围进行了界定，①将有权向人民法院提起诉讼要求保护死者人格权的人的范围限定在死者的近亲属。随后的 2001 年 3 月 10 日《关于确定民事侵权精神损害赔偿责任若干问题的解释》事实上并未涉及死者人格权属性的重新界定和澄清，而仅是对于死者近亲属因死者人格受侵害而受有精神损害的，可以主张精神损害赔偿的确认。这种精神损害赔偿具有独立的诉因，是对于死者近亲属所受到的现实精神损害的救济，与死者人格的保护并不存在直接的联系，其承担者是死者的近亲属。死者人格受侵害只是这种精神损害产生的条件，如果死者的近亲属并未因死者人格受侵害而产生现实的精神损害，则并不

① 因为这一“解答”所针对的问题是，死者名誉受到侵害，哪些人有权可以作为原告提起诉讼？因此，这一“解答”所关注的是作为原告提起诉讼的人，而非死者名誉的属性。如果最高人民法院有意改变其对于死者名誉的性质的认识，应该不会仅在对于原告的范围的“解答”中顺带提及，而是应该采用专门的条文予以规定。

能向法院主张精神损害赔偿。因此,死者近亲属要主张精神损害赔偿必须证明其受有现实的精神痛苦和损害。死者人格受侵害只是一种间接的证明,并不能单凭此就向法院主张精神损害赔偿。因此,我认为,这一"解释"仅是在死者人格受侵害的前提下,如果其近亲属受有精神损害的,对其损害赔偿请求权的确认,并不涉及死者具有人格权还是人格利益的判断,也不能说明最高人民法院对于死者人格保护的态度转变为"死者近亲属保护说"①。

综上,最高人民法院的上述批复和司法解释并不存在关于死者人格权态度上的转变。这些批复和司法解释也并不存在时间在后者替代时间在先者的法律效力,它们分别是对于与死者保护相关的不同问题的解答,共同构成了死者保护的完整理论体系,表现出最高人民法院对于死者人格保护问题认识的深入。

最高人民法院在 1989 年和 1990 年的两个复函专门针对死者是否具有人格权,这种人格权是否应当受到法律的保护进行了明确的规定,表明了死者具有人格权的立场。在此立场之下,随后在 1993 年的《解答》的第 5 条进一步对于诉讼主体的问题进行了明确,确认了可以向法院提起诉讼以保护死者人格权的原告的范围。而随后在 2001 年的司法解释中又对于死者近亲属因死者人格权受侵害而遭受现实精神损害的,可以主张精神损害赔偿的问题进行了规定。因此,最高人民法院的上述批复和解释分别解决了三个问题,首先是死者具有人格权,其次是保护死者人格权的人的范围,最后是死者近亲属因死者人格权受侵害所产生的精神损害可以主张损害赔偿。

因此,我们可以得出结论:最高人民法院早在 1989 年和 1990 年已

① 这种学说认为,并不存在对于死者人格的保护,法律所保护的仅是其近亲属的人格,对其近亲属的人格损害提供精神损害赔偿。

经确立了死者具有人格权的立场，而且自此以后从未改变过该立场。随后的相关司法解释只是对于与死者人格权保护有关的问题的解答，并非是对于死者具有人格权这一立场的改变。与此相应的是在我国学说中也早就承认了死者人格权的保护，学者认为，公民生前人格权（姓名权、肖像权、名誉权等）死后仍受保护，保护的目的在于维护与死者有关的人和社会的利益。①

二、以所具有的部分权利能力和人格要素为基础准人格享有独立的人格权

（一）准人格在人格权领域的部分权利能力是其享有人格权的前提

我国传统学说局限于传统权利能力的规定，认为准人格并不具有权利能力，并不承认准人格的人格权。因而在对各种准人格提供法律保护的过程中不得不采取一些迂回的方法。但是，正如前文所述，这些理论都存在教义学和民法体系上的障碍。

事实上，正如前所述，在一般权利能力与部分权利能力的理论框架内，准人格能够具有部分权利能力，尤其是在人格权法律关系中能够具有权利能力，是没有任何障碍的。这就为准人格享有人格权提供了前提条件。

（二）准人格的人格要素属于人格权客体的范畴

除了权利能力外，准人格所具备的人格要素是否能够成为人格权的客体，也是准人格人格权保护的另外一项关键问题。传统理论认为，

---

① 佟柔主编：《中国民法学·民法总则》，中国人民公安大学出版社1990年版，第98～99页。

人格权的客体是人格利益,①是民事主体所具有的人格要素所形成的利害关系。最近也有学者提出人格权的客体是人格要素而非人格利益。②其实,"人格利益说"和"人格要素"说在一个关键性的核心问题上是一致的,那就是,人格权客体并非人格本身,而是人格的具体客观化表现。而且需要特别注意的是,人格权的客体并非抽象的人格整体,而必须是人格某一方面的具体化表现。"人格利益说"将人格权的客体认定为人格要素所体现的利益而非人格要素本身就说明了这一点;而"人格要素说"虽然将人格要素认定为人格权的客体,但是学者在具体论证过程中,明确地将人格要素限定于人格伦理价值的外在化表现,而且将人格价值的外在化视为人格权存在的必要前提。③ 上述认识是厘清人格权客体本质的关键所在。人格是一种抽象的哲学和社会学上的概念和价值,在民法中并不存在对应的概念,而是作为民法各项制度构建的指导价值,体现在民事权利能力、行为能力、民事权利以及人格权等多项法律制度中。而这些法律制度也只不过是对于人格价值中的某一层面的具体化和明确化。具体到人格权,它作为一种民法权利,就必须满足民事权利的结构要求,体现为特殊的制度构造。民事权利是对于具有明确边界的外在化存在的保护,因而人格权的客体就必须是人格中那些通过一定方法表现于外并通过一定载体得以固定的人格表征。可见,人格权的客体并非人格本身,而是人格的某些具体的层面和部分:它们或者本身就以明确的外在形态表现出来(例如生命、身体和健康等),或者通过一定的载体得以外在固定(例如肖像、名誉等),或者是人格在某

① 刘心稳主编:《中国民法学研究评述》,中国政法大学出版社 1996 年版,第 111 页。

② 马俊驹:"从人格利益到人格要素——人格权法律关系客体之界定",载《河北法学》2006 年第 10 期。

③ 马俊驹:"从人格利益到人格要素——人格权法律关系客体之界定",载《河北法学》2006 年第 10 期。

一领域的具体表现。①

因此,能够具有人格权,从而通过人格权获得法律保护的,并不限于具备完满人格的人和组织。准人格虽然只具有部分人格要素,但是这些人格要素具有人格价值,它们的客观化形成了内容和边界清晰确定的存在,能够成为人格权客体的范畴。

(三)准人格具有人格权

以上述两个方面为基础,准人格的人格要素能够成为人格权的客体,并获得法律的保护,并不存在任何障碍。准人格所具有的部分人格要素作为准人格人格权的客体,产生了准人格的各种人格权。准人格由于其所具有的人格要素的不同,其所具有的人格权的种类和内容也表现出一定的差异性。每一种准人格类型所能够具有的人格权的种类的具体内容要根据准人格所具有的人格要素的内容进行判断。

第三节　准人格的具体人格权类型

一、胎儿的人格权

由于胎儿尚不具备行为的能力,不能够通过自己的意志和行为使得自己的人格得到外在化的客观表现,因而胎儿并不具备一般人格权。②

---

① 一般人格权的客体。

② 一般人格权是法律所未明确规定的,是法律对于由人的自由行为所展现和外在化的人格特性,人将其丰富的内在人格世界的外在化的一种保护。在德国法上表现为人格尊严和人格发展的融合(德国学者一般认为是人格尊严和人格发展的结合),而非简单的人格尊严加上人格发展。具体到我国的一般人格权,学者认为是平等并列的人格平等、人格尊严、人格自由和人格独立,这种认识存在一定的将一般人格权简单化的弊病。一般人格权并非是以上四种价值的简单相加,而是它们的相互结合,是人的人格发展过程的各种外在化表现。

胎儿的人格仅表现在生命、身体、健康这些基础性人格要素之上，它们是胎儿人格的重要组成部分。由于胎儿具有部分权利能力，能够作为人格权的主体，因而胎儿在这些人格要素上享有的利益形成生命权、身体权和健康权。

(一)胎儿的生命权、身体权和健康权

人的生命是一种生理现象，这种生理的发展过程源于受精卵，因而胎儿已经具有了生命现象是没有疑问的。只是这种生命能否被作为生命权予以保护需要法律的价值判断。传统学说受到胎儿并不具有权利能力的认识的限制，并不承认胎儿的生命是一种人格权，而是一种生命利益。① 德国联邦法院也认为，任何对源于人的存在的剥夺和干扰，以及对于人的自然的生长和自然的发展的阻碍和干扰都是对于人格利益的侵害。②

由于胎儿在人格权法律关系中具有权利能力，能够作为人格权的主体。那么胎儿的生命作为胎儿人格的基础和胎儿人格尊严的体现，成为胎儿生命权的客体，受到法律的保护。但是胎儿的生命权的权能受到局限，仅限于其生命完整不受侵犯的权利，并不包括有限的自我决定的能力。③

胎儿已经具有了人的身体形态，这种身体形态与其生命和人格不可分割地融合在一起，是胎儿人格尊严的体现。这种身体形态的完整性作为胎儿人格的组成部分应当受到法律的保护，成为胎儿身体权的保护对象。它是胎儿对其身体组织的完整性所享有的权利，以保护胎

① 王利明：《人格权法研究》，中国人民大学出版社2005年版，第338页。

② 德国联邦法院1952年12月20日的判决。BGH, JZ 1953, 308.

③ 关于人格权的自我决定的权能，请参见杨立新、刘召成："论作为抽象人格权的自我决定权"，载《学海》2010年第5期。

儿的身体不受外界的干扰和妨害。胎儿的身体完整性包括形式完整和实质完整。但由于胎儿的身体存在于母体之中,并不会与外界产生直接的联系,因而形式完整性很少受到侵害,通常胎儿受到侵害的是其身体的实质完整性。

胎儿作为生命发展的初始阶段,其各项生理机能的正常运转和良好状态作为胎儿的健康是胎儿的生命以及生长和发育的基础,对于胎儿人格的发展具有重要意义。胎儿对于这种健康利益享有人格权,受到法律的保护。

（二）胎儿人格权的克减

由于胎儿与其母体的特殊空间上的结合关系,因而胎儿的人格权与其母亲的人格权会产生冲突,尤其是胎儿的生命权与母亲的自我决定权会存在冲突,例如堕胎的问题。由于胎儿并不具备完整的人格,是一个发展中的人,而且这种生命并不存在明确的外在形态,因而当胎儿的人格权与母亲的人格权产生严重冲突,对母亲的人格权造成严重不利时,胎儿的人格权应当受到适当的克减,母亲的人格权受到优先保护。

德国主流观点也认为当胎儿的人格权与母亲的人格权产生严重冲突,并可能侵害到母亲的生命时,母亲的堕胎的自我决定权应当受到保护。① 在我国,具有父母对于子女支配权的传统观念,加上计划生育的国策,胎儿人格权克减的程度应当比西方国家更重。因而,在我国,不但胎儿的人格权与母亲的人格权存在严重冲突时,例如,胎儿会对母亲的生命和健康产生严重危害时,胎儿的人格权应当受到克减;而且母亲具有其他法律规定的正当原因时,其自我决定的人格权应当优先于胎

① Heinrich Hubmann, Das Persönlichkeitsrecht, 2 Auflage, Böhlau Verlag, 1967, S. 340.

儿的人格权受到保护，胎儿的人格权受到克减。

二、死者的人格权

死者的生命虽然已经终止，但是死者在生前通过行为不断地将自己的人格表现于外，形成实现了的外在化人格标志。这些外在化的人格标志具有了客观的外部载体，并不随着生命的终止而消失。相关主体的世俗存在可能会消灭，但是其人格利益能够继续存在并且使得人格的个性在社会中得到强调和表现。① 这种在死者死后继续作用的人格存在代表着死者的人格个性，是死者人格尊严的体现，它们应当得到人格权法的保护。传统学说受到权利能力终止于死亡的认识的限制，采用了迂回的作法对于死者得到外在实现了的客观人格表征予以保护，②并不能够实现对于死者人格价值的尊重。在承认了死者的部分权利能力后，死者能够作为人格权法律关系的主体，对于自己的人格表征享有人格权，其人格价值能够获得法律的直接保护。

（一）死者人格权的精神性部分

传统学说关于死者人格权的障碍主要在于死者并不具有权利能力，因而死者的人格表征并不能纳入法律体系作为人格权的客体予以保护。但是在全面权利能力和部分权利能力的框架下，正如前文所述，死者虽然并不具备享有全面权利能力的条件，但是作为一种准人格具

---

① Knut Müller, Postmortaler Rechtsschutz-Überlegungen zur Rechtssubjektivität Verstorbener, Peter Lang, Frankfurt 1996, S. 81.

② 参见本书第五章关于死者人格保护的教义学解释。传统学说中的死者近亲属保护说受到死者并不具有权利能力的观念的限制，将对于死者人格价值的保护转化为近亲属的利益。但是应当认识到，死者的外在化人格表征是死者人格价值的体现，这种价值是归属于死者的，具有自身的目的，不能够成为实现他人目的的手段。死者近亲属保护将死者的人格价值作为保护近亲属人格的依据，违背了上述价值。

有部分权利能力，能够在人格权法律关系中作为人格权的主体。因此，死者在其继续存在的人格表征之上享有人格权，在这一方面与自然人的人格权并不存在重大差异。死者对于其姓名、肖像、名誉、隐私以及对于其他作为死者人格外在化表现的人格表征享有人格权。

死者的姓名和肖像凝结了死者生前的人格形象，是死者人格个性的标志，这种人格标志在死者死后并不马上消失，而是随着时间的流逝逐渐消退。为了保护死者的人格个性和人格尊严，死者的姓名和肖像在一定时间内仍然应当获得法律的保护。任何人不得随意盗用、冒用死者的姓名，不得以有损人格的方式故意错误地指称死者姓名。任何人也不得随意制作、传播和使用死者的肖像。

死者的名誉是死者通过生前的行为以及对社会生活的参与获得的社会评价，是人作为一种社会存在的重要人格组成部分，标志着死者在生前的人格形象。这种获得实现了的具有客观化表现的社会评价在死者死亡后仍然继续作用，是死者人格的表现，在死者死后的一定期间内应当获得保护。对于死者生前的名誉每个人都有予以尊重的义务，不得侮辱诽谤死者。在特殊情况下，不作为也会构成侵害死者名誉权的情形。例如报社未尽审查义务造成报道失实的，因而降低了死者的社会评价的，形成对于死者名誉权的侵害。

在死者生前的人格发展过程中，还有一些人格特征通过行为展现于外部，表现为各种客观化的外部人格表征。它们是死者生前独特的人格个性和人格发展得到外部实现的社会性表现。这些人格表征由于并不具有典型性，其客观界限并不清晰，因而并未发展为具体人格权，属于一般人格权的范畴。司法机关在具体个案中可以予以保护。

死者人格权中的精神性部分被他人不法侵害的，死者的保护人可以主张排除妨害请求权或防止妨害请求权，从而排除或预防对其的侵害。但是由于死者已经死亡，其不再具有精神痛苦，而且也不再能够拥有财产，因而其保护人不能代为主张损害赔偿金。

（二）死者人格权的财产性部分

人格中的某些标志性特征的商业化利用，能够为主体带来财产性利益，这些人格表征产生的利益同样属于人格权的范畴。对于人格权的财产性部分保护的正当性在于，人格的表现形式是人的人格的组成部分，由它产生的财产价值自然应当归属于当事人。由于这种价值是由人格表征所产生的，与人的人格存在紧密的联系，因而它并不能归属于财产权，而是一种人格权。这种权利在我国已经得到承认。我国《侵权法》第20条虽然并没有从人格权的角度承认人格权的财产性部分，但是从侵权法的角度对此进行了规定，人格权被侵害造成财产损害的，加害人应当予以赔偿。① 这是对于财产性人格权的间接承认，因为精神性人格权受到侵害所产生的是非财产损害，受到侵害能够直接产生财产损害的正是人格权的财产性部分。在学理上，人格权的财产性部分也得到了我国学界的承认，王利明教授将其构建为人格权商品化制度，②杨立新教授将其构建为公开权。③

比较法上，德国联邦法院早已承认了人格权的财产性部分，将其作为一般人格权的一部分。法院认为："受到《民法典》第823条第1款保护的一般人格权以及姓名、肖像等它的特殊表现形式不仅服务于人格的精神保护，而且也服务于人格的财产价值。""一般人格权及其特殊表现形式首先服务于精神利益，尤其是人格的价值和尊重的请求权的保

① 我国《侵权责任法》第20条规定：侵害他人人身权益造成财产损失的，按照被侵权人因此受到的损失赔偿；被侵权人的损失难以确定，侵权人因此获得利益的，按照其获得的利益赔偿；侵权人因此获得的利益难以确定，被侵权人和侵权人就赔偿数额协商不一致，向人民法院提起诉讼的，由人民法院根据实际情况确定赔偿数额。

② 王利明：《人格权法研究》，中国人民大学出版社2005年版，第284页。

③ 杨立新：《人格权法》，法律出版社2011年版，第329页。

护。”“与此对应，一般人格权及其特殊表现形式还保护人的财产利益。照片、姓名以及其他的人格标志就像声音一样能够带来可观的经济价值。”①死者的生命虽然已经终结，但是死者的标志性人格特征中的财产价值并不随之消灭。因而人格权的财产性部分在死者死亡后仍然继续存在。这种人格权的财产性部分的价值并不在于对人的人格特性的标志，而在于其产生的财产价值。这对于死者来说已经没有意义，因而在死者死亡后由其继承人继承。这种认识也是德国的通说，被德国联邦法院所确认。②

虽然人格要素和人格表征是人的人格的组成部分，是人的尊严的体现，因而精神性人格权并不能被继承。但是人格权中的财产性部分，其功能在于为权利人带来财产价值，可以由继承人所继承。但是由于这种财产性部分依附于死者的人格，对于它的不当使用会侵害到死者的人格尊严。因此，继承人对于死者人格权中的财产性部分的使用应当尊重死者的意志，不得侵害死者的人格尊严。

死者人格权中的财产性部分由其继承人所继承，这一财产性部分被他人非法侵害时，例如，死者的肖像被他人用作商业广告，死者的继承人可以要求侵害人赔偿，并有权拥有这些赔偿。

三、合伙与设立中法人的人格权

人格的价值主要在于其社会性。正如学者所言，人的价值并非仅源于人的存在这一事实，人必须同时被视为社会的一员与一般的人性，人在与其他人的关系中成为人格人。③ 因而，人格并非局限于人的精神

① BGH, NJW 2000, 2197.
② BGHZ 143, 214, 220.
③ Manfred Brauer, Der Juristischen Person, Leipzig 1963, S. 17.

性存在,除了以伦理价值为基础的人的精神性部分外,社会性人格存在也是人格的重要部分。社会性人格是人或组织体在社会中依规则行为而获得尊重的价值,包括在社会中表现出的各种标志。

因而,除了人以外,组织体作为一种社会形象也是人格价值的承担者,因为它是人格人的集合,并通过它的追求、能力和意志塑造自己以及被塑造;它也包含了创立人的精神,并使得这种精神进一步得到实现。① 因而这些社会形象,不管它们是否法人,它们能够具有某些人格权。② 不管是法人还是非法人组织都能够在与其本质相符合的范围内具有人格权。③ 我国学界存在否认法人等组织体人格权的学说。这些否定学说认为人格权保护的是自然人所独具的伦理性精神要素,这些要素法人等组织体并不具备,并进而认为团体所具有的名称权、名誉权等并无精神性价值,实质上是一种财产权。④ 这种认识存在一定的局限。正如本书第二章所述,人格事实上具有两个部分,不仅包括伦理的精神性部分,还包括社会性部分。自然人的人格尊严和自由属于前者,姓名、肖像、名誉等属于后者。组织体虽然并不具备尊严和自由等精神性人格,但是具有名称、名誉等社会性人格。这些社会性人格是组织体享有人格权的基础,也是其需要人格权保护的必然要求。虽然组织体的这些社会性人格特征能够为其带来财产性利益,具有良好名誉的组织体往往能够获得丰厚的商业利益回报,但是组织体的各种标志性特征首先是作为其从事各种社会活动,塑造和展现自己所形成的社会形

---

① Heinrich Hubmann, Das Persönlichkeitsrecht, 2 Auflage, Böhlau Verlag 1967, S. 333.

② Heinrich Hubmann, Das Persönlichkeitsrecht, 2 Auflage, Böhlau Verlag 1967, S. 334.

③ Heinrich Hubmann, Das Persönlichkeitsrecht, 2 Auflage, Böhlau Verlag 1967, S. 334. 即使是无权利能力的社会形象也能够作为人格权的承担者,其承担者是处于集合状态的成员,与个别的成员存在明显的区别。

④ 尹田:"论法人人格权",载《法学研究》2004 年第 4 期;李永军:《民法总论》,法律出版社 2006 年版,第 258 页。

象。这是组织体作为一种社会存在获得其个性并被能够外界识别的重要标志和手段，财产性利益只是它的一种间接的反射效果。因而，并不能以这些标志能够为组织体带来财产利益就否定其人格权的本质。这一点也可以从自然人的社会性人格获得佐证：一个具有良好名誉的人能够获得更多的机会，得到更好的发展和经济利益，但是并不能以此来否认自然人名誉权的人格权属性。因此，组织体具有以其社会存在为基础的社会性人格，并受到人格权法的保护。这种权利是人格权而非财产权。

合伙与设立中法人通过参与社会活动塑造和展现自己获得了社会性人格，具有了标志其人格特性的各种社会性人格标识。这些人格标识作为它们人格的组成部分，是人格权的保护对象。

（一）名称权

自然人作为一种生物和精神性存在的结合，以姓名、肖像、形象等标志区别于其他人。而组织体与其他人格体相区别的特征要相对少一些，并不存在肖像和形象等标志性特征。名称是它们与其成员相区别并显示相对独立性的标志，也是它们区别于其他社会存在的重要标志。德国法上组织体可以类推适用《民法典》第 12 条的规定受到姓名权的保护，通说认为受到名称权保护的组织体包括法人、人合公司、以及在法律生活中出现的人合组织。① 我国《民法通则》并未将名称权局限于法人，而是认为法人、个人工商户和个人合伙都享有名称权，因为这些组织都能够以独立的名义参与法律交易。以此为依据，具有部分人格要素，能够以自己的名义参与法律交易的组织体也能够具有人格权，因

① Bayreuther, Münchener Kommentar zum BGB, 5. Auflage 2006, § 12 Namensrecht, Rn. 32.

而设立中法人的名称权并未被排除。而且设立中法人在设立过程中要预先核准名称，并以此名称从事筹备法人的相关行为，这种名称受到名称权的保护。

因此，合伙与设立中法人具有与其成员相区分的独立名称。这些名称是合伙与设立中法人的独特人格标志，受到名称权的保护，任何人不得争夺、故意错误地使用。

（二）名誉权

名誉是社会对于人或组织体的客观评价，这种评价是他们的重要社会属性。我国学界对于自然人享有名誉并不存在疑问，对于组织体是否享有名誉存在争议。德国法上，早期学说也不承认组织体的名誉，后来基尔克提出组织体具有独立的存在价值，并具有名誉。基氏认为，法人是单个自然人的集合，通过每个成员的名誉，法人同时获得其名誉。人所具有的要求尊重其个别人格的请求权，能够在被组织起来的团体生活中获得同样种类的要求尊重其团体人格的请求权。① 这种理论虽然承认了组织体的名誉，但却是一种依附于成员的名誉。以此为基础，经过长期学说发展，组织体能够享有独立的名誉权已经成为现在的通说。德国联邦法院认为，只要能够履行法律所承认的社会功能并能够形成一个整体性的意志，就能够获得名誉保护。② 组织体的实体化的价值使其获得了社会存在，它的名誉的客体是组织体通过履行其社会功能得到法律秩序承认的威望。③

本书认为，虽然自然人具有主观的心理能力，能够以此为基础对于

① Gierke, Genossenschaftstheorie, S. 149.
② BGHZ 6, 186.
③ Manfred Brauer, Der juristischen Person, Leipzig 1963, S. 47.

他人的评价产生主观的感受，但是这种主观感受并非名誉权所保护的对象，①这一点不可不查。作为名誉权客体受到保护的名誉并不是一种主观上的名誉感受，而是一种客观的外在评价。这种评价已经超越了主体的感受，是一种社会性人格存在而非精神性人格存在，并不依存于主体的感受能力。只要能够具有一定的人格特性，参与社会生活与他人进行交往，便会得到他人的评价。因而自然人以外的组织体也能够通过参与社会活动得到客观的社会评价，从而受到名誉权的保护。

合伙与设立中法人具有了部分人格要素，以此为基础参与了一定的社会活动，获得了外界的客观评价，这种评价成为他们的名誉，受到名誉权的保护。合伙与设立中法人具有维护自己的社会评价不受他人贬损的权利。

（三）信用权

信用是主体在社会中应受的经济能力上的评价。② 信用权是自然人、法人或者其他组织对其所具有的经济活动及其能力的良好评价所享有的权利。③ 合伙与设立中法人作为一种社会性存在，已经参与部分法律关系，参与经济活动，由此产生的客观的经济能力以及社会评价应当得到法律的保护。因而，合伙与设立中法人具有信用权。合伙与设立中法人的信用权是合伙与设立中法人对其在经济活动中所获得的经济上能力的评价具有的享有、利用、维护完整的权利。

（四）一般人格权

除了上述各种具体人格权之外，合伙与设立中法人还能够具有一

① 王利明：《人格权法研究》，中国人民大学出版社 2005 年版，第 478 页。
② 史尚宽：《债法总论》，中国政法大学出版社 2000 年版，第 147 页。
③ 王利明：《人格权法研究》，中国人民大学出版社 2005 年版，第 540 页。

般人格权。一般人格权是对于具体人格权功能不足的补充,是对于并不能被明确划定的人格领域的保护,因而只要能够具备法定的具体人格要素之外的一般人格领域,就能够获得一般人格权。由于人格不局限于人的伦理价值,还包括人的社会价值,因此具有社会价值的组织体也能够具有一般人格权。由于组织体并不具备人的伦理价值,因而它并不能够享有自然人那样广泛的一般人格权,只能在与其本质相符合的范围内享有一般人格权。合伙与设立中法人具有了部分人格要素,是一种准人格,能够参与社会生活并具有社会价值,因而能够拥有一般人格权。合伙与设立中法人的一般人格权是对于他们非典型的人格个性的外部展现予以保护的权利,包括具体人格要素之外的各种人格表现。

四、其他准人格类型的人格权

生物人型的其他准人格类型依据其本质可以具有类似于自然人的人格权,例如生命权、健康权。组织型的准人格类型可以具有类似于合伙与设立中法人的人格权,例如名称权、名誉权。各种其他准人格类型具体能够享有的人格权的类型要根据这种准人格类型的具体人格构成要素予以判断。

第四节 准人格人格权的法律保护

准人格具有的人格权受到法律的保护,这种保护包括两个方面:一是人格权本身所包括的具有防御功能的排除妨害和防止妨害请求权;二是侵权法所产生的侵权损害赔偿请求权。前者是存在妨害准人格人格权的行为时直接产生的请求权,并不要求行为人具有过错,也不必存在损害后果。后者作为侵权责任的法律后果,必须符合侵权法的构成要件,不但要求侵权行为人具有过错,存在损害后果,还要求侵害人的行为与损害后果之间具有因果关系。

一、排除妨害和防止妨害请求权

排除妨害和防止妨害请求权作为人格权本身所包括的直接针对侵害行为、阻止侵害行为继续的请求权,是人格权的一项重要权能。这种请求权以排除对于人格权的干扰和妨碍为目的,是最直接有效的权利保护方法。准人格具有部分人格要素,能够在包括人格权在内的一些法律关系中具有部分权利能力,自然能够拥有人格权请求权。可以自己或由其代理人针对妨害行使排除妨害请求权和防止妨害请求权,以保护其人格权不受侵害。需要注意的是,由于胎儿和死者并不具有行为的能力,因此他们的人格权请求权由其保护人或照顾人代为行使。而合伙与设立中法人具有行为的机构,可以自己行使排除妨害和防止妨害请求权。

二、侵权损害赔偿请求权

准人格的人格权受到不法侵害并造成损害的,如果加害人的行为具有可归责性,可以向加害人主张侵权损害赔偿请求权。可归责性一般要求行为人具有过错,在法律有特殊规定的情况下,也可以不考虑过错。侵权损害赔偿请求权产生的前提是符合了侵权责任的构成要件:存在加害人的侵害行为;准人格的人格构成要素受到损害;侵害行为与损害后果之间具有因果关系;加害人的过错或者法律有规定时不考虑过错。

在符合上述要件的情况下,受害人可以向加害人主张精神损害赔偿和财产损害赔偿。

严格说来，精神损害赔偿的概念并不严谨。因为精神损害赔偿并不以精神的痛苦为前提，但这一概念作为一种习惯用法已经被广为接受。精神损害赔偿并不以受害人具有感受能力和疼痛能力为前提，即使是处于昏迷状态无法感受痛苦的受害人的精神损害赔偿请求权也并不受影响。学者认为，非财产损害（精神损害）可以通过对于人格人物理的和精神的完整性的侵害产生，也可以通过对于人格人与环境的关系的侵害而产生。金钱无法衡量的人格减损并不局限于精神和心理上的不快，还同样包括对于社会形象的侵扰。① 虽然组织体并不具有感受精神上不快的能力，但是并不代表其不会存在非财产上的损害。因此，合伙与设立中法人也能够对于受到的非财产损害主张损害赔偿请求权。胎儿只有在活着出生后才能够对其受到的侵害主张精神损害赔偿，因为精神损害赔偿作为一种财产补偿只有对活着出生的人才有意义。死者人格中的精神部分受到侵害的，其保护人只能主张排除妨害和防止妨害请求权，而不能主张精神损害赔偿，因为这种赔偿对于死者没有任何意义。

合伙与设立中法人的人格权受到侵害产生间接财产损害的，可以主张财产损害赔偿；胎儿在其活着出生后可以对侵害其人格权产生的间接财产损害主张财产损害赔偿。死者人格中的财产部分受到侵害的，其继承人可以主张财产损害赔偿并获得这些赔偿。

第五节 准人格的保护人

准人格区别于人格的重要之处在于，准人格并不具有全面的人格

---

① Georg Wronka, Das Persönlichkeitsrecht juristicher Person, Dissertation, 1972, S. 142.

要素，而仅具有部分的人格要素。因而有些准人格类型欠缺理性能力，并不具有行为能力，不能通过自己的行为去实现和保护自己的权利。对于这些准人格类型，必须为其设定保护人。保护人的设定对于准人格人格权的保护具有极端重要的意义。保护人通过其理性的行为能力，帮助准人格去实现其人格权，在准人格的人格权受到侵害时，代替其行使排除妨害请求权、防止妨害请求权以及损害赔偿请求权。在本书所着重讨论的四种主要准人格类型中，胎儿和死者由于并不具有理性的能力，也没有行为的能力，属于需要设定保护人的对象。

保护人的人选必须是与准人格具有紧密的联系、能够真正保护准人格权利的人。一般是与准人格具有紧密的亲属关系，或与准人格具有切身利害关系的人。这样的人能够切实地从维护准人格的利益的角度去履行保护人的职责。具体到胎儿和死者，其保护人的范围，又有所不同。父母是胎儿最直接的利害关系人，与孩子具有直接血缘关系，并且在胎儿出生后作为孩子的亲权人，照顾孩子的所有事务，因而父母是胎儿最适合的保护人。在所有必要的范围内照顾胎儿的利益，代替胎儿进行相关行为。由于死者的近亲属与死者具有紧密联系，在一定程度上，具有利益关联性，死者的人格受到侵害，其近亲属往往会感受到精神上的痛苦，因而死者的近亲属是死者保护人的最佳人选；如果没有近亲属的，其朋友也可以作为死者的保护人。

对于以组织形态存在的准人格类型，由于其已经具有了行为的机构，能够通过自己机构的行为去实现其权利、去参加法律关系，并对其权利予以保护，因而对于这些准人格类型并不需要设定保护人。

其他准人格类型的保护人要根据其具体的社会关系，由与其具有密切联系的人担任。

第六节 准人格的保护期间

正如人格的存在具有一定的期间一样，准人格也仅在一定的期间内存续，对于准人格人格权的保护也仅限于这一期间。作为典型人格的自然人的存续期间为出生至死亡；法人的存续期间为从设立登记到注销登记。对此，法律都有明确的规定。而准人格的存续期间以及人格权的保护期间则需要结合每种具体准人格类型进行分别判断。

一、胎儿人格权的保护期间

虽然从受精开始，人的生命就开始了其发展的过程，但是在此时其并未确定地发展为人的个体，胚胎仍然具有发育为数人的可能性。也就是说，此时的胚胎并不代表作为个体的人的形态。只有到受精后第14天，受精卵着床以后，其才确定地代表个体的人。因此，比较法上多将受精后第14天作为胎儿的始期，①从此时起对胎儿提供保护。这种作法具有合理的依据，我国也应当采用这种做法。因此，胎儿的保护期间应当从受精后第14天开始。由于胎儿出生后就转变为自然人并具有完满的人格，因此，胎儿保护的终期应当止于出生。

二、死者人格权的保护期间

死者随着生命的终结丧失了通过自己的行为展现自己人格的能力，而其生前通过行为客观化了的人格特性由于缺少行为的不断强化，会自死者死亡之日起逐渐消退。死者的人格表征在死者死亡时比较清

---

① 德国联邦法院采此态度，BverfG 39，37. 我国台湾地区也采此做法。

晰，在经历一段时间之后会逐渐模糊不可识别。因此，一般认为死者的人格权具有一定的存续期间，只能得到法律一定期限的保护。对此，大多数国家已经形成了共识，只是在具体的期间长度上并不存在统一的认识。在德国法上，虽然联邦法院认为死者人格权具有一定的存在期间，但是对于该期间并没有予以确定。[①] 学者认为，期限的确定取决于人格的密度和强度，对于每种人格权并不存在统一的保护期限。[②] 也有学者通过对于立法和判例的研究认为，死者人格权的保护期限是一个根据个案予以判断的弹性规定。[③] 在我国，并不存在关于死者人格权保护期限的具体的时间上的规定，而是通过近亲属的存活时间予以间接确定。[④] 这种保护期限大概在50年左右。总体来说，我国司法实践中对于死者人格权的保护期限是适当的，但是这种规定方法存在一定的问题。按照近亲属存活时间确定保护期限会形成对于死者人格保护时间长度不一致的情况，而且对于没有近亲属的死者难以予以保护。因此，建议改变这种做法，统一采用保护50年的规定。

对于死者人格中财产性部分的保护，德国司法实践中也只是在一定期间内予以保护。德国联邦法院认为，对于死者人格权中的财产性部分的保护时间不应当超越对于精神性部分的保护时间。[⑤] 其依据在于死者人格权中的财产性虽然由继承人所继承，但是这种财产性价值

---

① Jürgen Gleichauf, Das postmortale Persönlichkeitsrecht im internationalen Privatrecht, Peter Lang Europäischer Verlag der Wissenschaften, 1999, S. 156.

② Nikoletopoulos, Die zeitlich Begrenzung des Persönlichkeitsschutzes nach dem Tode, Frankfurt 1984, S. 90.

③ Jürgen Gleichauf, Das postmortale Persönlichkeitsrecht im internationalen Privatrecht, Peter Lang Europäischer Verlag der Wissenschaften, 1999, S. 159.

④ 我国最高人民法院《关于审理名誉权案件若干问题的解答》第5条规定：死者名誉受到损害的，其近亲属有权向人民法院起诉。近亲属包括：配偶、父母、子女、兄弟姐妹、祖父母、外祖父母、孙子女、外孙子女。

⑤ BGHZ 143, 214, 227.

依附于死者的人格存在,因此也应当受到精神性部分存在期限的限制。对于这种财产性部分的保护是否应当受到一定的期间的限制,在我国尚不存在明确的论述。本书认为,死者人格权中的财产性部分源于精神性部分并依附于精神性部分的存在,随着时间的推移,精神性部分逐渐消退,财产性部分也会随之逐渐消退。而且在死者死亡较长一段时间之后,已经成为历史人物,部分地融入了一个国家或民族的历史之中,从而成为共同的民族财富。停止对其的私权保护,使其进入公共领域,有利于社会文化和精神的进步。因此,本书认为,死者人格中财产性部分也只能在一定时间内获得保护,其保护时间与精神性部分相同,都是50年。

三、合伙、设立中法人以及其他准人格类型的人格权保护期间

合伙与设立中法人的人格权保护期间限于它们的存续期间。按照我国《民法通则》的规定,合伙始于合伙合同的缔结,终止于合伙的解散。因此合伙的人格权保护期间是从合伙合同缔结到合伙解散这一时间过程。

设立中法人是指从开始设立到注册之前的存在,始于设立合同的订立,也就是章程的确定。设立中法人终止于法人登记成立,对此应当采用广义理解,设立中法人的终止并不限于法人登记成功,而应当包括所有使得法人设立活动结束的情况。例如,发起人决定不予登记,或者登记申请被拒绝。在从设立合同订立到登记注册或者其他设立活动结束的过程中,设立中法人都具有其独特的人格要素构成,这些人格要素受到人格权法的保护。因此,设立中法人的人格权保护期间为从设立合同订立到设立活动终止这一时间跨度。

其他准人格类型的人格权保护期间取决于该种准人格类型所具有的人格构成要素的存在时间。

分论:主要的准人格类型

CHAPTER 05 >>

第五章

胎儿的准人格状态

在我国,由于胎儿不符合民法的人格构成,传统立法和学理并未将其作为法律上的人看待,因而在权利能力和人格权保护方面并未对其予以承认。

在权利能力方面,我国《民法通则》第 9 条对于权利能力开始和终止的时间进行了规定:公民从出生时起到死亡时止,具有民事权利能力,依法享有民事权利,承担民事义务。因而,按照我国现行法的规定,胎儿并不具有一般权利能力,学界的主流观点也认为胎儿并不具有一般权利能力。①

同样的,比较法上一般也都认为权利能力始于活着出生,因而并未将胎儿作为人对待。在德国法中,《德国民法典》第 1 条规定,权利能力始于出生的完成。《民法典立法理由书》更进一步规定只有在出生

---

① 王利明:《人格权法研究》,中国人民大学出版社 2005 年版,第 338 页;魏振瀛:《民法》,北京大学出版社 2000 年版,第 52 页。

时活着的人才能具有权利能力。① 在美国法中并不存在与德国法上的权利能力相对应的概念。与这一概念最相近的概念是法律人格(legal personality)的概念。它被界定为:法律上的人被认为是特定权利和义务的主体。② 作为法律主体的能力以活着出生为前提,③因而在美国法中胎儿也不具有一般的权利能力。法国法中并不存在关于权利能力开始时间的规定,据学者考证法国法中权利能力开始的条件是,活着出生并具有生存能力。④《瑞士民法典》第 31 条第 1 款规定,人格开始于出生完成后的生命。也就是说权利能力始于活着出生。按照瑞士学者的通说,并非任何从子宫的脱离都是法律意义上的出生,孩子应当已经发育到脱离子宫后在有利的环境中能够继续生长的发育状态才能够具有权利能力。⑤

可见,关于一般权利能力的开始条件,不同的国家存在不同的限定,但是一般均要求活着出生。有的国家则在此基础上更进一步地要求孩子已经发育到能够独立生存的状态。依据这样的规定,胎儿并不具有一般的权利能力,也不具备法律人格。

这种对于胎儿的一般法律地位的否认源于立法者并不将胎儿作为活着的人看待。这一认识具有一定的哲学、法学和医学根源。斯多葛哲学认为胎儿是母亲的一部分,就像果实是树木的一部分一样,他们并不承认胎儿具有独立的价值。由于罗马法学家坚信斯多葛哲学,因此

---

① Motive zu dem Entwurfe eines bürgerlichen Gesetzbuches für das Deutsche Reich , Amtliche Ausgabe, Berlin Guttentag, 1888, Bd. Ⅰ, S. 28.

② Smith, Keenan, Denis J., English Law, 4th edition, London, 1973, p. 93.

③ Jürgen Thomas Mahr, Der Beginn der Rechtsfähigkeit und die zivilrechtliche Stellung ungeborenen Lebens, Peter Lang Verlag, Frankfurt2007, S. 204.

④ Jürgen Thomas Mahr, Der Beginn der Rechtsfähigkeit und die zivilrechtliche Stellung ungeborenen Lebens, Peter Lang Verlag, Frankfurt2007, S. 224.

⑤ Mario M. Pedrazzini, Niklaus Oberholzer, Grundriss des Personenrechts, Zweite Auflage, Stämpfli & Cie Verlag, Bern 1985, S. 30.

在罗马法中胎儿被作为母体器官的一部分,并不被作为人和人格人看待。① 又由于罗马法是现代私法的法源,因此大多数国家的立法者继承了罗马法的这一态度,并不将胎儿作为人看待。而且在医学中,长久以来胎儿也被作为母体的一部分看待。最早从 19 世纪中期开始,承认胎儿具有独立的存在,并从受胎之时起就具有生命,只是最初在空间上与母亲联系在一起并在发展到一定的阶段之前依赖于母体的观点,才逐渐获得承认。② 因此在医学中,直到 19 世纪中期胎儿一直并不被作为独立的人看待。立法者正是基于这种哲学、法学和医学传统,并不承认胎儿是具有生命的人并因而否认他的一般权利能力。

在人格权保护方面,由于同样的理由传统理论并未将胎儿视为独立的人。而人格权所保护的是已经出生的人的人格要素,因而胎儿所具有的处于初始阶段的生命、身体、健康等并未被作为人格要素以人格权予以保护。

虽然传统理论并未通过立法明确承认胎儿的一般的权利能力并给予其人格权保护,但是仍然在个别方面对于胎儿提供了特别的保护。进入现代社会以来,由于人格价值和人类尊严的提升,胎儿受到立法和司法实践保护的范围更是得到大幅扩张,逐渐成为民法中的一个重要问题。

第一节　胎儿保护在各国立法与司法实践中的地位逐渐凸显

立法并未承认胎儿的一般权利能力,因而并未一般地将其纳入法

① Windscheid, Lehrbuch des pandektenrechts, Bd. Ⅰ, 8. Auflage, 1900, S. 198.

② Fritz Fabricus, Gedanken Zur höchstrichterlichen Rechtsprechung betreffend den Nasciturus, FamRZ, 1963, S. 406.

律的调整范围。但是我国立法和司法现今已经在诸多方面对于胎儿进行特殊保护,保护的范围不但包括财产权领域还逐渐扩张到人格权领域。这种对于胎儿的个别法律关系的保护,大多采用了特殊规定的方式。在符合一定条件的情况下,或者视胎儿已经出生,或者采用其他一些方法,进行迂回的保护。

一、我国关于胎儿特殊保护的规定

我国立法关于胎儿特殊保护的相关规定表现在继承法中,《继承法》第28条规定,遗产分割时,应当保留胎儿的继承份额。胎儿出生时是死体的,保留的份额按照法定继承办理。因此在遗产继承中,胎儿的继承份额是被预先保留的,在孩子活着出生时获得该遗产。对于这一规定,大多数学者认为,该规定既不同于总括保护主义也不同于个别保护主义。它严格贯彻出生为权利能力始期的规定,不承认胎儿的权利能力,只是考虑到胎儿即将出生成为婴儿的利益,给予特殊的保护。[①]但是值得注意的是,这种规定以及以上的认识完全回避了胎儿的权利能力问题,在法律体系上存在一定的瑕疵。因为对于胎儿继承份额的保留是赋予了胎儿一种期待权,在其活着出生时该期待权转变为现实的权利。胎儿的期待权的拥有也必须以具有权利能力为前提,因此《继承法》的上述规定实质上在一定程度上也承认了胎儿的权利能力。

随着人格权法和生物技术的发展,胎儿人格利益的保护逐渐成为一种重要的社会诉求。我国学界逐渐重视对于胎儿的人格利益的保护,逐渐承认胎儿对于其受到的损害在出生后具有损害赔偿请求权。但是对于这种保护的解释存在不同的学说。有学者认为,胎儿具有准

① 马俊驹、余延满:《民法原论》(第2版),法律出版社2005年版,第78页。

人格，并因此具有附延缓条件的权利能力。[①] 有学者认为，胎儿并不具有权利能力，因而并不享有人格权，但是具有人格利益。对于出生前的损害，如果胎儿活着出生的，可以自己的名义提起损害赔偿；如果是死胎的，应当由母亲以侵害身体权或健康权为由提起诉讼。[②]

可见，在我国，对于胎儿的财产权和人格权进行个别保护已经得到学界与司法实践的承认，但是学理上对于这种保护仍然欠缺体系上的具有说服力的解释。认为胎儿具有附延缓条件的权利能力的观点并没有对此进行充分的论证；而不承认胎儿法律地位却又认为应当对于胎儿进行特殊保护的观点，则存在逻辑与体系上的矛盾。因为由法律所提供的保护必须以该利益是法律上的利益为前提，而不承认胎儿的权利能力，其利益是无法上升为法律上利益的。

二、德国立法及司法对于胎儿某些方面的保护

《德国民法典》没有关于胎儿权利能力的特别规定，因而按照《德国民法典》第1条关于权利能力始于出生的规定，胎儿是没有权利能力的。但是立法者认识到在特别情况下胎儿具有获得权利的必要，因而在几个条文中对于已经受胎但是尚未出生的胎儿在个别的规则中赋予其权利，这些权利以随后活着出生为前提。[③]《德国民法典》第331条第2款规定了胎儿可以作为利第三人合同的受益人，按照该款的规定胎儿具有获得权利的候补资格，在其活着出生时成为一种完整的权利。[④]《德国民法典》第844条第2款第2句规定了胎儿对于致其抚养义务人

① 杨立新：《民法总论》，高等教育出版社2007年版，第72页。

② 王利明：《人格权法研究》，中国人民大学出版社2005年版，第339页。

③ Münchener Kommentar BGB, Band 1., 5Auflage, Verlag C. H. Beck, 2006, S. 121.

④ Jürgen Thomas Mahr, Der Beginn der Rechtsfähigkeit und die zivilrechtliche Stellung ungeborenen Lebens, Peter Lang Verlag, Frankfurt 2007, S. 141.

死亡的侵害人的抚养损害赔偿请求权并不因侵害发生时其尚未出生而被排除。《德国民法典》第1923条第2款规定了胎儿即使在继承发生时尚未出生也能够作为继承人。以上规定作为例外承认了胎儿在某些法律关系中获得权利的可能性,但并未涉及胎儿的权利能力问题。

德国联邦法院(BGH)关于胎儿法律地位的态度体现在关于出生前侵害的案件中。起初联邦法院并不承认胎儿的损害赔偿请求权。联邦法院在1951年的感染梅毒出生的孩子的损害赔偿的判决中,认为:由于孩子的父亲在孩子受胎前使得孩子的母亲感染了梅毒,孩子因此以感染梅毒的病态出生,他基于健康权受侵害的损害赔偿请求权并不能受到支持。①

随后联邦法院的态度发生了转变。在1952年的一例案件中,一位已婚女士因病住院接受治疗。由于医院的过错输血感染了梅毒,随后她怀孕并生下了一个出生时即感染了梅毒的孩子。这个孩子依据《德国民法典》第823条第1款向医院提出损害赔偿之诉。联邦法院回避胎儿法律地位的判断,从出生后孩子的损害的角度进行论证,认为"本案争议的焦点并不是胎儿或者尚未受胎的人的损害,而是带有梅毒出生的孩子的损害",②从而对于孩子的请求权予以支持。但是这种方法本身存在一个严重的障碍。按照德国联邦法院的一贯态度,对于一种权利的侵害以侵害前状态的存在为必要,因为侵害是使一种法律利益变坏,内含侵害前和侵害后两种状态。而德国联邦法院这种回避胎儿法律状态的做法在对孩子的侵害进行考查时,欠缺了一种侵害前状态。法院所关注的是以病态出生的孩子,而孩子在出生时就处于一种被侵害了的状态(侵害后的状态)。为了克服这一障碍,联邦法院试图通过

① BGH, Urteil vom 14. Juni 1951, JZ 1951, 758.

② BGH, Urteil vom 20. Dezember 1952, JZ 1953, 308.

区分主观权利和人格法益，并将侵害前状态的要求仅局限于主观权利侵害的情形，以此来回避出生后孩子的侵害前状态。联邦法院认为"将关于侵害主观权利的以形式的权利技术为基础的基本法律原则适用于受到第 823 条第 1 款所保护的健康利益是不可能的。"因为"受到第 823 条第 1 款所保护的人格法益的特殊存在使得其不能被作为权利对待，它以整个法秩序为出发点，是人的人格特性的表现，是自然与创造的一部分。它是生命的表现，是生命自身的价值并从生命自身获得其价值。每个人都对这些人格法益享有权利，并基于此他的机体成长免受人为干扰和侵害"。① 通过这样的方法对于主观权利和人格法益进行区分，对于主观权利的侵害要满足侵害前状态的存在这一要求，而对于人格法益的侵害并不需要一个主观权利所必须的侵害前的状态，对于人的自然发展过程的干扰都被认定为侵害。联邦法院实质上是将自然法上出生前的人的状态作为了侵权法上的侵害前的状态。通过这种方法回避了对于胎儿的权利能力的判断。

在 1972 年的判决中，联邦法院继续了这一态度。联邦法院认为，该案没有必要去考虑当胎儿被侵害时，是否稍后出生的人的健康和身体的完整被作为受侵害的法益去看待，或者胎儿的身体完整和健康权应当得到承认。……这里并不存在胎儿的基于他的限制的权利能力的损害赔偿。……涉及的是已经出生的作为病态的孩子的健康的损害。②

可见，德国关于胎儿的权利能力无论是立法还是司法实践都没有直接的规定。立法对于胎儿的财产能力进行了个别规定，使得胎儿在继承、利第三人合同以及扶养人死亡这三种情形具有获得财产的能力，但是对于这种能力的法律性质并没有予以规定，而是采用了拟制出生

---

① BGH, Urteil vom 20. Dezember 1952, JZ 1953, 308.

② BGH,Urteil vom 11. Januar 1972, BGHZ 58, 48, 50.

的办法。在关于胎儿遭受侵害的判决中,德国联邦法院对于胎儿的权利能力也持回避态度。法院通过将损害认定为出生后的孩子的损害,具有损害赔偿请求权的是出生后的孩子的方法,回避了关于胎儿的权利能力的判断。但是这种做法造成了侵权法内部的矛盾,受到学者的广泛批评。①

三、美国法中关于胎儿保护的做法

(一)关于孩子出生前侵害的判决态度

对于活着出生的孩子在出生前遭受的侵害,在美国判例中起初并不支持孩子的请求权。被作为典型案例看待的是 1884 年的 Dietrich V. Inhabitants of Northampton 案。在该案中,一个怀有五个月身孕的母亲在损坏的街道上摔倒,因此导致胎儿早产。孩子在出生后存活了大概 15 分钟。孩子的遗产管理人向对于街道安全负有责任的市政府提起损害赔偿之诉。法院在判决中认为,孩子在受到侵害时作为母体的一部分尚不是法律意义上的人。② 因此损害赔偿请求权被法院拒绝。在该案中法院的态度很明确,要获得损害赔偿请求权必须是被侵害时具有生命的孩子已经出生。作为这一判决态度的延续,纽约上诉法院 1921 年在 Drobner V. Peters 案中认为,在受到伤害时原告尚不是一个人,而只是他母亲的身体的一部分,因此损害是针对母亲的,原告并不具有诉讼理由。③

---

① Schmidt Rudolf, Der Schutz der Leibesfrucht gegen unerlaubte Handlung, JZ 1952, 167. Ernst Wolf/Hans Naujoks, Anfang und End der Rechtsfähigkeit des Menschen, Vittorio Klostermann Verlag, 1955. S. 169.

② Dietrich V. Inhabitants of Northampton, 138Mass. 17(1884).

③ Drobner V. Peters(1921), 20A. L. R. 1504.

美国法院在1946年的Bonbrest v. Kotz案中首次在这一问题上转变态度。哥伦比亚地方法院认为，法律必须与科学的发展保持一致，医学自1884年以来已经发生了很大的进步，[1]医学已经认识到胎儿具有独立于其母亲的身体上的存在。[2] 活着出生的孩子的请求权以其受到伤害时已经具有生命能力为前提，也就是说，孩子已经发育到了在母体外可以独立维持自己的程度。在受到伤害时具有存活能力的孩子是一个具有生命力的孩子，并且也是一个能够在法庭上提起对他的侵害之诉的人，不能够仅以他是母体的一部分而否定他的赔偿之诉。[3] 本案在美国侵权法历史上具有转折性的重要意义，它首次肯定了普通法上的出生前侵害的损害赔偿请求权。

伊利诺伊州最高法院在1953年的Amman v. Faidy案中，一改其一贯的否定出生前侵害案件孩子的损害赔偿请求权的态度。在该案中胎儿因为母亲遭受可归责于他人的事故的侵害而受到伤害，孩子的代理人向法院请求孩子的损害赔偿。法院认为，一个尚未出生的具有生命力的孩子，作为能够独立的身体存在，应当被作为独立于母亲的存在。当胎儿是一个具有生命力的孩子时，他具有以免受由于他人的过失造成的身体和精神上的缺陷开始其生命的法律权利。[4]

也就是说，美国法院自承认胎儿对于出生前的侵害具有损害赔偿请求权开始，就以胎儿在受到侵害时具有生命能力为前提，这种离开母体能够独立生存的能力被作为胎儿能够成为人的判断标准。但是这种判断标准由于证明的困难，在实践中起到了阻碍受害人成功提起诉讼的不利作用。

---

① *Bonbrest v. Kotz*, 65F. Supp. 143(1946).

② *Bonbrest v. Kotz*, 65F. Supp. 139(1946).

③ *Bonbrest v. Kotz*, 65F. Supp. 138(1946).

④ *Amman v. Faidy*, 114 N. E. 2d 416 (Ⅲ. 1953).

这种情况从20世纪60年代开始有所改变。在1960年的Smith v. Brennan案中,新泽西州法院首次放弃了具有生命能力的标准。对于法院来说,在不法行为发生时,孩子是否已经具有生命能力并无区别。无论在受到伤害时是否具有生命力,孩子在出生后都具有相同的损害,因此应当被给予相同的救济机会。①也就是说,需要考虑的是随后活着出生的孩子的请求权,这种请求权与孩子在受到侵害时的发育状态没有关系。

通过这一判决法院舍弃了对于出生前侵害的救济要求孩子在受到侵害时具有生命能力的条件。只要孩子随后活着出生,他的针对出生前侵害的损害赔偿请求权都能够被支持,当然需要满足侵权法上的因果关系等要件。这一精神被《美国侵权法第二次重述》第869条(1)的评注所确定:第(1)款所确立的规则不局限于受到侵害时已经具有生命能力的未出生的孩子,也就是能够独立存在的生命。如果侵害行为以及损害的因果关系能够被合理地建立,对于发生在怀孕后任何阶段的侵害都可以予以救济。②

可见,在美国法中,对于胎儿遭受的侵害,其损害赔偿请求权也已经获得承认。在20世纪60年代以前,法院借鉴了法律人格的判断标准,将生命能力作为判断胎儿是否成为独立生命的标准。法院认为具有生命能力的胎儿虽然没有与母体相分离但是已经成为独立的个体,受到侵害的,可以主张损害赔偿。这种思路实际上是对于法律人格开始时间的提前,认为具有生命能力的胎儿虽然还没有出生,但是已经具有了独立生存的能力,成为与母亲相独立的个体。但是这种做法不但造成了举证上的困难,而且对于早期胎儿的侵害无法提供救济。虽然

① *Smith v. Brennan*, 157 A. 2d 497, 504.

② *Restatement of the Law Second*, *Torts 2d* (1979), § 869, Comment on Subsection (1).

胎儿受到侵害时尚未发育到具有生命能力的程度，但是他所受到的侵害同样表现为出生后的损害。因而法院转换了视角，从对于活着出生的孩子的救济的角度考虑，认为，基于自然正义，孩子如果活着出生，应该被赋予对于在母亲体内所遭受的不法侵害提起赔偿诉讼的权利。①这样美国司法机关实际上与德国司法实践中的做法基本一致，避免了讨论胎儿的法律地位，仅从出生后的孩子的损害的角度予以救济，而且法院也诉诸了自然法。

（二）关于胎儿继承法上的能力的规定

在美国，继承法属于州立法权限。美国所有的州都承认了胎儿的继承权，只是在具体规则上稍有所不同，大致存在以下三种规则。

1. 路易斯安那州

《路易斯安那州民法典》第 939 条规定：继承人必须在死者死亡时存在，在死者死亡时已经受胎的并且随后活着出生的孩子被作为在死者死亡时已经存在看待。按照这样的规定，胎儿在被继承人死亡时已经受胎并且随后活着出生的，具有继承地位。这样的规定与该法典第 26 条的规定是一致的，该条规定：在涉及胎儿的利益时，胎儿从受胎时起被作为自然人。如果孩子没有活着出生，他被视作从来没有作为人存在过，对于过失导致胎儿死亡的诉讼除外。可见，这种处理胎儿继承能力的方法回避了胎儿的权利能力的问题，采用了拟制的方法，将已经受胎并随后活着出生的胎儿视为已经出生的自然人。

2. 统一继承法（Uniform probate code）

美国在 1950 年以前已经存在制定统一继承法的需求，统一州法国家委员会（National conference of Commissioners on the Uniform State

---

① 65 F. Supp. 138, 142 (D. D. C. 1946).

Laws)于1969年制定了《美国统一继承法》,该法至今已被19个州接受。该法S.2-108条关于胎儿的继承权规定,在被继承人死亡时已经受胎并随后出生的孩子,如果在出生后至少生存了120小时的,被视作在继承发生时已经出生。① 这种模式比上面的《路易斯安那州民法典》规定的胎儿具有继承能力的模式提出了更加严格的要求。如果要具有继承能力,不但需要在继承发生时已经受胎并随后活着出生,而且还存在出生后存活时间的要求。

3. 弗洛伊达州法

《弗洛伊达州法》(FLA. STAT.)第732.106条规定,死者的继承人在他死亡前受胎的,在死者死亡后出生的,就像他在死者活着时出生一样能够继承遗产。这种模式的限制条件最少,它没有要求胎儿活着出生,只是要求胎儿在被继承人死亡后出生。

可见,在美国法上承认胎儿的继承能力是没有疑问的,只是在具体的限制性条件上有所不同。有的仅要求孩子随后出生;有的则要求孩子随后是活着出生的;有的则在活着出生的基础上又增加了存活时间的要求。

四、法国法关于胎儿法律保护的规定

《法国民法典》第1382条并没有对于受到保护的权利和法益的类型予以列举,因而活着出生的具有生命能力的受到侵害的孩子可以作为诉讼主体。② 1989年法国最高法院(court de cassation)在一个判决中支持了孩子的损害赔偿请求权。在该案中,一个孩子以前臂神经瘫痪

① 该条在2008年被移至2-104 (a)(2).

② Jürgen Thomas Mahr, Der Beginn der Rechtsfähigkeit und die zivilrechtliche Stellung ungeborenen Lebens, Peter lang, Frankfurt 2007, S. 236.

的残疾状态出生，这种残疾是由于肩部肌肉弹力障碍导致的。在孩子生产时由于医生不在场，因此只有一个助产士帮助生产。法院认为，医生的在场会产生比助产士在场获得较好结果的机会，医生违反义务的不在场与孩子避免上述瘫痪出生的机会的获得具有直接的因果关系，因此被告应当负有侵权责任。① 由于《法国民法典》中并没有关于权利能力的一般规定，只是在第 8 条规定，所有的法国人都享有民事权利，而且由于侵权法的结构提供了对所有可能损害予以救济的空间，因此对于胎儿的损害的救济并不存在障碍，因而胎儿的人格权能够得到法律的保护。

在继承法方面，依据《法国民法典》第 725 条的规定，随后出生的具有生命能力的婴儿与发生继承时已经出生的人一样具有继承能力。因此胎儿的继承能力是得到了明确承认的。在其他的财产权方面，按照《法国民法典》第 906 条的规定，胎儿在赠与时已经受胎的，具有接受赠与的能力，胎儿在遗赠人死亡时已经受胎的，具有接受遗赠的能力，但是权利的获得以胎儿具有生命能力出生为前提。也就是说，胎儿获得的只是一种期待权，继承权等财产权在胎儿活着出生时最终获得。

可见法国法对于胎儿的人格权和个别的财产权进行保护是没有疑问的，但是并没有对胎儿的法律地位进行规定。

五、阿根廷民法典关于胎儿的保护

《阿根廷民法典》第 70 条规定，人的生存自受胎于母体之时起开始；人可以在其出生之前如同已经出生而取得某些权利。如果母体中

---

① Court de cassation, 18 janvier 1989, Bull. civ. 1989, n°. 19, pp. 11 – 12. 转引自 Jürgen Thomas Mahr, Der Beginn der Rechtsfähigkeit und die zivilrechtliche Stellung ungeborenen Lebens, Peter lang, Frankfurt 2007, S. 237。

的胎儿出生时为活体，则即使是在和母体分离后存活一瞬间，这些权利也视为不可撤销地被取得。由于该条规定人的生存自受胎时开始，并且可以获得某些权利，那么由人的生存所产生的生命、身体、健康等人格权胎儿已经具备。按照该法第 1076 条的规定，一切侵权行为均对因该行为而使他人遭受的损害产生赔偿义务，那么对于胎儿上述人格权的侵害进行侵权法上的损害赔偿救济也是没有障碍的。第 64 条规定，只要将出生的人应通过赠与或遗产继承取得财产，则对此等人发生代理。该法第 3290 条规定，受胎的子女有继承能力。受胎的子女如果在出生时为死体，也不得继承。按照这样的规定，胎儿在出生以前已经能够获得继承的权利，权利的获得由代理人代理。

因此阿根廷法中，胎儿在出生前已经能够获得人格方面的权利以及继承的财产权利。按照《阿根廷民法典》的条文表述，胎儿只是获得“某些权利”，因此对于胎儿的保护也仅局限于一定的范围，而非全部的私法权利。

六、瑞士以及我国台湾地区关于胎儿的保护

《瑞士民法典》第 31 条第 2 款规定，胎儿在活着出生的保留条件下具有权利能力。通过这样的规定概括地赋予了胎儿一种全面的权利能力。按照这样的规定，只要活着出生，胎儿已经具有了与出生的人相同的法律主体地位，自然能够作为人格权和财产权的主体获得法律的保护。《瑞士民法典》第 544 条第 1 款对于胎儿权利能力在继承领域的体现——继承能力，进行了规定：“孩子从受胎时起在活着出生的保留条件下具有权利能力”。因此瑞士民法的这种立法模式并没有将胎儿的权利能力限定于一定的范围，是一种全面的保护。我国台湾地区“民法典”借鉴了这一规定，在其第 7 条规定，胎儿以将来非死产者为限，关于其个人利益之保护，视为既已出生。这一规定对于胎儿也提供了法律

保护，但是这种保护并非如《瑞士民法典》那般全面，只是限定于对于胎儿有利益的范围内。按照这一精神，一般认为胎儿只能享有权利，不能承受义务。对于这种规定的法律性质以及是否承认了胎儿的权利能力，法律并没有予以明确。我国台湾地区学者一般认为这一规定赋予了胎儿权利能力，而且胎儿的这种权利能力为附条件解除的权利能力。也就是说，胎儿虽然尚未出生但是已经具有权利能力，如果死产的则使胎儿溯及地丧失权利能力。① 应当指出的是，即使如学者所认为的，该规定赋予了胎儿权利能力，但是这种权利能力只是一种实质上的法律后果。也就是说，在法律后果上胎儿被赋予了权利能力，这种法律后果是通过拟制的方法达到的，立法者仍然认为权利能力始于出生；对于胎儿并非直接赋予其权利能力，而是拟制了他的出生，通过这种出生的拟制结合"民法典"第6条的规定，具有了成为法律关系主体的能力。这种做法明显不同于瑞士法。瑞士法直接规定了胎儿的权利能力。

七、结论：比较法上对于胎儿法律地位的态度

通过比较法上立法和司法实践关于胎儿保护的做法，我们可以发现，对于胎儿提供保护已经得到普遍的认可。但是对于胎儿法律地位的判断，除瑞士法明确规定胎儿具有权利能力，以及我国台湾地区"民法典"通过立法以拟制的方法实质上赋予其有限制的权利能力之外，其他国家的立法和司法仍然对其予以回避，只是通过个别的特殊规则对其进行保护。因此，比较法上这些国家虽然都对于胎儿提供一定的保护，但是在具体做法上尤其是权利能力问题的态度上还是存在一定差异的，这一点不可不查。

在继承方面，这些国家对于胎儿的财产能力采用了以活着出生或

---

① 林诚二：《民法总则》（上册），法律出版社2008年版，第126页。

者活着出生并具有生命能力为前提的肯定主义,但是对于这种能力的法律性质却没有予以明确。

对于胎儿的人格侵害问题,美国法院前期从胎儿的法律地位出发进行考虑,认为发育至生命能力程度的胎儿是独立的生命,肯定了胎儿在人格受侵害方面的法律主体地位。但是后期法院改变了态度,不考虑胎儿的法律地位仅从出生后的孩子受到损害的角度进行处理。德国法院也采用对于出生后孩子损害予以救济的方法间接对胎儿的人格权进行保护,回避了胎儿的法律地位。法国法、阿根廷法都对胎儿的人格进行保护,但是都没有说明胎儿的法律地位。

关于胎儿的保护范围,存在全面保护和部分保护两种不同的做法。全面保护的典型代表是瑞士法,其他国家的保护基本上是部分保护,仅对胎儿的部分法律关系予以确认。

我国目前已经在继承法和人格利益方面对于胎儿提供保护,但是对于这种保护的教义学基础仍存在重大争议,尤其是这些保护与民法体系中的权利能力制度的关系如何处理仍然是一个非常棘手的问题。需要通过对于我国和比较法上的相关学说的检讨来予以厘清。

第二节　胎儿法律地位的教义学和体系化解释

一、确定胎儿法律地位的必要性

比较法上大部分国家回避胎儿法律地位的做法并不可取。如果要将胎儿纳入私法的调整范围,形成法律关系,必须首先解决其法律地位的定性问题。因为民法的体系是按照法律关系建构起来的,作为法律关系的调整对象,必须在由法律主体、客体以及内容构成的体系中获得其地位,只有这样才能构成与其他法律制度的融洽体系。

美国作为判例法国家，没有严格的成文法体系，因而在胎儿的问题上可以采用一些特殊的规则予以处理，关于胎儿法律地位的判断并不迫切。法国法作为成文法国家虽然具有专门的民法典，由于没有经历概念法学的洗礼，因而法典的概念和体系并不那么严密。表现在有关制度上就是，《法国民法典》并不存在统一的权利能力的概念，而且其侵权法也采用高度概括的方式，法官的自由创造空间较大，因而并不迫切地需要对于胎儿的法律地位进行教义学解释。而德国法由于受概念法学影响，整个民法典的概念和体系比较精致和严密。其他包括我国在内的德国法系国家则继受了这种严密的民法典概念和体系，尤其是继受了德国法上的权利能力制度。因而对于民法典中关于胎儿保护的特别规定，和存在于民法典外的规定以及司法实践发展出的关于胎儿出生前侵害的保护，这些问题在本质上都涉及胎儿的法律地位问题，应当通过教义学上的解释对于这种法律地位予以整理。从而使得它与民法典中的其他制度，尤其是关于人的法律地位一般规定的权利能力制度相联系，形成民法典内部的体系和价值的连贯。也正是由于这种对于法典体系和价值融洽的追求，胎儿的法律地位问题才成为现代民法的一项重要研究课题。

二、胎儿法律地位的三种学说

关于胎儿法律地位的判断主要存在三种思路，下面分别予以阐述。

（一）胎儿并不具有权利能力

一种坚守权利能力始于出生的思路，认为胎儿并不具有权利能力。关于法律对于胎儿的特殊保护，采用拟制说或者价值存在说予以解释。

拟制说为立法者所广泛采用。德国民法以及法国民法针对胎儿多采用拟制的方法，通过拟制，胎儿获得与已经出生的人相同的法律地位。拉伦茨也认为,法律关于胎儿权利保护的特殊规定,并不是对于胎儿权利能力的承认,而是一种拟制。当法律严格执行在母体中的胎儿尚不具有权利能力的基本原则时,考虑到《德国民法典》第 1923 条第 1 款的基本原则,尚未出生的孩子并不能继承他父亲的遗产。为了避免这样明显不合理的结果,法律进行了拟制:按照《德国民法典》第 1923 条第 2 款,对于继承后果,如果孩子在继承发生时受胎并且随后活着出生的,视作他在继承发生前出生。① 通过拟制,未来的人在活着出生的前提下与已经出生的人具有相同的地位。② 通过抑制,法律在隐藏一些事实,并在维护一些本已不再成立的规定。学者认为,《法国民法典》通过第 725 条和第 906 条将胎儿限制的获得能力隐藏在拟制之下。③

通过拟制达到的法律后果与承认胎儿具有权利能力的后果并无本质不同。采用拟制的原因在于学界仍然坚守权利能力与出生相联系的规则,与其改变这一规则,不如拟制一种出生的事实。可见出生与权利能力的获得两者之间的紧密联系是一种根深蒂固的观念。学者认为,如果承认胎儿的部分或者相对权利能力对于法律来说并非是不可想象的,那么拟制就是不必要的了。④ 因此,拟制与承认胎儿具有权利能力并不存在冲突。

关于通过司法实践发展出的对于胎儿出生前的侵害的保护,有学者经过考察认为胎儿并不具有权利能力,法律所保护的是一种价值。

---

① Karl Larenz, Allgemeiner Teil des BGB Rechts, 5. Auflage, C. H. Beck, München 1980, S. 80.

② Klaus Saerbeck, Beginn und Ende des Lebens als Rechtsbegriffe, Walter de Gruyter, Berlin 1974, S. 42.

③ Karl August Deynet, Die Rechtsstellung des Nasciturus und der noch nicht erzeugten Person im deutschen, französischen, englischen und schottischen bürgerlichen Recht, Alfred Metzner Verlag, 1960, S. 178.

④ Josef Esser, Wert und Bedeutung der Rechtsfiktionen, Vittorio Klostermann, Frankfurt 1969, S. 170.

该学说认为，胎儿的权利被侵害的能力的问题按照现有制定法并不存在一般有效的答案，它或者被民法典关于权利能力的规定所忽视；或者不被允许对于特别规定的类推适用。这些特别规定具有狭窄的解释可能性，只有在法律规定的特别规定的情况下才可以适用。按照民法典关于权利能力的清楚表达，胎儿既不能具有权利能力，也不能具有权利被侵害的能力，也不能具有一般的权利能力拟制。胎儿并非法律主体，只是一种作为受宪法上基本权利保护的具有保护价值的价值存在。①

按照这种看法，胎儿只是一种受到宪法保护的价值存在，这种价值尚未得以私法化成为私法特定制度的内容。这种看法虽然有一定的根据，但是整个私法体系都是对于宪法价值的贯彻以及具体化。宪法确立了一种连贯的价值体系，这种价值对于民法制度的解释和适用具有指导和补充作用。因此，虽然胎儿的权利能力并未被民法典中关于权利能力的规定所确认，而只是作为一种宪法上的价值存在，但是并不能以此推断胎儿的权利能力就被民法所排除。而民法作为宪法的下位法，恰恰应当遵循和贯彻宪法关于胎儿价值的判断对于胎儿的权利能力予以承认。

我国大部分学者也持不承认胎儿权利能力的观点，具体又可区分为预先保护说与依附母体说。预先保护说认为，胎儿与出生后自然人具有生物同体性，如依权利能力之不具备而将胎儿排除在法律保护之外，势必带来诸多弊端，尤其是伦理上的问题。但是就胎儿期间设定保护，在技术上仍然要严格维护法律逻辑。否定胎儿的主体性，不承认其具有权利能力，而仅通过对出生后自然人的某些利益进行预先保护，来

---

① Günther Stumpf, Die Verletzungsfähigkeit des Nasciturus, Dissertation der Universität Köln, SS. 60 – 61.

达成对胎儿的保护。① 依附母体说认为，胎儿并不具有权利能力，权利能力的取得必须始于出生，没有出生就不可能作为一个独立存在的生物体享有权利能力。而胎儿在没有出生之前，完全依附于母体，不可能成为区别于母体的一个独立的生物体存在，所以不能成为具有民事权利能力的主体。②

不承认胎儿具有权利能力的学说坚守权利能力始于出生的规定，将出生与权利能力的获得紧密地联系在一起。该学说认为人在出生以前具有权利能力是不可思议的事情。以此为基础，将法律关于胎儿的调整和保护仅视为一种特殊的保护，属于法律的例外性规定。需要指出的是，权利能力与出生的联系建立在伦理和价值的判断基础之上。随着社会的发展，尤其是医学以及生物技术的发展，人们关于人在胎儿阶段的认识逐渐增加，认识到胎儿已经具有了人的属性，具有了人的价值，在一定程度上成为一种自我的目的。在这样的伦理和价值判断之下，仍然坚守权利能力始于出生的教条是否适当，值得进行深入的反思。

(二)胎儿具有全面的权利能力

由于现代医学和生物学的发展，人们认识到人的生命从受胎时就开始了。因而存在承认胎儿具有权利能力的观点，这种对于胎儿全面权利能力的承认又可区分为绝对的全面的权利能力和相对的全面的权利能力两种观点。

绝对的全面权利能力说认为，人的权利能力始于受胎。这一观点

---

① 龙卫球：《民法总论》(第2版)，中国法制出版社2002年版，第202页。

② 王利明：《民法总则研究》，中国人民大学出版社2003年版，第338页。

与医学与生物学的认识，以及自然法和现行法相一致。[①] 并进而认为这种权利能力不依赖于胎儿是否活着出生，即使死亡出生的胎儿仍然具有权利能力。尚未出生的孩子生存于母体中，也会在母体中死亡并且以死亡的状态出生，其事实情况与孩子出生后死亡并无不同。死亡只是结束权利能力，并不能取消已经存在的权利能力。[②]

但是这种观点与某些情况下孩子的权利的取得是以活着出生为前提的规定是矛盾的。比较法上一般认为胎儿虽然获得了继承能力，但是继承权的获得是以活着出生为前提的。还有依据现有各国的司法实践，胎儿在出生前遭受的侵害，只有在活着出生后才能具有损害赔偿请求权。这样的法律规定以及司法实践与胎儿具有全面的权利能力的学说相矛盾。因为既然胎儿从受胎时起就获得了全面的权利能力，那么胎儿从受胎时起就应当具有继承权和损害赔偿请求权，而不应当在胎儿没有活着出生时消灭。为了解决这一矛盾，该学者认为，这些权利的作废并非因为权利能力以死亡出生为条件的取消，而是由于其他原因。并认为在《德国民法典》第 1923 条关于继承的规定的情形，附有撤销条件的并非是胎儿的权利能力，而是作为继承人的资格。[③]

相对的全面权利能力说认为，应当采用瑞士法关于胎儿权利能力的规定，对于胎儿予以总括保护。[④] 按照这种意见，胎儿在活着出生的前提条件下，具有全面的权利能力，但是这种相对全面的权利能力的观点与上述绝对的全面权利能力的观点存在一定的差异。后者认为胎儿

---

① Ernst Wolf/Hans Naujoks, Anfang und End der Rechtsfähigkeit des Menschen, Vittorio Klostermann Verlag, 1955, S. 230.

② Ernst Wolf/Hans Naujoks, Anfang und End der Rechtsfähigkeit des Menschen, Vittorio Klostermann Verlag, 1955, S. 231.

③ Ernst Wolf/Hans Naujoks, Anfang und End der Rechtsfähigkeit des Menschen, Vittorio Klostermann Verlag, 1955, S. 231.

④ 梁慧星：《民法总论》（第 3 版），法律出版社 2007 年版，第 89 页。

具有绝对的全面权利能力,这种权利能力从胎儿受胎时起绝对地开始,并不受其是否活着出生的影响,即便胎儿没有活着出生,其已经存在的权利能力也不受影响。而相对的全面权利能力则以胎儿活着出生为前提,如果胎儿没有活着出生的,胎儿的权利能力并不获得,或者溯及既往消灭。

虽然承认胎儿具有完全权利能力的学说与现代医学等科学关于胎儿的认识相一致,能够有效地避免现行立法以及司法实践对于胎儿权利能力保护的迂回曲折的做法,但是其法律后果,尤其在财产权方面,与既有立法以及司法实践的价值判断相违背。现行立法赋予胎儿一种预先的财产资格,是因为胎儿即将出生并需要财产以维持人格的存在与发展,因此要求胎儿在活着出生时才现实地获得这些财产权利。如果胎儿没有活着出生,那么这种预先保护是没有丝毫意义的,只会造成对于现实生存的人的不利。而如果为了避免这种价值判断的背离,则需要通过对于其他方面的资格的限制,例如上述的继承人资格。但是这种做法对于既定法的相关制度是一种重大冲击,甚至必须改变相关规则。因此这种全面权利能力的学说也不能够很好地解决胎儿的法律地位问题。诚如学者所言,虽然人和人的存在是一个持续的发展过程,开始于受胎终结于死亡,但这并不必然导致法律必须无条件地在任何方面都将全面的权利能力尤其是财产能力连接于本身就是逐步实现的生物发展过程的开端。因为法律必须实现秩序功能,因此必须考虑法律安定、合目的性和可执行性。① 尤其是权利能力本事就是法律技术的产物,与自然法上的人格概念有所不同。因此,法律无须也无法完全与自然法保持一致,只要法律能够通过其他方法实现伦理价值,无须将全面的权利能力赋予胎儿。

---

① Fritz Fabricius, Relativität der Rechtsfähigkeit, C. H. Beck Verlag, 1963, S. 114.

（三）胎儿具有部分（限制）的权利能力

立法以及司法实践中对于胎儿个别方面的保护，提供了在这些领域承认胎儿具有部分或者限制的权利能力的可能性。德国学者Enneccerus-Nipperdey提出“限制权利能力”说，认为尚未出生的孩子在活着出生的条件下，被视为法律主体。也就是说，在活着出生的条件下被赋予限制的权利能力。① 学者Rudolf Schmidt也认为，形成中的人从受胎之日起就具有缩小的权利能力，这种权利能力被限定于某一范围之内。② Palandt-Dankelmann认为，虽然胎儿并不具有权利能力，但是法律的特别规定事实上导致了他的限制权利能力。③ 学者Fabricius提出部分权利能力说，认为法律关于全面权利能力的规定并不排除那些并未被赋予全面权利能力的主体具有部分权利能力的可能。谁在这一或者那一情况下是一种主观权利的主体的问题，是一个解释的问题。④ Staudinger Kommentar的作者认为，平等原则要求所有的人都具有权利能力，但这并不排除民法法律秩序使用部分（限制）权利能力的概念。当所有的人具有全面的权利能力时，平等原则已经满足了。⑤ Münchener Kommentar的作者认为，为了承担胎儿宪法上的受保护地位的任务，（私法上）必须部分地类推适用法律关于胎儿保护的规定，因而产生了胎儿的限制权利能力的结果。⑥

我国台湾地区的立法实际上也确认了胎儿的限制权利能力。因为

① Enneccrus-Nipperdey, Allgemeiner Teil des bürgerlichen Rechts, 15. Auflage, 1959, § Ⅱ84,3, S.479.

② Rudolf Schmidt, Der Schutz der Leibesfrucht gegen unerlaubte Handlung, JZ 1952,167.

③ Palandt Danckelmann, BGB 1959, §1, Anm.3.

④ Fritz Fabricius, Relativität der Rechtsfähigkeit, C. H. Beck Verlag, 1963, S.111.

⑤ Habermann /Weick, Staudinger Kommentar BGB, §1, RdNr. 3, S.138.

⑥ Jochem Schmitt, Münchener Kommentar BGB, Band 1., §1, SS.121 – 122.

台湾地区“民法典”第7条关于胎儿权利能力的规定是以关于胎儿利益的保护为范围的。也就是说,胎儿能够享有权利能力的范围局限于对胎儿有利的法律关系。王泽鉴先生也认为,凡关于胎儿利益之保护,均视为既已出生,但不及于义务的负担。① 这样所确立的事实上是一种限定于一定范围的部分权利能力。

但是这种限制权利能力的观点也受到了学者的批评。学者认为,权利能力的概念源于理性法的影响,它并不能被分割为个别的地位也不能被限定于特定的可能的内容。它独立于特定人能够拥有的权利义务的种类和数量。尤其是它并不要求拥有所有的法律上的可能的或者习惯上存在的权利和义务,只要拥有不管何种类型的某种权利或义务就足够了。② 也就是说,权利能力被理解为高度抽象的拥有权利的资格,而不管能够拥有的权利的数量和类型。但是这样理解的权利能力是有问题的。权利能力源于伦理上的人的价值和尊严,其范围必须依赖这种伦理上的人的形象予以确定。也就是说,与人的尊严和价值相关的权利能力必须被承认,而并不是只要拥有某种权利或义务就足够了。

另外一种反对限制权利能力的观点认为,从哲学的角度来看,作为人格基础的特性是意志和自我意识的统一体,拥有权利和义务的可能性不可分割地与这种意志的统一体联系在一起。因此,相对的或者非全面的法律人的概念从法哲学的基础是不能被接受的。③ 权利能力只能被整体的承认或者拒绝。④

---

① 王泽鉴:《民法总则》,中国政法大学出版社2001年版,第106页。

② Ernst Wolf/Hans Naujoks, Anfang und End der Rechtsfähigkeit des Menschen, Vittorio Klostermann Verlag, 1955, S. 208.

③ Larenz, Zu Lehre von der Rechtsgemeinschaft, Jherings Jahrbücher 83/1933, S. 152.

④ Ernst Wolf/Hans Naujoks, Anfang und End der Rechtsfähigkeit des Menschen, Vittorio Klostermann Verlag, 1955, S. 209.

（四）小结

我国与比较法上对于胎儿法律地位的这几种观点，都尝试将胎儿纳入既有民法体系，从而满足现代社会对于胎儿予以法律保护的要求。否定胎儿具有权利能力的观点，严守传统学说关于权利能力始于出生的认识，并不承认胎儿具有权利能力，但是认为胎儿可以得到法律特别规定的保护。这种观点仍然将胎儿的保护置于游离于权利能力制度之外的个别特殊规定，并未实现其向民法体系的融入。但是事实上法律对于胎儿的保护已经使得胎儿进入了法律的调整范围，在某些方面具有了权利能力。完全否认胎儿在个别方面的权利能力，事实上是对于权利能力一定与出生相联系的教条的顽固坚守，并为了实现这种坚守而拟制出胎儿的出生从而获得权利能力。殊不知，在拟制的背后一定是已经存在着价值观念的变迁，只有社会观念和法律价值已经在某些方面认可了胎儿的权利能力，才会存在拟制出胎儿权利能力的必要。因而，与其否定胎儿的权利能力，再通过拟制等方法达到赋予胎儿权利能力相同的效果，不如干脆承认胎儿在某些方面的权利能力。

承认胎儿具有全面权利能力的观点突破了传统民法关于权利能力一定与出生相联系的局限，认识到赋予胎儿权利能力的必要性。但是这种观点完全立足于自然法的应然价值，忽视了法律的现实局限。法律作为一种应然与实然的对应，必须以现实的方法去实现应然的价值，因而现实的限制性条件必须予以考量。胎儿尚未出生，其参与的社会关系极为有限，而且其社会性标识也不明确，因而承认其全面的权利能力既无必要，也会造成法律秩序的不安定。

相对来说，承认胎儿的限制权利能力或者叫做部分权利能力是一种比较合理的方案。首先，这种做法通过建立胎儿法律保护与权利能力之间的融洽对接，避免了拟制说或者预先保护说等不承认胎儿权利能力的学说为了寻求胎儿法律保护的理论基础而进行的迂回的复杂的理论探讨，不但节省了理论成本而且维护了民法的体系。其次，限制权利能力说同时避免了全面权利能力说所对于社会交易安全以及民法体系所带来的冲突。最后，反对学说对于胎儿部分权利能力的批评并不有力。① 第一种批评意见建立在一般权利能力的认识上，认为权利能力是一种抽象的作为一般法律秩序主体的能力。只要在任何一种法律关系中具有权利能力就是具有了全面的权利能力。这种认识有所偏差，但是按照本书第三章所述，传统权利能力制度所规定的抽象的一般权利能力是以整个法律秩序的主体能力为视角构建起来的，是一种全面的权利能力。一般认为，被赋予这种权利能力者能够在其所需要的几乎所有的法律关系中具有权利能力。并非一种仅在任何个别法律关系中具有的权利能力。第二种批评意见从哲学上人格的角度出发，认为人格的基础是意志和自我意识的统一体，因而权利和义务的享有也因此是不可分割的统一体。其实这种观点过于坚持哲学上的人格认识，而有失偏颇。哲学上的人格的确是一种以意志和理性为基础的自我负责的统一形象，而且这些对于社会生活的观察也是统一的；但是法律上的人格并不存在统一的整体概念，民法上的权利能力概念也只是对于哲学人格某一层面内容的确认，而且民法对于法律生活的调整也并非统一的，而是将其分割为物权、债权、人格权等法律领域。法律人格和法律关系的这种层面的和分割的属性为权利能力的分割——部分权利能力，提供了可能和前提。

接下来，我们按照准人格的研究思路，对于胎儿的人格要素状态进行研究，继而在此基础上论证胎儿具有部分权利能力的内容和范围。

① 参见上述第（三）“胎儿具有部分权利能力”部分的批评意见。

第三节 胎儿具备部分的人格要素存在

胎儿作为人类生命的萌芽阶段，是人格成熟发展之路的初始阶段，已经具有了成熟人的生物性存在部分。这些存在具有了人格价值和尊严，是其准人格存在的基础。

一、胎儿具有生命、身体等部分人格要素

人的人格特性最早从胚胎形成开始并随着胚胎的发育逐渐现实地产生。早在100年以前，现代医学的研究成果就推翻了胎儿作为母亲身体一部分的观点。① 处于胚胎状态的人并不能被作为母亲器官的一部分，它更多的是一种生命的存在。生命的发展是一个持续的过程，胚胎的主体性最早产生于人类的卵子和精子的结合，在卵子和精子结合后很短时间后，父母双方的DNA就开始结合，也就是父母双方的单倍染色体进行融合，构成完整的双倍染色体。在这时孩子的所有特性就被确定下来了，性别、眼睛、皮肤和头发的颜色、潜在的身高等属性都被不可改变地予以确定。② 但是在受精卵尚未着床的早期，每一个细胞都有分裂并自主发展的能力，因此可能会产生双胞胎或多胞胎。这种分裂能力一直到胚胎在子宫内壁着床后才丧失，这个时间大概在受精后第13天左右。也就是说，在受精后还存在14天的时间，受精卵是发育成一个人还是两个或多个基因相同的人，尚未确定。③ 因此，德国联邦

① Bumm, Grundriß zum Studium der Geburtshilfe, 10. Auflage, Wiesbaden 1914, S. 79.

② Monika Lanz-Zumstein, Die Rechtsstellung des Unbefruchteten und befruchteten menschlichen Keimguts, Verlag V. Florenz, München 1990, S. 278.

③ Schreiber-Popovic, Medizin Heute 1985, 18.

宪法法院认为，人的状态是从受精卵着床时才被承认的。[①] 但是有学者指出，仅仅因为个体具有潜在地发展为多人的能力就否定他作为人的存在是不具有说服力的，这只是对于个体的微不足道而非本质的改变。[②] 虽然直到受精卵着床时发展为一人或多人才最终被确定，但是从受精之时起，人的自我发展的基因过程被确定，所有的决定人的未来个性的信息和遗传特质相互结合在一起，并具有发展成熟为人的潜能。受精卵从受精时起作为新形成的价值（人）的组织体因此具有人的特性，[③]正是这种主体特性造就了人格特性和法律主体性。[④] 笔者认为，这种观点具有合理的成分，从受精时起，新的人类价值就开始形成，人开始了他的发育的过程。但是，由于人在此时还并未最终确定，人的发育还存在着多种可能，有可能发育为两人或多人，只有在受精后第14天受精卵着床之后，人的一切的属性才最终确定下来。因此，我认为，对于胎儿的保护，还是应当从受精后第14天开始。但这并不说明从受精时起到受精第14天这一段时间的受精卵不受法律保护，它应当由专门的胚胎保护法予以特别调整。

如果说在胚胎产生之时，它的一切的人的人格特性还只是潜在地具备，还只是一个潜在的人，那么随着胚胎的发育，人的各种人格特性逐渐现实地具备。在受精后的第三周，人们已经能够清楚地看到胎儿躯体的重要部分，尤其是心脏，在第21天胎儿的心脏已经开始有规律地跳动。在第三周末已经发育出了部分躯干，第五周末手指和牙齿已经可以辨识了。作为孩子精神能力必要基础的大脑和神经也很早就产

---

① BverfG 39，37.

② Paul Krauß，Medizinischer Fortschritt und ärztliche Ethik，C. H. Beck，München 1974，S. 18.

③ Monika Lanz-Zumstein，Die Rechtsstellung des Unbefruchteten und befruchteten menschlichen Keimguts，Verlag V. Florenz，München 1990，S. 288.

④ Gassen，Der Stoff aus dem die Gene sind，München 1986，Fußn. 430，S. 92.

生并开始适度地发展，大概从第 21 天到第三个月结束，胎儿不仅产生了外部的躯体形态，大脑也开始形成了。最早在第三个月末，胎儿所有的器官都已经完全发育结束。孩子也并非是在出生后才开始第一次呼吸，胎儿在母体中的最后一个月已经开始呼吸了，只是这种呼吸是浅呼吸而非深呼吸，吸进肺部的也并非空气而是羊水。[①] 新生儿在出生后所具有的生命活动，胎儿在母体内时也几乎完全具有了。因此，会出现母亲因出现意外事故死亡，而胎儿仍然能够被活着取出的现象。

也就是说，医学上已经认识到，生命开始于受精。从此时起人的生命朝向由基因确定的形态发展，并将逐步发育成具有理性的人的存在。人的生命从开始就是被给予的，然后它无时无刻不在发展自己。每一个发展阶段的标志只是涉及伦理和道德价值的评价，以及应当从何时开始保护的问题，并不能导致对于人的生命开始的随意确定。每个人的人格特性和主体特质开始于胚胎融合。从受精后第 14 天开始，受精卵发育为胎儿。从此时起，胎儿的一切属性最终潜在地确定下来，并逐渐地去发展和实现这些属性，具有了人的价值。以此为基础，胎儿已经具有了确定的生命、身体和健康这些基础性的人格要素形态。

二、胎儿具有宪法上的人格尊严

伦理学作为反思人类行为的科学，相较于自然科学更难以获得人们的广泛认可，它不能够通过实验进行检验。因此人们仅思考那些获得一致同意的规则，这些规则涉及对于人格人的精神发展的保护，或者

① Ernst Wolf / Hans Naujoks, Anfang und Ende der Rechtsfähigkeit des Menschen, Vittorio Klostermann, Frankfurt 1955, S. 130.

涉及对于人也包括动物的毫无理由地遭受苦难的禁止。① 作为法律外的学科,伦理应当在方法论的框架内作为宪法的法源。② 伦理支持对于法律规范意义的确定的解释,起到一种启发性的指导作用,提供了一种与法律规定的概念和目的相近的解释。③ 而且伦理规范中得到广泛承认的价值通过宪法的基本权利转化为宪法中的条款,从而获得制定法意义上的广泛承认并成为一个国家的精神体现;确立了一种指导立法、司法和行政系统的全面的价值体系。因此,宪法的价值成为部门法立法和法律解释的正当性基础。

人格尊严是承认人具有一种内在的价值。人具有这种内在价值是因为个人为了他自身的缘故充满了价值,这与人是否对于其他任何人或任何物有用无关。④ 这种认识源于康德对于人的尊严的认识,康德认为,人自身就是目的,永远不能把人当作实现目的的工具。也就是说,人只能被作为尊重的对象,而不论是否被他人所喜欢。

胎儿作为新形成的人的初始阶段,已经具有了决定人的所有特征的基因构成,并具有了自我发展和完善的能力,具有了人的尊严因而不能被作为实现其他目的的工具。德国联邦宪法法院认为,只要具有人的生命的存在,就具有人的尊严。胎儿作为独立的法律利益受到宪法的保护(《德国基本法》第 2 条第 1 款和第 1 条第 1 款)。国家的保护义务不但禁止对于自我发展的生命的直接的国家侵入,而且要求国家对

① Bernhard Rütsche, Rechte von Ungeborenen auf Leben und Integrität, Dike Verlag, Gallen 2009, S. 39.

② Pawlowski, Die Bedeutung der Philosophie für die Rechtswissenschaft, Springer Verlag, Berlin 2001, S. 23.

③ Bernhard Rütsche, Rechte von Ungeborenen auf Leben und Integrität, Dike Verlag, Gallen 2009, S. 40.

④ Bernhard Rütsche, Rechte von Ungeborenen auf Leben und Integrität, Dike Verlag, Gallen 2009, S. 316.

于胎儿提供保护和促进。[1] 因此胎儿已经具有了宪法上的人格尊严，具有了宪法上的主体地位。由于宪法作为一个国家的最高法律，确立了一种价值秩序。这种秩序为民法上对于胎儿的主体性的承认提供了正当性的基础，而且民法也必须对于这种宪法上的主体性予以实现。

我国宪法实际上也确立了胎儿的主体地位，我国《宪法》第 33 条第 3 款规定，国家尊重和保护人权。由于胎儿已经具有了人的生命以及人的基本特性，因此胎儿也是《宪法》第 38 条所规定的人格尊严的保护对象。

综上所述，由于胎儿已经具有了潜在的人的形态和要素，并通过自我发展不断对其予以实现，以此为基础具有了伦理上和宪法上的人的尊严。这种尊严只能被尊重而不能被利用。因此，胎儿具有了自我的目的，应当被作为人予以尊重、被作为主体予以对待，从而应具有部分权利能力。

第四节　胎儿具有部分权利能力

在《德国民法典》立法之时，已知的医学知识已经清楚地为未出生生命法律上的承认提出了建议。它已经作为一项明确的立法任务被看待，对于已经存在的生理事实应当通过法律规则去接纳和延续。[2] 而且德国旧的法律秩序尤其是《普鲁士一般邦法》(ALR)第 10、11 条和第 12 条第 1 款[3]已经规定了未出生人的法律地位。但是立法者仍然坚持了罗马法的传统，确立了僵硬的人的生命开始于出生并因此获得权利能

---

① BverfGE 39, 1.

② Nachträge zu der gutachtlichen Äußerungen zum Entwurf des BGB, Berlin, 1891, S. 34.

③ 《普鲁士一般邦法》第 10 条规定：人的一般的权利也适合于尚未出生的孩子，从他受胎时起开始。第 11 条规定：对于出生的孩子负有照顾义务的人，对于尚在母体中的孩子具有相同的义务。第 12 条第 1 款进行了一定的限制：在孩子活着出生的保留条件下，尚未出生的孩子就像在受胎时已经真实地出生一样享有民法权利。

力的标准,仍然没有能够决定对于胎儿的权利能力在民法典中以制定法的条文予以确定。

虽然现代医学以及生物技术的发展,已经促使司法实践对于胎儿予以保护,但是关于胎儿是否具有权利能力,立法和司法仍然没有明确的态度,因而这一问题仍然处于悬而未决的状态。但是对于胎儿权利能力的确认已经是一项迫切的要求,这尤其表现在胚胎保护领域。随着生物科技的发展,试管授精越来越多,更增加了对于胚胎的法律地位的认定的迫切性。无论胚胎是否随后活着出生或者产生于母亲的体内或者体外,他作为形成中的人的法律保护必须予以承认。关于他的生命和身体不受侵犯的宪法保护已经得到德国宪法法院的承认。①在民法中对于胎儿法律地位确认的极为迫切的需要表现为受到侵害时的排除妨害请求权。这种排除妨害请求权对于胚胎的保护具有重要意义,是针对侵害的最直接的保护方法。这种请求权的存在必须以他具有生命权和身体权为前提,而权利的享有以其具有权利能力为前提,因此胎儿的权利能力必须得到明确。虽然胎儿还无法自己行使该请求权,但是可以由其父母代为行使。

一、民法的既有规定与司法实践事实上确认了胎儿的部分权利能力

我国和比较法上既有立法关于胎儿保护的个别规定以及司法实践对于出生前侵害的救济事实上已经确认了胎儿的准人格状态,为胎儿具有权利能力做了准备工作。

胎儿在财产方面的能力在比较法上已经得到了充分的认可。胎儿在继承和受遗赠方面作为受益人是没有障碍的,只是要求胎儿以活着

① BverfG, NJW 1975,573,575.

出生为条件。虽然胎儿在活着出生时才最终获得财产权利,但是他已经具有了这些财产权利的先期权利或者候补性权利,这种权利提供了作为未来权利基础的临时性保护。这些做法究其本质是对于胎儿权利的承认,也就是间接地对于胎儿的权利能力的承认。即便是“拟制说”其法律后果也是对于胎儿的权利能力的间接承认。

在人格保护方面,现有的不承认胎儿部分权利能力的侵权法保护理论存在重大障碍。由于我国主要继受了德国的侵权法理论,虽然并未采用类似《德国民法典》第 823 条和第 826 条的递进式侵权法构造,但是侵权法的基本理论沿用的是德国法的做法。因此,法定的权利或利益是侵权行为侵害的前提,我国《侵权责任法》第 2 条也对此进行了明确,承担侵权责任必须是法律上的民事权益被侵害,①并且对于主要的民事权益进行了规定。也就是说,按照这一规定,在我国构成侵权责任前提的也必须是民法上的权利和利益,自然法上的权利并不能成为《侵权责任法》保护的对象。因而,虽然我国司法实践中对于胎儿提供侵权法上的救济,但是这种救济本身存在理论上和教义学上的障碍。由于传统理论并不承认胎儿的权利能力,那么胎儿的各种利益都不能作为民法上的权利和利益,至多只能算做自然法上的权利,而这种权利其实是不能获得侵权法保护的。

在德国法中,虽然法院通过将对于胎儿的损害转化为出生后的孩子的损害的方法试图回避胎儿的权利能力,但是这种做法并不能圆满地解决问题。按照德国法系国家侵权法的构造,侵权法对于损害的救济以受害人受到不法侵害为前提,并因这种侵害而遭受损害。侵害的概念内在地要求存在侵害前后两个状态,因为侵害是使一种状态变坏。因此,相对于侵害后果来说存在一个侵害的前在状态(Präexistenz)是必

① 我国《侵权责任法》第 2 条规定:侵害民事权益,应当依照本法承担侵权责任。

需的。[1] 但是,如果像德国联邦法院坚持的那样,争议的焦点并不是胎儿或者尚未受胎的人的损害,而是带有疾病出生的孩子的损害,[2]完全不考虑胎儿而仅针对出生后孩子的话,侵害前的状态是不存在的。因为孩子从出生时起才具有权利能力成为法律上的人,胎儿所受到的身体和健康的不利后果在此时转化为出生后孩子的法律意义上的侵害后果。也就是说,孩子自其作为法律上的人开始就处于一种被侵害后的状态,因而并不存在一个与侵害后果相对的侵害前状态。

德国联邦法院试图通过一定的方法来解决这一障碍,将受到第 823 条第 1 款保护的人格法益与主观权利相区分。法院认为主观权利是通过法律予以界定的,因此在所有权产生以前对于所有权的侵害是不可能的,然而人格法益却并非如此。法院同时认为,受到第 823 条第 1 款所保护的人格法益的特殊存在不能被作为权利对待,它以整个法秩序为出发点,是人的人格特性的表现,是自然与创造的一部分。它是生命的表现,是生命自身的价值。每个人都对这些人格法益享有权利,并基于此对于他的机体成长享有免受人为干扰和侵害的权利。[3] 并且任何对于这种机体成长过程的干扰都是对于这些人格法益的侵害,而以疾病或残疾等不利状态出生的孩子的内在的生命过程受到了人为的干扰,没有接受到由自然和创造为人类生命机体所赋予的健康状态。法律判决必须尊重这一自然现象和过程。因而对于健康的侵害和干扰并不能通过法律技术的逻辑概念予以确定,而必须从自然和创造出发,对于该自然事实予以承认。[4] 德国联邦法院试图诉诸自然和创造,将由自

---

① Ernst Wolf/Hans Naujoks, Anfang und End der Rechtsfähigkeit des Menschen, Vittorio Klostermann Verlag, 1955. S. 169.

② BGH, JZ 1953, 308.

③ BGH, JZ 1953, 308.

④ BGH, JZ 1953, 308.

然和创造为人类生命机体所赋予的健康状态作为认定侵害所必需的侵害前状态。

然而德国联邦最高法院的这种解决方法存在逻辑和体系上的障碍。

首先,作为其出发点的是第823条第1款中主观权利和人格法益的区分。但是值得注意的是,联邦法院通过判决发展出的一般人格权也被认为是该条所包括的其他主观权利,而且由于生命、身体、健康这些人格法益又被认为是一般人格权的具体化,因而也应当是主观权利。①这样,联邦法院关于人格法益并非主观权利从而对于它们的侵害不能通过法律技术予以判断的论证就是存在问题的。

其次,德国联邦法院作为人格法益与主观权利的区分标准也是有问题的。德国联邦法院认为生命等人格法益是自然和创造的产物,因此不同于主观权利,这种做法诉诸了自然法。但是正如学者所指出的,自然法并不局限于机体的生命或者生命利益的范围,它和实证法一样包括了所有的存在领域和权利,人格权和其他的主观权利都不能够被排除。②

再次,即使认为人格法益是一种不同于主观权利的法益,但是既然作为一种法律上的利益必然要受到法律的限制,其概念也必需由法律所界定。这种人格法益作为一种法律上的利益也只能存在于出生后,因为只有具有权利能力,人格法益才能作为一种法律上的利益。因此,对于出生后的孩子的健康受到侵害而言,仍然不存在一种侵害前的状态。

---

① Fritz Fabricius, Relativität der Rechtsfähigkeit, C. H. Beck Verlag, 1963, S. 9.

② Ernst Wolf/Hans Naujoks, Anfang und End der Rechtsfähigkeit des Menschen, Vittorio Klostermann Verlag, 1955, S. 176.

德国联邦法院试图诉诸自然和创造这些制定法之外的自然法上的权利去论证出生前的人的生命过程应当被考虑,并被作为出生后孩子受到侵害的基础。法院认为以病态出生的孩子并没有接受到由自然和创造赋予的生命的健康状态,即法院将由自然和创造所赋予的生命的健康状态作为一种侵害前状态。这种诉诸自然法的判决显示了联邦法院的智慧,但是仍然不能解决问题。学者认为,联邦法院向自然法的回归最终导致了与制定法的矛盾,这种回归是为了能够解决问题而采用的有些随意的方法。① 侵权法作为制定法,其内在结构所要求的对于法律上的利益的侵害,只能对于实证法上的权利予以保护,这种自然法上的权利并不能作为侵害的前在状态。

因此,必须承认胎儿的权利能力。只有胎儿具有权利能力,他的生命、身体和健康才能够作为一种法定的权利;对于这些权利的侵害才构成违法行为。这样的侵害作用于胎儿的生长发育过程并在孩子出生时表现为最终的受侵害状态。这样才能够逻辑一贯地满足侵权法的结构要求,彻底解决出生后孩子的损害赔偿请求权。也就是说,司法实践对于出生前侵害的救济,内在地包含了对于胎儿权利能力予以承认的要求。

综上所述,立法关于胎儿的财产权利的保护以及司法关于胎儿人格权利的保护实际上是对于胎儿在这些个别的财产和人格领域作为权利主体的能力的承认,为进一步承认胎儿具有部分权利能力提供了法律基础。

二、胎儿应当具有与其准人格状态相应的部分权利能力

法典关于一般权利能力始于出生的规定,并不排除关于特殊主体的特殊权利能力的特别规定。虽然胎儿并不具有理性,也不具有实现

---

① Ernst Wolf/Hans Naujoks, Anfang und End der Rechtsfähigkeit des Menschen, Vittorio Klostermann Verlag, 1955, S. 176.

这种理性的身体，因而并不能够作为普遍法律秩序的一般主体，但是其已经具有了生命、身体、健康等部分人格要素，具有人的尊严和价值。为实现这些价值，法律必须在与此相关的法律关系中承认其具有部分权利能力。

胎儿并不具有全面的一般权利能力。虽然基于医学和生物学的知识，人的生命从受胎时开始，从此时起具有了天赋的生命、身体和健康的权利，这种权利需要得到法律的保护。而且胎儿将来的权利也需要保护，即胎儿需要具有一定的权利能力。但是却并不代表胎儿要具有全面的权利能力。因为一般权利能力是制定法的产物。虽然关于人和生命的认识建立在医学和生物学的基础上，但是制定法的规定除了这些考量因素之外，更要考虑到法的确定性和可操作性，制定法关于一般权利能力始于出生的规定并不存在严重违反正义之处。法律通过个别的规定赋予了胎儿相应的保护，因此法律关于一般权利能力始于出生的规定还是有效的。我们对于胎儿的一般权利能力的设计不能够严重违反这一规则。

胎儿应当具有部分权利能力。胎儿的权利能力范围应当与他的伦理状态相适应。拉伦茨认为权利能力取决于人的伦理人格的范畴，由于胎儿的人格状态处于发展之中，其人格尚不完满，尚不具备外界可以识别的典型的人格个性，例如姓名、肖像等人格特征。也就是说，胎儿的人格特性被限制在部分领域，而且只要胎儿还没有成为独立的人，对于胎儿的人格的保护会与其母亲的人格保护产生冲突，因此胎儿的受尊重的人格领域也应当被严格限制。只要存在对于胎儿的人格权承认的必要，就能够存在尊重请求权。① 内在于他的法律关系中，胎儿需要

① Monika Lanz-Zumstein, Die Rechtsstellung des unbefruchteten und befruchteten menschlichen Keimguts, Verlag V. Florenz, München 1990, S. 310.

保护的人格领域也仅限于生命、身体、健康方面,胎儿并不具有出生后的人所具有的广泛的姓名、肖像、名誉等具体人格权和一般人格权。外在于他的法律关系他参与的也很有限,他并不具有广泛参与法律交易的能力,因而胎儿不适宜具有广泛的权利能力。而且由于胎儿并不具有明确的可以识别的外部人格特性,赋予其全面的权利能力,也不利于法律交易的安全。

第五节 胎儿部分权利能力的具体构建

一、胎儿的权利能力是限定于一定范围的权利能力

关于胎儿权利能力的范围,比较法上存在不同的规定。《瑞士民法典》第 31 条规定,胎儿在活着出生的保留条件下具有权利能力。这一规定并未对胎儿的这种权利能力的范围予以限制,即《瑞士民法典》规定的胎儿的权利能力的范围是没有限制的。我国台湾地区"民法典"第 7 条规定,胎儿以将来非死产者为限,关于其个人利益之保护,视为既已出生。这种立法例将胎儿的权利能力限定于对于其个人利益的保护,存在于一定的范围内,具有内容的限定性。在学说上,胎儿的权利能力的范围也存在类似的两种观点,一种观点认为胎儿具有全面的权利能力,此种观点以德国学者 Wolf 为代表。① 另外一种观点认为胎儿具有限制的权利能力。②

本书认为,胎儿的权利能力应当限定于一定的范围内。也就是说,

① Ernst Wolf/Hans Naujoks, Anfang und End der Rechtsfähigkeit des Menschen, Vittorio Klostermann Verlag, 1955, S. 230.

② Enneccrus/Nipperdey, Allgemeiner Teil des bürgerlichen Rechts, 15. Auflage, 1959, § Ⅱ 84,3, S. 479.

这种权利能力仅限于依据胎儿的人格状态能够参与的领域，包括部分人格法律关系领域和部分财产法律关系领域。

首先，胎儿在人格权领域享有具体权利能力，[①]可以获得对其生命和身体的法律保护。虽然有学者不承认胎儿的权利能力，但是认为胎儿具有法益的受侵害能力（Verletzungsfähigkeit），[②]实质上也是对胎儿人格权领域权利能力的承认。

其次，胎儿已经具有了生物层面的存在，出生以后人格的发展更离不开财产的支持，而且财产权利的享有是人格存在和发展的物质基础，较少涉及人的伦理价值。因而不具有理性的人也能够作为权利主体，享有财产权利带来的利益。因而胎儿在纯粹受益型的财产法律关系中具有权利能力。

我国民法已经确认了胎儿可以作为继承权主体的能力，而且对胎儿具有法定抚养义务的人死亡和残疾时，胎儿可以向加害人主张抚养费用的赔偿。比较法上，《德国民法典》除对此也进行了规定之外，另外还规定了胎儿可以作为有利于第三人合同的第三人。[③] 因而胎儿在财产权方面具有权利能力应当是没有疑问的。但是值得注意的是，胎儿只能作为财产权利的主体而不能作为财产义务的主体。这是因为财产权利的享有可以保护胎儿的人格尊严，促进其人格发展，而由于胎儿尚不具有理性，也没有法定的监护人，财产义务的承担不利于其人格发展。由于胎儿尚未出生，其对于财产并不具有现实的需要，因而胎儿的财产权只是一种期待权，一种期待在其出生时能够获得一定财产的权利，并不表明胎儿能够现实地拥有这些权利。法律保护的也只是其对

---

① Enneccerus-Nipperdey, Allgemeiner Teil des bürgerlichen Rechts, 15. Auflage, 1959, §84, Ⅱ, 3, S. 482.

② Kötz/ Wagner, Deliktsrecht, 10 Auflage, 2006, S. 59.

③ 参见《德国民法典》第 331 条。

于这些财产的期待权。

二、胎儿的权利能力在人格权领域和财产权领域有所不同

关于胎儿的权利能力的具体构建，大概存在两种做法，或者采附延缓条件说，或者采附解除条件说。

《瑞士民法典》第 31 条规定，胎儿在活着出生的保留条件下具有权利能力，立法并未对这种权利能力的范围予以限制，即这种权利能力是无限制的。一般认为从受胎时起孩子不但具有了获得无限制的权利和义务的能力，而且受到全面的民法人格保护。① 但是这种权利能力是一种附条件的权利能力，至于这种条件是延缓条件还是解除条件尚存在争议。

有学者认为，在财产权利的获得以及义务的归责方面应当采用延缓条件说，财产权利和义务在孩子活着出生时成立，并溯及胎儿受胎时发生作用。在人格权利的保护方面应当采用解除条件说，人格权在胎儿受胎时起就产生作用，在其没有活着出生时溯及既往解除。②

还有一种观点认为，胎儿的权利能力是附解除条件的权利能力，Fabricius 认为，胎儿具有附条件的限制权利能力，以胎儿的死亡出生为解除条件。因此限制权利能力的结束不是与活着出生而是与死亡出生联系在一起的。③

Enneccerus-Nipperdey 构建了一种附延缓条件的权利能力，在条件成就时，胎儿溯及受胎时具有权利能力。也就是说，胎儿的权利能力是

---

① Tour, Schw. ZGB, S. 82. Ferdinand Karl Neuer, Der Mensch zwischen Zeugung und Geburt als Rechtssubjekt, Dissertation der Universität Köln, S. 18.

② Heinz Hausheer/Regina E. Aebi-Müller, Das Personenrecht des Schweizerischen Zivilgesetzbuches, Stäpfli Verlag, Bern 2005, S. 16.

③ Schmidt, Der Schutz der Leibesfrucht gegen unerlaubte Handlungen, JZ 1952, 168.

未定的，在胎儿活着出生时权利能力被溯及既往地确认。①

上述附条件的权利能力，不管是附解除条件还是附延缓条件都不能解决问题。即使是瑞士学者认为对于财产权利和人格权利的条件进行了区分，但还是不能完满地解决胎儿人格权保护的问题。由于胎儿在受胎时起就具有了人格的特性，具有了部分的人格要素，这些人格要素作为天赋权利，应当受到宪法和民法的保护，胎儿在受胎时起就应当具有人格权方面的权利能力，那么受到侵害时就可以主张排除妨害请求权。但是按照延缓条件说，胎儿此时的权利能力还不能确定，那么便不能行使排除妨害请求权，那么对于胎儿的人格的保护是非常不利的。即使是解除条件说，如果胎儿最终没有活着出生，那么胎儿的权利能力要溯及既往消灭，那么已经主张的排除妨害请求权如何消灭呢？而且胎儿自受胎时起就开始了天赋的人格发展过程，不管最终是否活着出生，这种人格权都是存在的。死亡出生只是使得人格终止，权利能力终止，而不能够使得已经存在的人格和权利能力被消灭。学者一般认为，这种排除妨害的人格权请求权是独立于活着出生的条件的，它的存在与孩子是否活着出生无关。②

因此，本书认为，对于胎儿的人格权法律关系的权利能力是从胎儿受胎时起就绝对产生的，并不负有延缓或解除条件。因为胎儿作为人的形态而存在，这种人格状态是天赋的，如果附有条件的话，就是对于胎儿的人格状态的否定。不管胎儿最终是否活着出生，都无法改变其作为人存在的事实，也不能否定其人格的曾经存在。因此，胎儿人格权领域的法律关系是无条件的。据此，胎儿人格权受侵害时，其保护人可

---

① Enneccrus-Nipperdey, Allgemeiner Teil des bürgerlichen Rechts, 15. Auflage, 1959, § Ⅱ84,3, S. 479.

② Larenz/Wolf, Allgemeiner Teil des bürgerlichen Rechts, 9. Auflage, C. H. Beck Verlag, München 2004, S. 104.

以代为主张排除妨害和防止妨害请求权，而不论胎儿最终是否活着出生。

胎儿财产权领域法律关系的权利能力是为了使得胎儿获得财产以实现其人格的发展。如果胎儿没有最终活着出生，赋予其财产能力是不必要的。因此胎儿财产领域的权利能力是一种附解除条件的权利能力。由于人身受到侵害而产生的损害赔偿请求权也是一种财产性权利，因而针对这种权利的权利能力是一种附解除条件的权利能力。如果胎儿最终没有活着出生，那么他并不能最终获得损害赔偿。

第六节 胎儿的保护人及其人格权保护

由于胎儿尚未出生，其并不具有通过自己的行为去获得或行使权利的能力，因而也不具有行为能力（由于胎儿的行为能力在第三章已经得到详细论述，这里就不再赘述了）。为了使得胎儿在个别法律关系中的权利能力得到实现，必须为胎儿设定保护人。这种保护人制度的设定其实在《德国民法典》中已有规定，只是局限于未来权利的获得。①

胎儿已经具有权利能力，在人格权和财产权方面具有了部分权利能力。为了使胎儿获得这些权利所带来的利益，并且在这些权利被侵害时，能够主张相应的排除妨害请求权或者请求法院予以公权力救济，胎儿的保护人应当在胎儿具有权利能力的所有领域中照顾胎儿的利益，代替胎儿进行所有的法律行为。

父母是胎儿最直接的利害关系人，并且在胎儿出生后作为孩子的

---

① 《德国民法典》第1812条规定，为了维护胎儿的未来权利，只要这种权利需要照料，胎儿可以获得保护人。

亲权人,照顾孩子的所有事务,因而父母是胎儿最适合的保护人。如果父母作为保护人对于胎儿保护存在争议的,以有利于胎儿的主张为准。如果父母一方侵害胎儿权利的,另一方作为保护人。父母在所有必要的范围内照顾胎儿的利益,代替胎儿进行相关行为。包括在胎儿的人格权遭受侵害时的排除妨害请求权和防止妨害请求权,在胎儿未来的财产利益被侵害时,行使相关的请求权或提起诉讼。

CHAPTER 06 >>

第六章

死者的准人格状态

死者在我国的法律体系中并不属于人，其权利能力并未得到承认，而且学界对于死者死亡后继续存在的姓名、名誉、肖像等是否属于人格要素也存在争议。虽然根据立法死者并不具有全面的一般权利能力，但是并不意味着死者不被法律所调整。关于死者尸体的法律性质及相应的法律规则一直是民法研究中的一项重要内容。而且死者人格保护也逐渐受到重视，成为人格权法的一项重要内容。虽然包括我国在内的多数国家承认死者仍然具有人格，但是对于这种保护的理论基础仍然存在重大分歧。尤其是由于传统民法认为权利能力终止于人的死亡，死者的人格存在并不能作为法律上的权利，那么，在以权利为主导的民法体系中，死者的人格保护就存在体系上的严重障碍。因而死者准人格状态的澄清和体系构建是我们必须解决的问题。

第一节 我国和比较法上对于死者人格保护的司法实践

死者的人格应当得到保护已逐渐成为两大法系主要国家的共识。

在我国,虽然立法上并不存在关于死者人格保护的规定,但是对于死者人格的保护早已得到司法机关的承认。最高人民法院 1989 年《关于死亡人的名誉权应受法律保护的函》认为:"吉文贞(艺名荷花女)死亡后,其名誉权应依法保护,其母陈秀琴亦有权向人民法院提起诉讼。"最高人民法院 1990 年《关于范应莲诉敬永祥等侵害海灯法师名誉权一案有关诉讼程序问题的复函》称:"海灯死亡后,其名誉权应依法保护,作为海灯的养子,范应莲有权向人民法院提起诉讼。"这两个司法解释代表着我国司法机关对死者人格权保护的认可,可谓第一个阶段。最高人民法院 1993 年 8 月 7 日《关于审理名誉权案件若干问题的解答》第 5 条规定死者名誉受到侵害的,近亲属可以主张损害赔偿。最高人民法院 2001 年 3 月 10 日《关于确定民事侵权精神损害赔偿责任若干问题的解释》第 3 条对于各种侵害死者人格的类型进行了列举,对于侵害这些类型的死者人格对于近亲属造成精神痛苦的,可以主张损害赔偿。[①] 因此,虽然对于死者的人格保护并未得到我国立法的确认,但是

---

① 最高人民法院 1993 年 8 月 7 日《关于审理名誉权案件若干问题的解答》第 5 条:"死者名誉受到损害的,其近亲属有权向人民法院起诉。近亲属包括:配偶、父母、子女、兄弟姐妹、祖父母、外祖父母、孙子女、外孙子女。"最高人民法院 2001 年 3 月 10 日《关于确定民事侵权精神损害赔偿责任若干问题的解释》第 3 条规定:"自然人死亡后,其近亲属因下列侵权行为遭受精神痛苦,向人民法院起诉请求赔偿精神损害的,人民法院应当依法予以受理:(一)以侮辱、诽谤、贬损、丑化或者违反社会公共利益、社会公德的其他方式,侵害死者姓名、肖像、名誉、荣誉;(二)非法披露、利用死者隐私,或者以违反社会公共利益、社会公德的其他方式侵害死者隐私;(三)非法利用、损害遗体、遗骨,或者以违反社会公共利益、社会公德的其他方式侵害遗体、遗骨。"

通过这样的司法判决以及司法解释,对于死者人格的保护已经成为我国法官法的重要部分。死者的姓名、肖像、名誉等人格存在在死者死亡后的一定时间内仍然能够获得保护。

法国法上通过个别立法和法官法建立了个别人格权,通过侵权法一般条款对于死者的人格予以保护。《法国民法典》第 1382 条和第 1383 条的宽泛结构,并不要求受到侵害的是法律所规定的利益类型,也不要求是法律所保护的利益,只要是故意和过失造成的损害,都可以纳入侵权法救济的范畴。因而死者的人格也可以得到侵权法的保护,但是被作为重要的内容予以考量的是死者亲属的人格侵害,死者的人格侵害并不被考察。因为法国学界认为权利随着承担者的死亡而消灭。死者的遗属和家人对于死者追思的利益被法律所保护,死者的名誉只不过是作为考量死者亲属侵害的标准时才被考虑的。死后的权利并不被视为死者继续作用的权利,而是活着的人的权利。[①] 也就是说,法国法上死者的人格尊严和人格形象是通过对于死者亲属的救济间接实现的,并不承认直接针对死者的人格保护。

德国法上对于死者的人格保护,是通过判例和立法逐步发展起来的。首先通过对于死者的个别人格方面的保护予以确认,随后则通过一般人格权确认死者的一般人格在死者死亡后继续存在。关于死者人格保护最早的判决是《德国民法典》施行前不久的"Bismarck"案。在该案中,两名记者于俾斯麦病逝后潜入俾斯麦的停尸间对其进行拍照并准备高价出售。帝国法院对于该案的判决回避了死者人格权保护的问题,采用迂回的方法认为该案涉及的是不当得利返还请求权,被告以不

① Jürgen Gleichauf, Das postmortale Persönlichkeitsrecht im internationalen Privatrecht, Peter Lang Europäischer Verlag der Wissenschaften, 1999, S. 261.

法的方法获得的利益应当返还。① 虽然该案并没有确立死者的人格权，但是实质上对于死者的人格提供了保护。因而引起了人们对于死者人格权的关注，推动了学界对于死者人格权的研究。这一判决催生了1907 年德国《艺术著作权法》关于死者肖像的保护，该法第 22 条规定，人死后 10 年内对其肖像的制作和公开展出需要死者亲属的同意。首次在立法中出现了关于死者人格保护的条款。

在德国司法实践中最早确立死者人格权的案例是“Cosima Wagner”案，该案发生在德国联邦法院确认一般人格权的同一年即 1954 年。在该案中，德国联邦法院认为，一般人格权在原初的权利承担者死亡后仍然继续作用。② 在 1968 年的“Mephisto”案中，德国联邦法院第一次对于死者一般人格权的继续作用进行了详细的阐释。法院认为，死者不仅遗留了物质的价值，而且遗留了精神的利益，两者同样都应获得法律的保护。法院同时认为，死者的人格受到由基本法第 1 条第 1 款和第 2 条第 1 款相结合的一般人格权的保护。③ 因而确立了对于死者一般人格权中的精神部分予以保护的司法惯例。对于死者人格中的财产部分予以保护是在 1999 年的“Marlene Dietrich”案确立的。在该案中，联邦法院认为，死者的一般人格权中的财产部分由其继承人继承，但是对于权利的行使应当尊重死者的意思，即死者明示或者可得推知的意思。④ 也就是说，德国法上对于死者人格权的确立是立法和司法共同努力的产物，立法对于死者的肖像权进行了保护，司法实践又通过对于死者一般人格权的确认，对于死者的人格权予以全面保护。

---

① RGZ 45,170, 173.

② BGHZ 15, 249, 259.

③ BGHZ 50, 133.

④ BGHZ 143, 170.

第二节 关于死者人格保护的教义学解释及其检讨

司法实践对于死者的人格提供广泛的保护，但是这种做法的理论基础，以及与民法体系的其他制度的衔接，仍然需要认真思考。死者的民事权利能力随着死亡而终止，那么对于死者人格保护的依据是什么？死者能够享有人格权吗？这些都需要进行教义学的解释。主要存在以下四种学说。

一、死者人格保护说

这种学说认为，就像对于胎儿的保护的原因在于胎儿随后会成为具有全面权利能力的人那样，可以反向推知对于死者进行保护的原因在于他曾经作为完全的法律主体生存过。在这两种情况下，法律关于权利能力开始和结束的时间被相对化了，对于死亡来说，存在法律主体性的法律技术确定的结束和人格继续作用的区分。[①] 由于人格权不能转移，因此对于死者人格保护就存在两种选择，或者死者自己享有权利能力，从而成为人格权的主体；或者死者人格权是一种没有主体的权利。一种没有主体的权利对于民法体系来说是陌生的，所以无主体权利的学说并不能对于这一问题提供较为圆满的解释，因而无主体权利说较少获得支持。

行为的能力并非权利能力所必需。依据民法的基本原理，权利承担者并不需要亲自去行使权利，可以由代理人去代为行使权利，因而胎

---

① Becker, Die Umfang des Rechts öffentlicher Krankenanstalten zur obduktion von Leichen, JR 1951, 328. 另外 Westermann 教授作为批评的观点论述过，Westermann, Das allgemeine Persönlichkeitsrecht nach dem Tode seines Trägers, FamRZ 1969, 561, 563.

儿和法人可以具有权利能力。同样地，虽然死者丧失了行为的能力，但是死者存在具备部分权利能力的可能，使得他得以配备相应的权利和义务，并由他人代其行使权利。德国著名的《慕尼黑法律评注》(Münchener Kommentar BGB)已经承认了死者的部分权利能力。① 法律主体能力与一种价值相联系。但是这种价值并不一定非得是生命的价值，因为人格价值的概念并没有内含着生命性，法律主体性不需要与利益客体相联系的权利选择的动态要素。② 法律的主体性与存在于社会关系中的人格形象以及人格尊严相联系。由于死者仍然具有一定的社会人格，其上仍然体现着人的尊严，因而，死者并非一定不能作为法律关系的主体。

行为自由，获取行为和伦理的文化行动是一般人格的核心部分，③ 但是除此之外，作为人格核心部分的还有对于人格人存在的权利，以及保护个性关系的权利。④ 通常理解的死后人格的继续作用是这样产生的，死者在生存期间完成的人格价值客观地继续存在，并且因此他在人和社会的成果方面的利益至少在一段时间内仍然应受到尊重。⑤ 因此在这一范围内死者应当具有相应的权利能力，从而能够享有受到他人尊重的权利。

---

① Wolfgang Gitter, Münchener Kommentar BGB, Band 1., C. H. Beck, München 1993, §1, S. 80.

② Hans J. Wolff, Organschaft und juristische Person, Scientia Verlag, §7 Ⅲ, S. 127.

③ Buschmann, Zur Fortwirkung des Persönlichkeitsrechts nach dem Tode, NJW 1970, 2081, 2085.

④ Buschmann, Zur Fortwirkung des Persönlichkeitsrechts nach dem Tode, NJW 1970, 2081, 2085.

⑤ Westermann, Das allgemeine Persönlichkeitsrecht nach dem Tode seines Trägers, FamRZ 1969, 561, 564.

二、死者家属人格保护说

比较法上有一种观点认为，人格权保护人的身体和精神的统一体，①这种统一体随着人的死亡而崩塌，因而人死亡后人格权丧失了其保护客体。这种理论认为，人格权是法律主体的重要的存在部分，它不能脱离法律主体而独立存在。权利能力的结束与自然生命的消失同时发生，因此死后权利能力的存在只不过是一种对于随着人的死亡作为独立的权利和义务连接点丧失的事实的故弄玄虚。死者的权利能力只不过是为了在一段时间内保存人的已经实现的价值和保护他的人格形象的一种拟制，②通过这种拟制将对于死者人格的保护置于死者权利能力之下，使得权利和权利能力同时存在。由于坚持权利能力与生命的紧密联系，持“死者家属保护说”的学者认为，只有生存着的死者的亲属能够作为权利和义务的相关主体，对于死者的侵害通过对于继续存在的对死者追思的侵害而形成。③

这种理论在我国和德国都有支持者。我国有学者认为，法律对于死者人格的保护只是一种反射作用，其实质是对于死者近亲属因为死者人格被侵害所产生的人格权损害的救济。对于死者的人格侵害实际上侵害的是其近亲属的人格。④ 死者名誉的好坏往往影响到对其近亲

① Westermann, Das allgemeine Persönlichkeitsrecht nach dem Tode seines Trägers, FamRZ 1969,561,565.

② Westermann, Das allgemeine Persönlichkeitsrecht nach dem Tode seines Trägers, FamRZ 1969,561,563.

③ Westermann, Das allgemeine Persönlichkeitsrecht nach dem Tode seines Trägers, FamRZ 1969,561,565.

④ 学者认为，保护死者名誉的实质与作用，是保护死者的配偶、子女和父母的利益。在我国现阶段，根据公民通常的观念，死者名誉好坏，往往影响到对其近亲属的评价；其近亲属也会因而产生荣誉感或压抑感等感受。与其说对死者名誉需要民法保护，不如说是对死者近亲属的利益或人身权的民法保护。参见魏振瀛：“侵害名誉权的认定”，载《中外法学》1990 年第 1 期。

属的评价,因此,侵害死者名誉往往同时侵害死者近亲属名誉。死者近亲属可以自己的权利为依据要求承担侵权责任。① 德国法上,有学者认为,适宜对于死者死后仍然存在的人格进行侵害的行为,只有当该行为同时与活着的亲属的人格权相关时才会产生法律上的不利后果。② 德国学者 Schwerdtner 也认为权利服务于人们之间的关系秩序,因此,对于死者的追思只有在影响到活着的人时,才具有法律保护的价值。③

首先,囿于权利能力只能属于活着的人的观念,这种学说将死者的人格与死者家属的人格相联系并混同,造成了逻辑与价值上的矛盾。死者的人格利益和其家属的人格利益并非完全一致,有可能会背道而驰。关于死者的报道可能给死者带来名誉,但是却可能使得他的亲属因为特殊的人格感情而感觉丢脸。某一行为也有可能会使死者名誉扫地,而其亲属对此却无动于衷。而且,既然对于活着的人的人格的侵害不一定导致其亲属的人格侵害,那么对于死者人格的侵害一定会导致其亲属的人格的侵害吗?其次,通过对于死者家属的针对家庭孝敬感情的尊重的保护能否对于死者人格提供完满的保护也是存在疑问的。再次,死者人格的家属人格保护说的出发点也是有问题的,死者人格保护期间的长度并不取决于其近亲属活着的时间,而是排他性地取决于死者人格利益消失的时间,也就是它的创造者的能够被识别的个性停止作为人格的利益存在的时间。最后,死者人格"死者家属人格保护"理论的致命缺陷在于,将死者的人格保护依附于近亲属,那么当死者并不存在近亲属时就丧失了保护的必要。这样就会产生不合理的结果:同样是侵害死者的人格,却依据其是否存有近亲属而予以不平等的保

---

① 魏振瀛:"侵害名誉权的认定",载《中外法学》1990 年第 1 期。

② Erich May,Zum Schutz der Persönlichkeitsrecht nach dem Tode, NJW 1958, 2101.

③ Peter Schwerdtner, Das Persönlichkeitsrecht in der deutschen Zivilrechts Ordnung, J. Schweitzer Verlag, Berlin 1977, S. 110.

护。这是无法让人接受的。

从法律价值上来说,“死者家属利益保护”理论也与民法既有体系存在冲突。在死者活着的时候,对其人格的侵害一般并不能成为其近亲属主张损害赔偿的依据。也就是说,法律并不认同对于一个人的人格的侵害,会造成其近亲属的人身损害,仅在极为特殊的震惊损害中作为例外予以承认。以此价值为基础,既然在人活着的时候,对其人格的侵害并不会造成其近亲属的人格损害,为什么在人死了之后,对其人格的侵害反而会造成其近亲属的人格的损害了呢?这在法律价值的判断上存在前后矛盾。

因此,死者的利益和死者家属的利益并不相同,对于死者的人格的保护的利益无须与遗属利益保护相一致。① 死者的人格应当作为一种独立的价值予以保护。

三、无主体权利说

无主体权利说主要是德国法上的理论,该学说认为,在欠缺权利主体的时候,主观权利仍然可以给予。② 这种理论从对于死者继续存在的人格的保护必要性出发,认为为了保护死者的人格,存在无主体的权利,这是从它的早期的权利承担者中抽象而来的。死者虽然不再能够作为法律关系的主体,但是他的价值仍然继续存在。学者也认为德国联邦法院的判决实质上也采用了一般人格权作为一种无主体权利在其承担者死亡后继续存在的观点。③

---

① Andreas Heldrich, Der Persönlichkeitsschutz Verstorbener, Festschrift für Heinrich Lange Zum 70. Geburtstag, C. H. Beck, München 1970, S. 170.

② Hohner, Subjektlose Rechte, Ernst und werner Gieseking Verlag, Bielefeld 1969, S. 12.

③ Andreas Heldrich, Der Persönlichkeitsschutz Verstorbener, Festschrift für Heinrich Lange Zum 70. Geburtstag, C. H. Beck, München 1970, S. 168.

无主体权利源于主观权利。主观权利是个别人的通过法律秩序赋予的满足特定利益的力量,通过抽象的解释,这一概念过渡到包含无主体权利。一种例子是,在权利由 a 转移到 b 的过程中,存在法律逻辑上的瞬间,这一瞬间权利是没有主体的。无主体权利说被用于解释一种暂时没有持有人但为了未来的权利承担者的利益而确定存在的法律地位。① 因而无主体权利是一种财产权的辅助性结构,在权利的归入中避免出现中断的情况。② 这是无主体权利理论的主要功能。如果将死者人格权归类于无主体权利将会产生永久的无主体权利的情形,但是永久的无主体权利在现行权利体系结构中并不被考虑。③ 从法律秩序方面对于未来的人提供保护的思想是无主体权利思想的基础和它的教义学正当性所在,但是这在死者人格权方面却并不成立。④ 而且在主观权利的概念中正当权利人已经被同时考虑了,⑤对于没有主体的权利民法是陌生的。因此,在人格保护领域无主体权利说必须被排除。⑥

四、对于死者人格形象尊重的一般法律义务说

学者认为不必采用无主体权利说。对于能够被侵害的法益的保护也可以独立于生存的法律主体而被提供,当这些权利的原初主体随着死亡丧失了权利能力时,排除妨害请求权也可以通过并非是相应权利主体的人来实现。⑦

---

① Hohner, Subjektlose Rechte, Ernst und werner Gieseking Verlag, Bielefeld 1969, S. 565.

② Hohner, Subjektlose Rechte, Ernst und werner Gieseking Verlag, Bielefeld 1969, S. 40.

③ Hohner, Subjektlose Rechte, Ernst und werner Gieseking Verlag, Bielefeld 1969, S. 79.

④ Knut Müller, Postmortaler Rechtsschutz-Überlegungen zur Rechtssubjektivität Verstorbener, Peter Lang, Frankfurt 1996, S. 234.

⑤ Enneccerus/Nipperdey, AT, § 75 Ⅲ.

⑥ Wolfgang Gitter, Münchener Kommentar BGB, Band 1, C. H. Beck, München 1993, § 1, S. 81.

⑦ BGHZ 50, 137.

因此,在德国法上有学者认为,对于死者人格形象的尊重对继续生存的市民来说是一种一般义务的作用,这种义务通过没有被具体化为个人的个别权利的法律秩序所确定。① 这种一般的法律义务源于宪法对于死者的人格的保护以及刑法关于死者价值的保护。② 因而在德国法上,有学者认为对于死者人格形象的尊重的一般性义务是《德国民法典》第 823 条第 2 款意义上的保护性规范,通过第 823 条第 2 款的损害赔偿请求权以及该条与第 1004 条的结合产生的排除妨害请求权以及停止请求权都不需以权利的存在为前提。

但是作为第 823 条第 2 款意义上的保护条款必须是一种具有个人保护目的的规范。也就是说,损害必须涉及法律规范所应当保护的利益,而且受害人属于规范所保护的主体范围。③ 按照德国联邦法院的意见,只有目的在于保护特定的利益和个别人的规范才属于这种具有个人保护目的的规范。④ 因而,宪法上关于人格尊严的保护并不能被作为这种规范。因为宪法上的规范作为公民向国家主张的权利,并不具有直接的第三人效力,并不能被解释为是对于死者的利益的保护。学者认为,死者已经不再参与法律交易,因此并不能被作为第 823 条第 2 款意义上的保护性规范所保护的人的范围。⑤ 而且这种做法对于死者的人格的范围是非常有限的,只能局限于法律有特别规定的情形,因而并不能满足司法实践对于死者予以广泛保护的需要。

---

① Andreas Heldrich, Der Persönlichkeitsschutz Verstorbener, Festschrift für Heinrich Lange Zum 70. Geburtstag, C. H. Beck, München 1970, S. 169.

② Andreas Heldrich, Der Persönlichkeitsschutz Verstorbener, Festschrift für Heinrich Lange Zum 70. Geburtstag, C. H. Beck, München 1970, S. 169.

③ Larenz/Canaris, Lehrbuch des Schuldrechts, 2. Band, 2. Halbband, C. H. Beck Verlag, München 1994, S. 433.

④ BGHZ 106, 206.

⑤ Peter Schwerdtner, Das Persönlichkeitsrecht in der deutschen Zivilrechts Ordnung, J. Schweitzer Verlag, Berlin 1976, S. 110.

民法保护的利益一定是可以归属于特定私主体的利益,民法并不以直接实现公共利益的保护为目的。这种一般法律义务说并不承认死者的权利能力和死者的人格权,但是设定一种一般的尊重义务,将这种一般的尊重义务作为对于社会的公共价值的体现,事实上是将民法作为直接保护特定公共利益的工具。其结果并不符合民法的体系和功能,在权利主体、诉讼主体、赔偿归属等方面存在严重障碍。

五、死者法益保护说

局限于死者已经死亡并丧失权利能力的认识,存在一种死者法益保护说。这种学说认为,应当保护的死者的人格利益是法益。这种法益保护实际上保护的是社会利益而不是私人利益。①死者死亡后,其个人享有的利益已经不复存在,但由于这种利益在一定程度上体现了社会公共利益和公共道德,从公序良俗的要求出发,故有必要对该利益加以保护。②这种学说主要为我国学者所主张。

应当说,这种学说与上述德国法上的对于死者人格形象予以尊重的一般法律义务说类似。两种学说都认为,对于死者人格的保护并非因为死者具有私法上的权利,而是因为死者的人格尊严具有公共利益属性,是对于一种一般的公共利益的保护。这种学说受到传统权利能力制度的限制,在这种限制下寻求对于死者人格保护的方法,从公共利益的角度寻求解决方法,无疑具有重大的意义。但是民法是对于私的利益的保护,公共利益只构成民法对于私人利益保护的边界,对于民法产生间接的影响,它并不是民法的直接保护对象。而且,民法的体系以法律关系为骨架构建起来,特定的权利和利益必须归属于特定的法律

① 王利明主编:《人格权法新论》,吉林人民出版社1994年版,第444~445页。

② 王利明:《人格权法研究》,中国人民大学出版社2005年版,第196页。

主体,才能进入民法的范畴。公共利益不具有特定的利益归属主体,并不适合作为民法直接予以保护的权利和利益。以公共利益作为民法直接的保护对象,会在权利主体、诉讼主体以及赔偿归属等方面产生内在障碍,造成水土不服。而且,这种学说自身也存在着一定的矛盾。正如学者所言,如果死者人格的保护是一种公共利益,那么显然这个公共利益并不会随着死者近亲属的死亡而消灭,①而且也不会随着时间而消褪。而比较法上一般的学说和实践均认为死者的人格保护是有一定的时间限制的,我国的普遍做法是依赖近亲属的生存期间。因而,死者法益保护说并非一种对于死者人格保护的最优学说。

六、结论——死者保护的必要性在于死者人格的继续存在

本书认为,对于死者保护的必要性在于死者人格的继续存在。死者的生命虽然已经终结,但是其不依赖于生命的部分人格形态仍然继续存在,司法实践中对于死者的保护正是针对这部分人格形态的保护。由于人格的真意在于自身就是存在的目的,具有自身的尊严,并不能成为他人的权利的客体,而只能作为自身的权利的对象。因此,在法律关系中死者的人格是死者的权利的对象,而不能是任何其他人的权利的对象。在这种伦理观念的支配下,死者在自己的人格法律关系领域中应当作为主体存在。而且按照准人格法律地位的一般理论,只有一般的权利能力需要以一种得到客观构建的意志能力为前提,部分权利能力的获得只需部分的人格形态存在为已足。由于死者的部分人格形态仍然存在,因此死者人格保护说,以及在此基础上承认死者的部分权利能力,并不存在障碍。而且鉴于上述亲属保护说,无主体权利说以及一般法律义务说存在的缺陷,死者人格保护说是一种较为妥当的价值选择。

---

① 葛云松:“死者生前人格利益的民法保护”,载《比较法研究》2002 年第 4 期。

第三节　死者人格状态研究的基础

法律作为一种价值关涉的学科,其旨在实现某种价值,这种价值首先体现在法律以外的哲学以及社会学上的基本价值判断。因此对于死者人格状态进行研究的前提性基础在于哲学以及社会学对于死者的认识和基本定位,这种认识和定位对于我们准确定位死者的法律地位具有十分重要的意义。

一、哲学上对于死者的认识

在所有的时代和所有的人面前,人的尸体都是一个特别值得尊重的对象。在死者面前人们感觉到尊敬和庄严。① 人们的道德情感禁止针对尸体的侮辱行为,并且尊重死者的意愿。② 虽然随着死者的死亡,死者丧失了生前所具备的按照自己的意志去自由行为的能力,但是由于死者生存期间的人格特性有一部分通过身体确定下来了,这种特性在人死亡后保存在尸体上。正如学者所说,由于尸体分享了活着的机体的重要的可靠的特征属性,因此只要尸体仍然继续具有这种属性,尸体仍然可以被作为死了的人看待,并且通过这种属性得以被辨别。③ 因此人不但包括具有生命的存在而且包括在一段时间内的死者。这种观念源于人的躯体与人的人格的紧密联系,躯体与人格的区分只能是一

---

① Ines Klinge, Todesbegriff, Totenschutz und Verfassung, Nomos Verlagesgesellschaft, Baden-Baden 1996, S. 61.

② RGZ 100, 171, 173.

③ Andrea Esser, Leib und Leichnam als Gegenstand von Achtung und Würde, in: Tod und toter Körper, Kassel universitz press, Kassel 2007, S. 16.

种修辞学上的区分。虽然人们能够将人格人和组织体在语言和逻辑上进行区分,但是具有意识的人格人只能在身体中才可能存在。因此从本质上来说,躯体并不能在实质上和思想上与人格人相分离,两者的区分仅仅是理论研究中的概念区分而已。

因此,躯体并不仅仅是外在的容器,也并不是人格人之外的其他存在,而正是人格的存在。我们称之为人的东西只能作为躯体而存在并通过躯体去展现。我们也将这些展现的形式作为真实的自我去理解和把握。① 因而,人格人并非占有或拥有身体,而是在躯体中作为一个具有生命的整体被展现,它并不像个别的器官那样被对待。人的身体通过与自我意识的天然的紧密结合而被作为人的存在对待,人在死后,死亡的身体并不仅仅是死亡的人格人的容器,或者是可以被随意使用的物,而是作为一种功能统一体的要素。它使得这种统一体表现为一种直观的身体形象,法律社会应当将尸体作为逝去的人格统一体的要素予以保护。② 哲学上的这种认识将人的躯体作为人格的一部分,是一种真正的人格存在。因而死者的人格以及人格形象在死者死亡后仍然可以通过死者的躯体予以展现,死者的人格仍然继续存在。

二、社会学上对于死者的认识

一直以来,我们的社会对于死亡和死者持一种回避态度。认为所有的生命存在包括人在内,在所有的时代和文化中都会死亡,这是一个自然法则,对于它的意义的追问是被禁止的。因为人们把这一问题归

---

① Andrea Esser, Leib und Leichnam als Gegenstand von Achtung und Würde, in: Tod und toter Körper, Kassel universitz press, Kassel 2007, S. 19.

② Andrea Esser, Leib und Leichnam als Gegenstand von Achtung und Würde, in: Tod und toter Körper, Kassel universitz press, Kassel 2007, S. 19.

之于一般的宇宙学，地下世界，天堂、神以及精神这些神秘的领域。① 这种回避的态度是由人们将死亡作为一种抽象于个别人的整体现象看待造成的。正如学者所言，死亡作为抽象的存在，作为一般的人类命运，人们可以整体地将它嵌入通过传统确定的世界观和意义领域，或者也可以尝试将它作为一种社会主题被排除或者回避。② 但是死亡对于个别的人来说具有绝对的意义，死亡并不使得人作为可以识别的、他一直所具有的个体性，在社会中完全地停止。虽然我们在社会中的角色能够被替代，但是对于个别的死亡来说，并不存在地位的可替代性，就像个别的出生、个别的躯体、以及个别的经历和回忆同样无法被替代。③ 在社会学的领域中，死者的个体性并不局限于死者的躯体，死者生前通过自己的行为所表现出来的各种社会角色和特性是死者重要的人格表现形态。虽然人死亡后并不能在社会中创造新的社会形象，或者扩大已经存在的社会形象，但是死者生前在社会中所展现出的人的社会角色和形象在死亡后仍然继续存在。这种角色和形象仍然具有社会学上的意义，是人的人格的表现，应当获得保护。

三、小结

虽然死者的生命已经终结，但是死者在生前通过生命的历程所建立起来的人格形象在社会关系中仍然继续存在，死者的躯体仍然体现着死者的人格个性。这些人格形象和人格个性作为死者人格的重要组成部分具有值得尊重的价值，是一种自身目的，具有自我的价值，而不

① Hans/Georg Soeffner, Ein Diesseits ohne Jenseits? In: Tod und toter Körper, Kassel universitz press, Kassel 2007, S. 203.

② Hans/Georg Soeffner, Ein Diesseits ohne Jenseits? In: Tod und toter Körper, Kassel universitz press, Kassel 2007, S. 204.

③ Hans/Georg Soeffner, Ein Diesseits ohne Jenseits? In: Tod und toter Körper, Kassel universitz press, Kassel 2007, S. 204.

能成为他人喜好的对象。这表现在法律中,就是这些人格组成部分只能作为其自身的权利客体,受到人格权法保护,而不能成为他人的权利客体。

第四节 死者具有范围受到限制的人格存在

一、人格要素动态与静态的区分是死者具有一定人格存在的理论基础

人格是一个不断成熟的发展过程,是一个动态和静态的结合体。哲学上和宪法上的人格意味着一般的行为自由、人的自我发展自由。也就是去做人所愿意做的,个人以此来能够自由地并且自我负责地去自我实现。这就是人的自我发展其人格的能力。但这只是人格的动态方面,除此之外还有人格的静态方面,人格在自我发展的过程中会不断地通过行为和表达等将自己表现出来,在外部载体上印上自己的痕迹,实现其外在化,并因此能够获得社会的识别。这种获得外在化的人格特征就是人格的静态存在。

学者也认为,人格中去发展去实现自己的成分的动态成分,并非人格的唯一要素,人格还包括创造性的自我发展所达到的人格形象的特有实现。① 并列于面向未来的人格的自我发展,还有在人格发展过程中已经实现和外在化了的人格,民法将其作为自我实现的产品通过人格权予以保护。② 因此,人格不仅体现于潜在发展的动态层面,还包含一

① Hubmann, Das Persönlichkeitsrecht, S. 61.

② Knut Müller, Postmortaler Rechtsschutz-Überlegungen zur Rechtssubjektivität Verstorbener, Peter Lang, Frankfurt 1996, S. 80.

个静态的人格领域。这一人格领域表现为某一主体在过去实现和固定了的人格利益，这种人格利益是人格权保护的重要方面。例如，人的名誉、语言的表达，都是人在发展其人格的过程中实现于外的人格特征，能够获得人格权法的保护。这种得到实现的人格利益并不随着相应主体的死亡而丧失其具有的能够个性化社会主体的功能这种本质要素。相关主体的世俗存在可能会消灭，但是其外在化的人格利益能够继续存在并且使得人格的个性在社会中得到强调和表现。① 这种人格概念的静态方面表明，人格利益的潜在拥有人并不限制于个别主体的世俗存在，人的人格在人死亡后继续存在，死者仍然在一定的社会关系内具有已经得以实现和固定的人格形象。这些人格形象代表着一种人格存在，能够独立于人的生命而存在。因而，死者继续存在的静态人格要素是死者人格的延续。

对于死者的继续存在的静态人格的保护也有利于活着的人的人格的保护。人死亡后，其可让与的财产利益可以通过继承而继续存在，而经由死者生前努力而获得的仍然留存于后代记忆中的声望、名誉等却可任人侵害而不受保护是无法接受的。只有当个人可信赖其人格形象在死后不会遭到严重扭曲并在此期待下生活，人性尊严及人格自由发展在个人生存时才能获得充足保护。

二、死者具有宪法上的人格尊严

尊严不是一种实体概念而是一种关系或关联概念，因此尊严在社会中通过对于社会尊重权的积极评价具体化自己。作为被保护利益的

① Knut Müller, Postmortaler Rechtsschutz-Überlegungen zur Rechtssubjektivität Verstorbener, Peter Lang, Frankfurt 1996, S. 81.

人的尊严必须被置于关系中被作为一种具体的关系予以理解。① 尊严是一种价值，是一种自己就是目的，因而应当被人予以尊重的无价的存在。这种尊严观念是理解死者人格尊严的关键。

人用于使得自己的个性得以识别的标志，并不随着人的死亡而消失。这些标志是人活着的时候的人格的外在固定，它们在人死亡后仍然使得死者的自主性得以识别，从它们之中流淌出死者的内在的绝对的价值。因而，死者存在的并非仅仅是继续作用的人格，还是具有尊严并超越一切价格的无价的存在。死者的尊严具有自己的内在价值，因为死者具有已经实现的人格特性。德国联邦法院也认为，死者具有人格尊严，因为人的人格尊严超越死亡继续存在。② 在人死亡以后其人格形象在一定的范围内作为一种关系仍然存在。因而，人的尸体并不能被简单地作为没有生命的物质对待，并不允许被作为客体予以工业利用，或者随意地被作为需要的器官资源使用。③ 尸体在某种程度上被认为是被保护的人格残渣。④ 尸体只能按照公序良俗的方法予以对待，即便是尸体标本也只能用于科学研究的目的，而不能用于艺术展览或者商业利用。为了保护人格尊严，各国的刑法一般也均规定了对于尸体予以保护的条款。因此，人格尊严并不随着生命的结束而终结。它作为一种关系，在死者死亡后继续存在，受到宪法的确认，并被各部门法通过具体制度予以保护。

---

① J. Habermas, Die Zukunft der menschlichen Natur, Suhrkamp Verlag, Frankfurt 2001, S. 62.

② BverfGE 30, 173.

③ Horst Dreier, Grundgesetz Kommentar, 2. Auflage, Mohr Siebeck, Tübingen 2004, Band 1., S. 176.

④ Horst Dreier, Grundgesetz Kommentar, 2. Auflage, Mohr Siebeck, Tübingen 2004, Band 1., S. 177.

三、死者的尸体具有死者的人格形象

关于尸体的法律属性并不存在一种通说。有一种观点认为，尸体是物，①但是仅具有限制的交易能力。② 对于尸体的使用被限制在土葬或火葬所要求的范围内。还有一种观点认为，尸体是能够作为所有权客体的物，③因为尸体具有了物的所有的自然属性，一种位于权利主体和权利客体之间的中间权利并不被承认。尸体作为物并不存在价值评价，而只是在给定的法律体系中的一种形式归类。④ 关于尸体的道德性因素通过民法中的禁止违反公序良俗使用权利的规定就能够予以照顾，因此不必担心将尸体作为所有权的客体会产生的道德风险。

把尸体当作物的学说，首先认为身体是所有权的客体，在人死亡时身体转变为尸体成为死者的所有物，并作为遗产为被继承人所继承。这种将人的身体作为法律上的物的观点，为早期学者所主张。按照这种观点，身体是一种适于充当所有权客体的物。该学者之所以将身体作为所有权的客体看待是因为，在日常用语中经常使用我的手、你的脸之类的用语，并且权利人可以像所有权那样对于这些身体部分予以使用。⑤ 日本也有类似的观点认为，身体权本身就是公民对自己身体的所有权。公民死亡后，由其所有的身体变为尸体，其所有权理应由其继承人继承，进而由其继承人所有。他人损害以及非法利用该尸体，即侵害

---

① Referendar Jürgen Eichholz, Die Transplantation von Leichenteilen aus zivilrechtlicher Sicht, NJW 1968, 2272, 2273.

② Holch, Münchener Kommentar BGB, 5. Auflage, C. H. Beck, München 2004, Band 1., §90, S. 1126.

③ Oertmann Paul, Aneignung von Bestandteilen einer Leiche, JZ 1925, 511, 513.

④ Nikolaus Englert, Todesbegriff und Leichnam als Element des Totenrechts, Tuduv Verlag, München 1979, S. 138.

⑤ Brunner, Theorie und Praxis im Leichenrecht, NJW 1953, 1173.

了继承人的尸体所有权。① 这种将身体以及尸体作为物的重要原因是为了解决器官捐献和移植的问题。然而值得注意的是,即使在器官移植中被用于移植的对象也仅是人的身体的部分而不能是整个身体,对于身体的处分无异于将自己置于奴隶的地位,是现代法治所不允许的。也就是说,身体的部分从身体脱离之后由于不再实现维持人的生命和机能的功能,才是民法中的物,从而可以作为所有权的客体。身体作为一个整体是不能被作为物的。

身体并不能作为所有权的客体。身体被作为人格的部分,成为身体权的客体,即使在刑法中身体也是与物存在区别的,身体侵害和物的侵害在刑法中是被分别规定的。身体并不能被权利人随心所欲地支配,而应当实现其自身预定的功能——维持人的生命。也就是说,身体本身的存在就是目的,其不能被用作实现其他目的的手段,它具有人格的尊严。

有学者认为尸体是人格的一部分,绝不能与人格相分离,因而尸体并不是物而是人格的残留物,隶属于人法。② 因此,死者自身的人格:尸体、肖像权、姓名或名誉、在某种意义上还有著作权应当得到保护。③ 另外有学者认为由于死者的躯体欠缺作为客体和交易的能力,如果被作为物对待的话会与物本身所具有的交易能力产生矛盾,而且由于法律主体的人格在死亡后仍然继续存在,尸体与死者的人格不可分离的结

---

① 参见龙显铭:《私法上人格权的保护》,中华书局 1948 年版,第 59 页。

② Hans Schreuer, Der menschliche Körper und die Persönlichkeitsrechte, in: Festgabe der Bonner juristischen Fakultät für Karl Bergbohm Zum 70. Geburtstag, Marcus & Weber, Bonn 1919, S. 262.

③ Hans Schreuer, Der menschliche Körper und die Persönlichkeitsrechte, in: Festgabe der Bonner juristischen Fakultät für Karl Bergbohm Zum 70. Geburtstag, Marcus & Weber, Bonn 1919, S. 265.

合在一起。因此，尸体应当被归属人于格的范畴，属于人法。①

本书认为，虽然尸体具有物的属性，但是它主要是人格的继续作用。民法中的物不但是要具有物的属性还要被法律秩序作为客体对待。也就是说，对于物的认定并非仅是一种形式的归类，而且包含着价值判断。只有人格范畴以外的存在才能够被作为物对待，由于尸体上仍然包含着人的人格形象，具有人的价值和尊严，因此不能被作为物看待。类似于身体的情况，只有从尸体上分离出的部分才能够作为物，从而成为所有权的客体。在死后器官捐献的情况，器官从尸体的分离是死者生前的自我决定，是一种一般人格权，这种自我决定不仅及于活着的人的身体的部分也可以作用于尸体的部分。

四、死者具有部分的具体人格要素

死者虽然丧失了生命，因而失去了发展其人格的能力，但是其生前人格的外在化标志作为人格的组成部分仍然继续存在。

死者具有姓名。姓名是一个人区分于他人的语言上的标志，它是姓名承担人的个性的表现并服务于他的身份识别。② 姓名承担人的生命虽然终结了，但是用于标志他的姓名仍然存在，这一姓名通过人在世时与人的各种存在的紧密结合，承载了人的人格个性和特征。这一姓名在死者死后的一段时间内仍然能够标志死者的这种人格个性。因此，在死亡之后，人的姓名仍然能够标志死者生前的人格特性，并使得这种人格个性在与他人的关系中得以继续存在。例如，在人死亡后的一段时间内，通过对于死者姓名的提及，人们仍然能够将其与某种具有

---

① Knut Müller, Postmortaler Rechtsschutz Überlegungen zur Rechtssubjektivität Verstorbener, Peter Lang, Frankfurt 1996, S. 118.

② Annette Fischer, Die Entwicklung des postmortalen Persönlichkeitsschutzes, Peter Lang Verlag, Frankfurt 2004, S. 96.

特定外貌、特定秉性、特定个性的人联系起来，成为此人人格的延续。

死者虽然已经死亡，但是肖像作为其面部形象并不随着死亡而消失，尤其是现代科技的发展使得人的肖像在人死后仍然能够继续存在很长时间。肖像作为标志一个人的个性形象的特征是人格的一部分，这种形象的继续存在，表明死者的人格继续作用。

死者的名誉是死者生前通过自己的行为所获得的社会评价，这种评价体现了死者在世时的人格特性，是人格在社会交往中的体现。这种社会评价并不依附于人的生命，在生命终结后仍然能够在一定期间内继续存在。对于这种名誉的侵害会有损死者在社会中的人格形象，因此死者的名誉仍然应当受到法律的保护。需要注意的是，死者的名誉是独立于死者亲属的名誉而存在的，虽然死者名誉的贬损会给死者的亲属造成不利的影响，但是死者亲属的名誉并非一定因为死者名誉贬损而受到贬损；而且即使死者亲属的名誉受到了不利影响，这种不利也只是一种间接的损害。因此不能认为死者的名誉是对于死者亲属名誉保护的反射作用。

死者虽然死亡，但是死者生前私密生活领域中的一些信息通过一定的方法被固定下来。例如日记以及声音和影像资料，还有一些通过死者生前私密亲友的记忆得以继续存在，这些私密信息是死者人格的表现，只有死者自己具有决定这些信息公布范围的权利，任何未经允许对于这些私密信息的公开都是对于死者人格的侵害。死者在这些私密信息上仍然存在人格利益。

五、死者器官捐献体现死者对于自己人格的决定权

是否进行器官捐献的能力由死者所拥有，死者可以在生前对于身体部分的提取以及尸体的使用进行决定，这在死者死后仍然继续作用，属于受法律保护的死者的一般人格权，法律提供超越死亡的人格的继

续保护。[1] 死者生前对于自己的财产的决定在其死亡后在继承法上以及合同法上仍然继续存在,死者对于具有高度人身性的器官的决定也自然应当受到保护。[2] 因为人们对于其人格所归属的法律关系的具有约束力的决定在其死亡后仍然继续存在。

存在疑问的是,死者在生前并没有留下关于器官捐赠的意思表示的情况下,是否可以对死者的器官进行以移植为目的摘除;如果可以,又有谁来决定的问题。对此,有学者认为,死者的亲属能够决定是否对于器官进行以移植为目的的摘除。[3] 还有学者认为,只要死者没有明确的意思表示,死者的亲属可以将尸体委托给解剖机构。[4] 还有学者认为,关于器官移植,死者的亲属具有决定权,即使在死者已经具有明确的意思表示的情况下,也可以对于该表示予以支持或反对。[5] 这种学说与死者人格继续存在,以及死者人格尊严受到法律保护的观念存在严重的对立。这种观点完全是一种对于高度人身性的躯体完整的他主决定,有违作为私法精神的自主决定。如果死者在世时行使了自我决定的权利,这种决定应当受到尊重;死者家属的权利的内容是辅助实现死者的这种意志,[6]而并非是按照自己的意愿对于死者的躯体进行决定。

如果死者没有对于自己的器官移植进行明确的意思表示,其本质上的意思是按照习惯的做法予以处理。也就是按照社会通行的观念进行土葬或者火葬,因为死者通过沉默表达了对于习惯法的同意。这种

---

① BGHZ 15, 249, 259.

② Volker Albrecht, Die rechtliche Zulässigkeit postmortaler Transplantatentnahmen, N. G. Elwert Verlag, Marburg 1986, S. 35.

③ Andreas Heldrich, Der Persönlichkeitsschutz Verstorbener, Festschrift für Heinrich Lange Zum 70. Geburtstag, C. H. Beck, München 1970, S. 176.

④ Hans Forkel, Verfügungen über Teile des menschlichen Körpers, JZ 1974, 593, 597.

⑤ Schack, Weiterleben nach dem Tode-juristisch betrachtet, JZ 1989, 609, 610.

⑥ BGH, FamRZ 1992, 657.

做法也符合法律关于意思表示的解释规则。一般来说意思表示需要以明确的方法表达出来,沉默并不能产生法律后果,但是,如果存在某种习惯法的话,可以推定沉默具有习惯法上的法律后昊。由于对于尸体进行习惯法上的安葬是人类社会通行的观念,只是在安葬方法上有所不同而已,死者因为确信这种习惯作法而没有明确的意思表示。因此,如果死者没有明确的进行器官捐献的意思表示,死者的意思应当是按照习惯的方法进行安葬。

如果为了其他目的考虑而改变这一规则,认为死者没有明确意思表示的,其近亲属可以做出捐赠的决定;或者医疗机构为了挽救生命可以对于死者进行器官摘除,实质上是否定了死者的真正的意思决定,是对于死者人格的否定。对于死后器官捐献的提倡只能通过社会观念的养成,由人们自己决定,而并不能通过制定违反习惯法的制定法去实现。而且有违习惯法的制定法本身也不能实现促进死后器官捐献的目的。因为人们可以通过作出明确的意思表示来排除这种法律规范的适用,其法律后果只能是社会成本的增加。

此外,认为死者的一般人格权与生存的人的生命权相比较,应当处于让步的地位,生存的人的生命权处于优先地位的观点,①也是站不住脚的。权利的客体越明确,权利就越绝对。因为这种权利具有明确的权利边界,并不会对于其他人的行为自由造成限制。而且是否进行器官捐献是人的重要的人格权,因此应当受到法律的确定保护。虽然这种权利并没有受到法律的明确规定属于一般人格权,但是由于上述原因也不能被利益衡量为处于劣后低位的权利。因此,并不能为了救治其他人而在死者没有明确意思表示的情况下对于死者进行器官摘除,

① Joachim Linck, Gesetzliche Regelung von Sektionen und Transplantationen, JZ 1973, 759, 764.

这种行为属于侵害死者躯体完整的人格权。

第五节 死者具有部分权利能力

通过上述论述,人在其死亡后仍然具有一定的人格存在,这些人格存在是人活着时通过生命的展现和行为自由实现的。这些得到实现的人格存在状态并不随着人的死亡而消亡,在人死亡后仍然能够在一定期间内继续存在。它们构成了死者具有权利能力的正当性前提和必要条件。

传统学说一致认为的权利能力终止于人的死亡的观点,[①]按照拉伦茨的观点,是《德国民法典》第1922条的推论。[②] 既然权利能力终止于死亡是继承理论的推论。也就是说,由于在人死亡后发生继承,被继承人的财产由继承人所继承,那么其前提条件就是死者丧失了权利能力,从而不能继续拥有这些财产。值得注意的是,通过继承被继承人所继承的只是被继承人的财产,那么,通过民法典关于继承规定所推论出的权利能力的终止也仅应局限于财产领域,因为人的人格权是不能被继承人所继承的。传统理论认为权利能力一概终止于死亡是由权利能力是不可分的理论局限所造成的。在权利能力具体化并承认部分权利能力存在的情况下,并不能认为所有的权利能力都是终止于人的死亡;人格权法律关系领域的权利能力并不随着人的死亡而终止。

认为权利能力随着人的死亡而终止的观点明白地认为人的权利能力在于人的存在,人的存在终结于人的死亡。但是与人的存在相比,权

---

① Larenz, AT, §5Ⅱ, S.92.

② Larenz, AT, §5Ⅱ, S.92.

利能力更多地与人的人格属性相联系。人的人格并不随着人的死亡而消灭,死者的人格仍然继续存在。死者的人格是他的一般人格权以及其他个别权利的主体,死者的人格与其他人的法律人格存在于一种基本的法律关系中,因为死者也拥有对于他的作为人格人的尊严予以尊重的权利。[①] 虽然人的生命随着死亡而终结,并因此人的财产作为遗产被他人所继承。因而死者不再作为财产法律关系的主体,但是死者的人格并不能被他人所继承,死者在人格领域仍然继续存在,继续作为人格权的主体,因此死者应当具有权利能力。

一、权利能力并不绝对依赖于人的生命

请求权或者权利及义务并非以生物本质或者自然属性——如容忍或感受能力——为基础,也并非以所有人的质料的相似性或者实质的共同性为基础。权利能力并不绝对依赖于人的生命,作为社会组织体也能够获得权利能力。权利能力的连接点在于社会人格,在于一种值得尊重的价值。在民法体系中存在人与物的区分,物是具有财产价格的存在,人是一种被尊重的存在。一种被尊重的存在具有其自身的目的和价值,不能够成为他人控制的对象,自身就是法律关系的归属点。如果一种存在在法律关系中被尊重,那么他自身只能是自身控制的对象;而不能作为他人控制的对象;其自身就是自身的利益所在,而不能成为他人获得利益的手段和工具。这种意义上的存在在其被尊重的范围内就是法律关系的主体,具有了获得权利能力的前提条件。

因此,虽然法人并不具有生命,但是法人通过法律制度的构建成为一种为自身目的的存在,并不能成为任何人获利的工具,因而成为法律

---

① Knut Müller, Postmortaler Rechtsschutz Überlegungen zur Rechtssubjektivität Verstorbener, Peter Lang, Frankfurt 1996, S. 248.

关系的主体,具有权利能力。公司股东和管理人员的获利是通过他们和公司的合同确立的。股东通过将自己财产的所有权转让给公司,而获得股份红利的对价,他们之间并不存在谁利用谁的问题。公司管理人员的报酬同样是通过与公司的合同,是对于他们的劳动的对价,也不存在谁利用谁的问题。如果出现公司股东利用公司谋取私利的情况,例如操纵公司进行一些严重侵害公司利益的行为的,法律设计了法人人格否认制度,使得股东与公司的人格同一,股东对于公司的债务负担无限责任。

因而,并非生命而是社会中的价值和目的才是人格的核心要素。生命只是作为这种价值中的一种(生物人)的不可分割的部分而成为人格价值的组成部分,它并非所有的人格形态的必要前提。因而生命的欠缺并不能成为否认死者权利能力的理由。

二、死者权利能力的范围与其人格状态相关

只要是被尊重的对象,自身作为目的的存在,不管是否是具有生命的存在,都具有了至少在某些法律关系中作为主体的能力,能够获得权利能力。只是由于这种存在被尊重的范围不同,因而权利能力的范围也有所不同。所有的法律领域可以被划分为人格领域、婚姻家庭领域、以及财产领域。在人格领域,人格存在本身就是一种被尊重的存在,因此每个人都可以获得这一范围内的权利能力,包括胎儿和死者。在婚姻家庭领域,只有达到一定年龄的人才能够认识婚姻和家庭的本质,才能够在这些法律关系中尊重对方,将对方作为目的去对待,因而成为被尊重的对象。因此只有达到一定年龄的人才能够缔结婚姻并组建家庭,而不具备理性的人只能作为被动受益型家庭关系的主体。在财产领域,只有具有理性的人才能够合理地行使自己的权利,并尊重他人的权利,履行自己的义务以协助实现他人的财产利益,因而只有具有理性

的人才能够作为财产法律关系的主体。但是由于财产可以通过他人予以代理,权利人的理性的不足可以通过他人的理性予以补足,那么对于财产具有需求的人都可以成为财产权的主体。人类从出生到死亡为了维持生命对于财产具有需求,因此可以成为财产法律关系的主体;未出生的胎儿在出生后需要财产,因此他们在财产法律关系领域具有附条件的权利能力,在其未活着出生的条件下其权利能力溯及既往解除。

因此成年的理性人的权利能力的范围是最为全面的,而未成年人的权利能力范围次之,胎儿的权利能力范围又次之,死者的权利能力范围最狭小。死者随着生命的终结,摆脱了沉重的肉体,获得了精神的升华,因而死者的人格存在可以不再依赖于财产的存在;死者死亡后也不能在婚姻家庭领域履行义务,享有权利;但是死者死亡后作为一种受尊重的对象仍然在一定时间内继续存在,其他人对此必须予以尊重。因此,死者在人格权领域仍然应当获得法律的保护,具有相应的权利能力。

三、死者在人格权法律关系中具有部分权利能力

死者仍然具有部分人格的存在,按照具体权利能力理论,这种人格存在如果符合某种法律关系的原则和目的,死者就能够在这种法律关系中享有权利能力。人格权是为了维护人的尊严和人格的发展,虽然死者丧失了自我发展人格的能力,但是其仍然具有得到实现了的人格存在。这些人格存在是死者人格尊严的体现。这些人格存在仍然具有人格的价值,是民法最根本的价值。以此为基础,在这些人格存在的范围内死者仍然应当得到尊重,因此,在这一范围内死者具有权利能力。也就是说,死者在人格权法律关系中具有获得权利能力的正当诉求。

四、承认死者的部分权利能力并不会限制他人的行为自由

对于死者的部分权利能力的承认，以及在此基础上对于死者的某些权利的保护，存在的最大忧虑在于，其是否会妨害到市民社会其他人的行为自由。因为私人自治和行为自由是私法中最为重要的价值之一，私法甚至以保护私人自由防止公权力侵害为使命。

我认为，对于死者的部分权利能力的承认和部分权利的保护并不会构成对于他人的行为自由的限制。

首先，会对于他人自由产生限制的是权利和法益边界的模糊，而非权利和法益的数量的多寡。权利和法益边界模糊会使得行为人动辄得咎，无所适从，从而产生限制他人行为自由的弊端。但是边界清晰的权利数量的增多并不会限制他人的行为自由。行为自由的核心在于行为人按照自己意志的自我决定，在于排除外部对于人的自主决定的限制。边界模糊的权利固然会造成对于他人自我决定的妨害和限制；边界清晰的权利设定了明确的行为框架，无论其数量多少都不会造成对于他人自我决定的限制。因此，得到承认的死者的部分人格权只要其具有清晰的权利边界，并不会对他人的行为自由产生限制。

其次，对于死者部分权利能力的承认，以及在此基础上对于死者的部分人格权的保护，并不构成新增的权利，它只是法律对于死者生前所保护的权利中的一小部分的延续。如果认为死者生前所具有的权利并不会构成对于他人行为自由的限制，那么在其死后，对于其生前所具有的权利中的一小部分予以继续承认和保护自然也不存在侵害他人行为自由的可能性。

最后，由于价值判断不同，即使有人认为对于死者某些人格权的承认会构成对于他人行为自由的限制，这种限制也存在充分正当的理由。

行为自由并不是一个绝对的概念，任何人的自由都必须在法律所设定的框架内获得实现，这种框架是每个人的自由得以并存的前提。例如，法律在关于行为能力效力的判断上，设定了公序良俗原则作为框架，行为人必须在这一框架内实施法律行为。在法律所设定的框架中，人格尊严和人格价值是其中非常重要的组成部分，是一个社会最基础性的价值。在践踏人格尊严和人格价值的社会秩序中，一切的自由都是没有意义的。自由的行使以不侵害他人的人格尊严和人格价值为前提。对于死者人格尊严的尊重是现代社会人格尊严和人格价值的最新发展，承认死者的部分权利能力并在此基础上承认和保护死者的部分人格权是民法对于人格尊严价值予以尊重的重要体现。这种尊重构成社会秩序和法律价值的基础。

第六节 死者的保护人及其人格权保护

死者死亡后丧失了行为的能力，不能通过自己的行为去实现权利。因此在死者具有的部分权利能力范围内，应当为死者设置保护人，照顾死者的相关权利。由于死者所具有的权利能力范围是人格权法律关系，因此死者的保护人对于死者的人格权负有照顾的义务，保护死者的人格权不受侵害。在其受到不法妨害时主张人格权请求权。由于死者已经死亡，死者精神性人格权的损害赔偿对于死者没有意义，因此死者的保护人并不能就死者精神性人格权的损害主张损害赔偿。但是死者人格中的财产性要素可以继承，因此对于死者财产性人格权的侵害，死者的继承人可以主张损害赔偿。由于死者的近亲属与死者具有紧密联系，在一定程度上，具有利益关联性，因而死者的近亲属是死者保护人的最佳人选；如果没有近亲属的，其朋友也可以作为死者的保护人。当然,如果死者生前已经作出明确的意思表示,指定了保护人的,应当尊重死者生前的意志,由其指定的人担任保护人去保护其死后仍然存在的人格部分。

CHAPTER 07 >>

第七章

合伙与设立中法人的准人格状态

第一节　合伙的准人格状态

按照包括我国在内的德国法系国家传统的民法体系,法律关于合伙的规定只是关于合伙之间的合伙合同,至于合伙的法律地位并未涉及。按照传统理论,合伙是一种财产的集合,关于合伙的法律规范也只是对于合伙财产的财产法上的规则,并未将合伙作为一种组织体予以看待。因此合伙并未被作为法律人格对待,也不具有权利能力。而且,关于其是否能够享有人格权也存在很大争议。但是随着社会的发展,合伙在社会活动中作用的提高,尤其是商事合伙的出现,传统关于合伙的认识逐渐受到挑战,合伙要求以整体参与法律关系,其本身所具有的名称、名誉等也需要获得法律保护。因此,合伙的人格状态和权利能力问题需要重新考量。

一、传统理论关于合伙法律地位判断的缺陷

传统理论认为,合伙是一种松散的结构,联系合

伙人的是一种合伙协议，合伙并不构成独立的组织。作为法律主体的只是合伙人，而非合伙，合伙人的行为只涉及自己和其他合伙人。① 传统理论只注意到合伙人，而忽视了合伙人的集合在一定程度上已经具有了独立的地位和功能。传统理论的这种认识在很多方面造成了合伙理论的内在矛盾和障碍。

(一)关于合伙财产的矛盾

立法关于合伙的财产到底是属于合伙人所有还是属于合伙所有并没有明确的规定。② 按照传统观点，由于个别的合伙人是合伙财产的权利人，因此，合伙并不被作为这些财产的所有人。合伙财产具有多个权利人，合伙财产客体的权利归属主体是作为多人的所有合伙人。③ 也就是说，虽然传统学说也认为合伙人共同结合作为所有权等权利的权利人，但并不是在合伙作为权利人的意义上，而是仅与个别合伙人相关的权利。④那么按照关于共有的规定，虽然对于共有权利的整体的处分需要全体共同决定，但是每个共有人都可以自由处分其应有的份额。因而按照传统理论的理解，逻辑一贯的推论应当是合伙人可以对于其应有的份额随意进行支配。但是这种结论却与民法典关于合伙财产的规定相矛盾。按照《德国民法典》第 719 条第 1 款的规定，以及与此相似的我国《民法通则》第 32 条的规定，合伙人对于合伙财产的任何部分的支配权都被排除了。因此，传统学说并不符合民法典关于合伙财产的

---

① Dauner-Lieb, Unternehmen in Sondervermögen, Mohr Siebeck, Tübingen 1998, S. 522.

② Karsten Schmidt, Gesellschaftsrecht, 4. Auflage, Carl Heymanns Verlag, Köln 2002, S. 204.

③ Alexander Meschkowski, Zur Rechtsfähigkeit der BGB-Gesellschaft, Peter Lang, Frankfurt 2006, S. 106.

④ Beuthin-Ernst, Die Gesellschaft bürgerlichen Rechts als Mitglied einer eingetragenen Genossenschaft, ZHR 156, 227, 234.

有关规定。也就是说,民法典关于合伙财产的设计并非简单的合伙人共有的关系,而是在此基础上具有更加紧密的联系,合伙的财产相较于一般的共有与个别权利人的关系更加疏远,具有相对的独立性。因此,与民法典的相关规定逻辑一贯的解释是,合伙的财产具有一定的独立性,它不同于合伙人的个人财产。对它的使用和支配要经过合伙人的共同决议,而处于共同关系中的合伙人按照正确的合伙理解,正是合伙本身。① 因而事实上合伙财产归属于合伙。

同时,民法典关于合伙财产是全体合伙人共有的财产的规定②并没有排除合伙作为合伙财产归属者的地位。学者认为,法典关于合伙财产属于合伙人共有的规定,同时也意味着这些财产法定地归属于合伙自身。③ 因为合伙与现有合伙人的总和完全相同。④ 弗卢梅则认为,正如合伙部分被作为集合体,部分又被作为纯粹的债务关系予以构建一样,集合体的财产和合伙人的按份所有权也可以并存,合伙的所有权本身不作为合伙人的按份所有权是可以想象的。⑤ 这两种意见都说明合伙的财产关系可以从合伙人作为总体以及合伙人之间的关系两个角度进行考察。从总体的角度考察,合伙的财产归属于由全体合伙人构成的作为集合体的合伙;而从合伙人之间关系的角度考查,这种财产关系又是按份所有关系。因此民法典关于合伙财产是合伙人共有的财产仅是从合伙内部合伙人之间的财产关系的角度进行的规定,对于合伙财

---

① Alexander Meschkowski, Zur Rechtsfähigkeit der BGB-Gesellschaft, Peter Lang, Frankfurt 2006, S. 111.

② 《德国民法典》第 718 条和我国《民法通则》第 32 条的规定。

③ Ulrich Huber, Rechtsfähigkeit, Juristische Person und Gesamthand, in: Festschrift für Marcus Lutter, Dr. Otto Schmidt Verlag, Köln 2000, S. 123.

④ Ulrich Huber, Rechtsfähigkeit, Juristische Person und Gesamthand, in: Festschrift für Marcus Lutter, Dr. Otto Schmidt Verlag, Köln 2000, S. 123.

⑤ Werner Flume, Allgemeiner Teil des bürgerlichen Rechts, Erst Band, Erst Teil, Die Personengesellschaft, Springer Verlag, Berlin 1977, S. 10.

产的总体上的归属人没有进行规定。也就是说，立法者对该问题没有表达意见，因此并不能对此予以否定。

合伙财产的独立性存在与法人的财产情况类似之处。法律为了满足法人具有独立人格的要求，实现法人具有独立财产的目的，规定法人成员应当通过转移财产的方法将出资的相应权利转移给法人，从而使得法人具有了独立的财产。合伙虽然没有类似的规定，但是法律通过其他的规定实现了相似的功能。法律通过对于合伙人在合伙期间针对合伙财产的权利的限制，使得合伙人在同样的意义上丧失了对于这些财产所具有的权利，使得这些财产只能在合伙的目的范围内由全体合伙人决定予以支配，从而产生了财产转移的实质法律后果。因此，合伙的财产在合伙存续期间属于合伙所有。

（二）关于合伙债务的矛盾

在民法体系中，债务和责任是两个区分的概念。债务是从至少两个法律主体之间的法律关系中产生的其中一个法律主体所具有的向其他法律主体履行的义务。[①] 责任则是可以为债权人所获取的债务人的财产，也就是债务人积极财产中的可以获取的债务对象。[②] 因此，债务人就是被科予履行义务的人，责任人是指以其财产去履行义务的人。与债务相联系的是债务人，与责任相联系的是被负担的财产范围。[③] 按照通说的理解，责任是债务的组成部分并且不能与债务相分离，没有债

① Lutz Anderhold, Das Schuldmodell der BGB-Gesellschaft, Stollfuss, Bonn 1981, S. 83.

② Bernd Hennecke, Das Sondervermögen der Gesamthand, Duncker & Humblot, Berlin 1976, S. 23.

③ Markus K. Weiss, Rechtsfähigkeit, Parteifähigkeit und Handlungsordnung der BGB-Gesellschaft nach dem Grundlagenurteil des Bundesgerichtshofs vom 29. 01. 2001, Ergon Verlag 2005, S. 73.

务的责任在我们的法律体系中是无法想象的。① 因此,债务主体的承担者同时也是责任的主体,停止履行义务的人的财产在强制执行中成为债权人获取的对象。

传统理论的支持者认为民法典规定②的代理其他合伙人,仅仅是指其他的单个合伙人,而不同时也是处于集合状态的合伙人。进而认为,合伙事务的处理人代理的并非是合伙,而仅仅是他自己以及其他处于分离状态的合伙人。③ 因而,以合伙名义产生的义务的债务人只能是合伙人,而非合伙。④ 合伙人应当依据民法典关于共同债务规定作为共同债务人去履行这一义务。这一义务的责任基础是合伙人的总财产,包括合伙人通过合伙形成的共同财产,还包括合伙人的其他财产。也就是说,一项义务具有双重作用,⑤同时既作用于合伙人的个人财产也作用于合伙的特殊财产。按照这样的理解,合伙债务并非一种独立的债务,而只是涉及责任的问题,它使自己与作为特别财产的合伙财产联系起来。⑥ 在传统理论看来,并不存在一个独立的合伙债务。因为作为债务人的是合伙人,合伙人用他的全部财产去承担责任,也就是以其私人财产以及共同财产去承担责任。

但是正如上所述,合伙的财产和合伙人的个人财产是相互独立的

---

① Karl Larenz, Lehrbuch des Schuldrechts, Bd. 1/AT, 14 Auflage, C. H. Beck, München 1987, S. 23.

② 《德国民法典》第 714 条以及我国《民法通则》第 34 条的关于合伙事务的规定。

③ Barbara Dauner-Lieb, Unternehmen in Sondervermögen, Mohr Siebeck, Tübingen 1998, S. 522.

④ Hueck Goetz, Drei Fragen zur Gesamthandsgesellschaft, in: Festschrift für Wolfgang Zöllner zum 70. Geburtstag am 28. 12. 1998, Heymann, Köln 1998, S. 293.

⑤ Hueck Goetz, Drei Fragen zur Gesamthandsgesellschaft, in: Festschrift für Wolfgang Zöllner zum 70. Geburtstag am 28. 12. 1998, Heymann, Köln 1998, S. 293.

⑥ Markus K. Weiss, Rechtsfähigkeit, Parteifähigkeit und Handlungsordnung der BGB-Gesellschaft nach dem Grundlagenurteil des Bundesgerichtshofs vom 29. 01. 2001, Ergon Verlag 2005, S. 75.

两种财产。合伙人并不能对于合伙的财产进行单独支配，因而合伙人去履行义务时，他可以支配的也仅限于个人的财产而不能以合伙财产去履行债务。这样就与传统理论产生了矛盾，一方面传统理论认为因合伙产生的债务是合伙人的个人债务，合伙人可以合伙财产和个人财产去承担责任；另一方面按照法律的规定，合伙人却不能够以合伙的财产去对个人债务承担责任。产生这一矛盾的根源在于法律对于合伙的设计，法律已经通过合伙事务的处理以及合伙财产的支配的共同决定规则，建立了合伙人之间的紧密联系；传统理论不顾这种联系而以民法理论中共同债务等其他松散的法律关系去解释合伙债务有关问题时，就会产生体系上的矛盾。

而且，由于合伙的财产是一种相对独立于合伙人个人财产的财产，因而如果将以合伙名义产生的义务作为合伙人的义务，而不承认合伙的义务，并认为作为这种义务的保障的财产不但包括合伙的个人财产还包括合伙财产，将会产生合伙虽然不是义务人却要承担责任的结果。而针对某一财产的责任却并不存在与该财产相关的义务的承担者，对法律秩序来说是陌生的。① 也与作为民法基本理论的"谁负有义务，谁承担责任"的原则②相违背。

因此，合伙债务并非仅在标识责任范围的意义上具有作用。应当承认其作为一种独立的债务，合伙是这一独立债务的主体。合伙作为一个集合体并不等同于合伙财产，合伙财产是责任客体，但并不是义务的主体——债务人，债务人是作为人的集合的合伙。只有当人们将合伙债务认定为作为集合体的合伙的真正债务时，人们才真正认识到集

---

① Walter F. Lindacher, Grundfälle zur Haftung bei Personengesellschaften, JuS 1981, 431, 433.

② Timme-Hülk, Rechts-und Pateifähigkeit der Gesellschaft bürgerlichen Rechts, JuS 2001, 536.

合体的特性。①

(三)合伙成员状况变化的矛盾

传统理论认为,合伙只是共同结合在一起的多数人,并没有形成一种超越于合伙成员的组织。这种理论的推论就是,合伙的属性直接与合伙成员相联系,合伙成员的组成会影响到合伙的组成,合伙成员的变化会直接导致合伙的变化。如果出现合伙成员的更新,就会产生更新后的多数人与更新前的多数人不同的结果,使得合伙的本质发生变化。然而这与立法关于合伙的认定存在矛盾,即便经过全体合伙人同意出现退出合伙或者加入合伙的情况,合伙的本质并不存在变化,合伙还是原来的合伙。

因此,只有承认合伙具有超越合伙成员的组织特性,合伙具有了相对于成员的独立特性,合伙成员的变化才不会影响到合伙的本质,合伙才具有了稳定性。

二、德国合伙理论的新发展

德国法上的传统理论,将合伙仅作为一种管理某一财产的结合,联系合伙人的是一种松散的协议,合伙并不构成独立的组织。因而也不具有任何权利能力,作为法律关系承担者的是作为合伙成员的个别的合伙人。但是随着社会的发展,尤其是商事活动的推动,德国法上出现了在一定程度上承认合伙的组织体地位,并赋予其一定权利能力的学说和司法实践。

---

① Werner Flume, Allgemeiner Teil des bürgerlichen Rechts, Erst Band, Erst Teil, Die Personengesellschaft, Springer Verlag, Berlin 1977, S. 318.

（一）合伙的传统理论—共同结合的多数人理论（Die gesamthänderisch gebundene Vielheit）

按照传统的观点，合伙是一种财产的共同体，以服务于归属于集体的特别财产的共同结合为目的。① 这一财产是一种限定于特定目的的独立的特别财产。合伙作为这一财产的使用和管理者也具有财产法上的地位。因此所有的与合伙的集合体相关的规则都具有财产法上的表现。② 合伙的财产由所有合伙人的份额共同构成，所有合伙人对于这一财产平等地共同拥有。③ 这种集合体的性质按照传统的理解并非一种单一的整体，而是共同连接在一起的多数人。④

按照这种理论，由于合伙并非如法人那样是一个单一的整体，而是共同结合在一起的多数人，也就是说，并不存在一个超越于合伙人的整体存在，因此作为法律关系的主体，具有权利能力的仍然只能是合伙人，而非合伙。只是这里的主体是结合在一起的所有的合伙人。⑤ 因此，事务的代理所代理的是合伙人而非合伙。

按照这一理论，合伙的财产，也只能属于全体合伙人，每个合伙人都对于合伙的财产具有特定的份额。但是这种份额只是一种观念上的份额，⑥一种价值上的份额，合伙人不能对于这种份额进行使用。这种份额并不最终确定，但是在每一时刻却是能够确定的，因此处于不断的

---

① Karsten Schmidt, Die BGB-Außengesellschaft：rechts-und pateifähig, NJW 2001, 933, 934.

② Markus K. Weiss, Rechtsfähigkeit, Parteifähigkeit und Handlungsordnung der BGB-Gesellschaft nach dem Grundlagenurteil des Bundesgerichtshofs vom 29. 01. 2001, Ergon Verlag, Würzburg 2005, S. 38.

③ Larenz, Lehrbuch des Schuldrechts, Bd. 2/BT, 12. Auflage, S. 389.

④ Karsten Schmidt, Gesellschaftsrecht, 4. Auflage, Carl Heymanns Verlag, Köln 2002, S. 199.

⑤ Weber Grellet, AcP 182, 316, 317.

⑥ Gerhard Buchda, Geschichte und Kritik der deutschen Gesamthandlehre, Erwert, Marburg in Hessen 1936, S. 202.

变化中。[①]

(二)新兴的集合体理论

随着合伙在社会中尤其是经济活动中的地位提升,关于合伙的本质又出现了不同的认识。1972 年,著名法学家弗卢梅(Flume)教授掀起了对于合伙本质探讨的运动。他的理论上接自 19 世纪基尔克(Gierke)所支持的集合体理论,在其著名的关于团体和集合体的文章[②]中奠定了合伙新发展的基石,并为集合体理论找到了突破口。随后学者乌尔姆(Ulmer)以及施密特(Schmidt)在此基础上使得集合体理论走向成功之路。[③] 按照这种理论,合伙并非是一种作为与财产有关的存在,也不是在一种客观化的视角作为一种特别的财产去观察,而是应该被置于主体的视角去讨论。[④] 它应当被看作一种由多人共同构成的社会集合体或者超越个人的作用体(Wirkungseinheit)。[⑤] 因此,弗卢梅将合伙从债务关系中解放出来,将其作为人法置于民法总论部分。对于这样的作为主体的合伙,其组织机构的构成是通过合伙协议确立的。也就是说,合伙协议同时具有了两种属性,一种是传统观点所认识的作为债务关系的合同,另一种是一种组织合同,属于组织法的范畴。因此,正如学者所言,合伙是一种组织法上的形象,并且合伙合同是一种组织合同。

---

① Markus K. Weiss, Rechtsfähigkeit, Parteifähigkeit und Handlungsordnung der BGB-Gesellschaft nach dem Grundlagenurteil des Bundesgerichtshofs vom 29. 01. 2001, Ergon Verlag, Würzburg 2005, S. 42.

② Werner Flume, Gesellschaft und Gesamthand, ZHR 136, 177.

③ Markus K. Weiss, Rechtsfähigkeit, Parteifähigkeit und Handlungsordnung der BGB-Gesellschaft nach dem Grundlagenurteil des Bundesgerichtshofs vom 29. 01. 2001, Ergon Verlag, Würzburg 2005, S. 47.

④ Flume, Gesellschaft und Gesamthand, ZHR 136, 177.

⑤ Werner Flume, Allgemeiner Teil des bürgerlichen Rechts, Erst Band, Erst Teil, Die Personengesellschaft, Springer Verlag, Berlin 1977, S. 89.

通过这些，合伙作为一种集合体成为组织体，成为法律交往的参与人和法律关系的联系点。①

三、德国司法实践对于合伙法律地位的新发展

20 世纪 70 年代以前，德国联邦法院的判决坚守传统学说的见解，并不承认合伙的权利能力。1957 年的一个判决认为，合伙并不具有自己的法律人格，因此也不具有自己意义上的合伙财产，同样的也不具有自己意义上的合伙债务。② 在随后的一则判决中德国联邦法院对此又予以确认，按照理论和实践广泛接受的观点，权利和义务的承担者是合伙人自己，合伙同其成员的人格并不能被分离。③

在学界关于合伙本质讨论的同时，德国联邦法院关于合伙的态度也有所转变。在 1978 年 11 月 8 日④和 1979 年 4 月 30 日⑤的两则判例中，德国联邦法院承认了合伙作为合同主体的能力，并且承认了合伙的义务。学者认为，虽然联邦法院承认合伙是一种与成员区分的具有部分权利能力的作为权利和义务的归属主体的解释并不明确，但是距离这一结论很近了。⑥德国联邦法院在 1980 年 12 月 15 日的判决中认为，合伙在法律交往中具有法律上的独立性和行为的能力。⑦ 在 1991 年 11 月 4 日的判决中，德国联邦法院肯定了合伙作为合作社成员的能力。法院认为，作为由合伙人组成的集合体，合伙在外部关系上（Außen-

---

① Werner Flume, Gesellschaft und Gesamthand, ZHR 136, 177, 179.

② BGHZ 23, 307, 313.

③ BGHZ 34, 293.

④ BGHZ 72, 267.

⑤ BGHZ 74, 240.

⑥ Markus K. Weiss, Rechtsfähigkeit, Parteifähigkeit und Handlungsordnung der BGB-Gesellschaft nach dem Grundlagenurteil des Bundesgerichtshofs vom 29. 01. 2001, Ergon Verlag, Würzburg 2005, S. 57.

⑦ BGHZ 79, 374, 378.

Gesellschaft BGB)基本上能够作为法律关系的参与者。也就是说,只要没有特别的观点予以反对,合伙在其参与的法律关系中具有法律地位。①

经过这一系列判决的准备,德国联邦法院最终在2001年1月29日明确承认了合伙的部分权利能力。在该判决中,德国联邦法院明确承认了合伙在外部关系上具有部分的权利能力。②

德国联邦法院认为,为了贯彻立法希望实现的合伙财产和合伙人私人财产的区分,将合伙视为限制的主体提供了一种可行的无矛盾的模式。传统的仅将合伙人作为合伙的权利和义务的归属主体的观点具有严重的缺陷,即仅将合伙的义务作为《德国民法典》第427条意义上的合伙人的连带义务与合伙的团体原则相矛盾。因为按照《德国民法典》第719条,当债务对象位于合伙财产中时,单个的合伙人并不能单独地作为连带义务人提出履行。传统学说为了解决这一矛盾将合伙债务与合伙人的债务予以区分,认为针对全体合伙人产生的义务具有双重的作用,一方面作用于合伙的财产;另一方面又作用于合伙人的财产。但是联邦法院认为,这种观点又混淆了债务和责任的区分,作为债务承担者的只能是主体而不是财产。

德国联邦法院进一步地认为,承认合伙在外部关系上具有权利能力在实践意义上具有重要意义,因为合伙内部成员状况的变化并不对与合伙有关的法律关系的继续存在产生任何影响。而对于传统观点严格适用的结果是,与合伙有关的债务关系在成员状态的任何变化时都需要同合同相对方重新订立或者重新确认。当合伙在外部关系上只有一个债务关系时,由于不同内部成员状态而缔结的两个合同是不同的。

① BGH, NJW 1992, 499, 500.

② BGH, NJW 2001,1056.

而这种在合伙成员状态变化时对于长期债务关系的重新缔结的要求不具有任何内部的正当性，并且会对于合伙在法律交易中的行为能力造成不利。而且传统观点对于为什么要求新加入的合伙人对于旧的合伙债务承担责任也没有提供令人满意的解释。①

由于合伙的法律人格不清晰，以及因此对于实践造成的困扰，所以当联邦法院对于合伙的法律地位进行了明确的确认之后，学界对此给予极高的评价。该判决被认为是一个“里程碑”，②是一个“基本的判决”，③是一个“突破”，④为合伙提供了新的基础。

四、我国合伙理论的新发展

与德国法上合伙理论发展相呼应，近年来我国学者也认为，合伙与合伙人是两个不同的法律实体，合伙具有独立于合伙人的独立法律人格。⑤ 我国学者主要从合伙具有类似于法人的相对独立性出发展开合伙独立性理论的构建。有学者认为，合伙作为一种独立的民事主体，不仅理论上可行，更是基于实践的需要。⑥ 还有学者认为，合伙具有独立的名义、独立的意志、独立的财产和独立的责任，因而可以成为独立的民事主体。⑦ 因而，大多数学者认为，合伙是一种不同于自然人和法人

---

① BGH, NJW 2001, 1056, 1057.

② Karsten Schmidt, Die BGB-Außengesesllschaft: rechts-und parteifähig, NJW 2001, 993, 1003. Peter Ulmer, Die höchstrichterlich “enträtselte” Gesellschaft bürgerlichen Rechts, ZIP 2001, 585.

③ Alfred Kellermann, Gesellschaft bürgerlichen Rechts: Rechtsfähigkeit, Parteifähigkeit, Haftung der Gesellschafter, in: Festschrift für Herbert Wiedemann, C. H. Beck, München 2002, S. 1069.

④ Herbert Wiedemann, Anmerkung, JZ 2001, 661.

⑤ 宋永新：“关于我国合伙法律制度的若干问题”，载《中国法学》2001 年第 4 期。

⑥ 施建辉：“合伙为独立民事主体之我见”，载《法学》1997 年第 7 期。

⑦ 陈华、刘勇：“合伙可以成为独立的民事主体和民事诉讼主体”，载《法商研究》1999 年第 5 期。

的民事主体,也就是第三类民事主体。①

传统理论仅从合伙财产和合伙协议的角度观察,否认合伙的主体地位。新的理论认识到,合伙的财产并非是合伙的前提和原则,它毋宁只是被置于合伙关系中的财产。对于集合体的财产的承认以集合体的存在为前提。② 因此,首要的是集合体从它的人法属性被作为个体去界定。③ 作为合伙财产的承担者的并非是置于集合关系中的个别成员,而是作为独立存在的合伙,一种具有权利能力的组织体。

值得注意的是,我国关于合伙第三类民事主体的理论,更多地是对于比较法上合伙理论新发展以及我国司法实践要求的对策性回应,在结论上采用了一种模糊的做法,承认合伙的主体地位。但是这种理论本身缺乏精密论述,也未与既有的民法体系相融合,没有解决合伙作为主体的正当性基础。尤其是没有认识到合伙独特的组织结构使其具有一定的人格,从而能够作为法律主体。也没有认识到合伙不同于法人的组织结构使其不可能具有等同于法人的完满的法律人格和法律主体地位。因而,在我国合伙第三类民事主体理论尚不成熟,而且理论构成粗糙,对于合伙的第三类主体的权利能力的范围以及与法人的区分的认识尚不明朗。以至于存在将自然人、法人与合伙在人格方面完全等同的观念,忽视了即便作为法律主体,合伙也在人格和权利能力范围方面不同于法人这一事实。

因此,特别需要提出的是,合伙的独立性并非是作为一种与成员分离的完全独立和不同的具有组织结构的组织人去界定,而是作为一种

---

① 王利明:《民法总则研究》,中国人民大学出版社 2003 年版,第 448 页。

② Ulmer, Gesellschaft bürgerlichen Rechts, und Partnerschaftsgesellschaft, 3Auflage, C. H. Beck, München 1997, § 705, Rn. 129.

③ Markus K. Weiss, Rechtsfähigkeit, Parteifähigkeit und Handlungsordnung der BGB-Gesellschaft nach dem Grundlagenurteil des Bundesgerichtshofs vom 29. 01. 2001, Ergon Verlag, Würzburg 2005, S. 49.

在成员的集合中存在的人的组织(Personenverband)。[①] 这正是合伙与法人的区别所在,合伙只是一种能够作为权利和义务的承担者的集合体,而并非是法人。正是这一区别决定了合伙的权利能力范围不同于法人。法人不论是在内部还是外部关系中都具有独立的存在,并获得全面的权利能力;而合伙仅在外部关系中具有独立的存在,在内部其并未获得与合伙人完全分离的独立存在,因而合伙的权利能力仅局限于外部关系上,也就是合伙与第三人之间的关系上。

虽然在我国,合伙理论的新发展提出了第三类民事主体学说,但是这一学说在理论上仍然非常单薄,其教义学基础和具体内容的构建仍不清晰,因而合伙理论仍然需要进行深入检讨。

五、合伙具有一定的人格构成要素

传统学说认为合伙是一个财产关系,对于它包含人格关系一直持怀疑态度。真实情况是,合伙不但包括财产关系的要素还包含人格关系的要素。这种人格要素是由合伙通过在特定目的范围内的运作实现的,这是单纯的财产关系所不能吸纳的内容,因为有关合伙的制定明显不同于关于一般的财产共有制度。只要通过合伙合同,合伙人相互之间的债务关系被更进一步地构建为合伙,那么合伙自身就具有了人格要素。合伙的人格内容包括合伙的组织原则(Verfassung)以及以其为基础产生的合伙人对合伙的具有结构性的请求权和结构性的义务的关系。而在纯粹的债务性结构中(例如共同债务关系)仅存在成员相互之间的个人的请求权和义务。因为合伙已经通过其一定的组织结构形成了合伙成员对合伙的权利和义务,因而成了具有人格要素的组织,并具

---

① Ulmer, Gesellschaft bürgerlichen Rechts, und Partnerschaftsgesellschaft, 3Auflage, C. H. Beck, München 1997, § 705, Rn. 130.

有了独立人格所需的构成特征。

(一)合伙具有行为的机构并因此具有了一定的超越合伙个人的合伙意志

合伙人在特定的范围内并不为自己以及自身的状态去行为,而是构成了一个组织,并表现为具有确定的行为的能力(Handlungskompetenzen)。组织成员并非以其自身的名义而是以合伙的名义去行为。当合伙通过这样的组织表现出来时,这种行为的能力是必要的。这一事实的时间意义是,合伙能够成为法律关系归入的对象,对此只有合伙的组织而非合伙人能够实施。①

从合伙的外部——也就是总体角度观察,通过合伙合同确立了合伙事务的代理规则,通过这一规则合伙的事务可以通过一定的个人予以实施。虽然法律关于代理的规定是代理人代理其他合伙人进行行为,但是其行为的权限和内容却是按照合伙合同确定的规则由全体合伙人共同决定的。也就是说,代理人代理行为所体现的意志并非个别合伙人的意志而是通过一定方式(合伙合同约定的协商规则)达成的团体的意志。而且合伙合同通过对于合伙目的的规定,对于合伙的行为范围进行了一定的限制,合伙的意志和行为被限制在该范围以内。

因此,在合伙事务的决议方面合伙与法人本质上并不存在实质的差异,法人的决议是按照法人的章程规定的方法通过集体表决的方法予以达成;而合伙的决定是按照合伙合同约定的方法。这种方法较法人具有更强的人身信赖关系。一般来说,如果合伙合同约定了按照多数决原则决定的,应当按照合伙人数的多数计算;如果特别约定了按照出资比例进行决定的,也并不为法律所禁止;如果合伙合同对于合伙事

① Uwe John, Die Organisierte Rechtsperson, Duncker&Humblot, Berlin 1977, S. 151.

务的决定方法没有约定的，则需要全体合伙人一致同意。通过这种决定机制形成了超越于合伙个人的合伙的共同意志。合伙与法人仅在于人格化的程度上有所不同，在合伙中合伙的成员构成了一个集合体，在法人中法人的成员被作为组织的具有一定功能的部分理解；合伙是一个法律上的人的集合，而法人是一个法律上的人。①

（二）合伙具有独立的财产组织形式

合伙人具有出资义务。通过合伙人的出资，合伙具有了最初的财产，并通过合伙的活动获得后续的财产。这些财产属于合伙而非合伙人个人。按照《德国民法典》第 719 条的规定，单个的合伙人对于合伙财产并不具有人格的控制和使用的权利。而依据第 709 条的规定，对于这些财产的任何使用都属于全体合伙人的事务，如果合伙合同没有规定的话，应当由全体合伙人共同决定。② 法国法上也对合伙的财产与合伙人的财产进行了区分。我国《民法通则》第 32 条规定，合伙人投入的财产，由合伙人统一管理和使用。合伙经营积累的财产，归合伙人共有。第 34 条规定，个人合伙的经营活动，由合伙人共同决定，合伙人有执行和监督的权利。可见，合伙的财产及其使用不能归属于个别合伙人，个别的合伙人对于合伙财产并不具有任何物权上的法律关系，合伙的财产只能由全体合伙人整体性地进行决定。因而学者认为，合伙财产的拥有人在整体性地归属方面包括支配权和管理权，③而这归属于合伙而非单个的合伙人。因为单个的合伙人与合伙的限定于一定目的的

---

① Werner Flume, Allgemeiner Teil des bürgerlichen Rechts, Erst Band, Erst Teil, Die Personengesellschaft, Springer Verlag, Berlin 1977, S. 90.

② §719, §709 BGB.

③ Alexander Meschkowski, Zur Rechtsfähigkeit der BGB-Gesellschaft, Peter Lang, Frankfurt 2006, S. 111.

物之间并不存在物权上的法律关系。① 合伙人对于合伙财产并不具有直接的财产权利，尤其是不具有物权法律关系，具有的是基于合伙的成员身份所产生的成员权。传统学说将合伙仅作为一种合同关系看待，在这种背景下成员权是无法存在的，合伙人成员权存在的基础在于合伙的成员地位是可以转让的。因为通过合伙人地位的可转让性，合伙的地位获得了实体化，并且尤为重要的是，合伙人也因此通过成员资格参与合伙，使得合伙成为一种人的集合体。②

合伙人的成员权包括人身性质的权利和财产性质的权利两方面。

前者是基于成员身份所产生的具有人身属性的权利和义务。权利主要是对于合伙事务参与管理的权利，包括对于合伙事务实施的权限，以及合伙事务的表决权。义务主要是合伙人对于合伙的出资义务和诚信义务。

后者是合伙人对于结合在一起的合伙财产的财产性的部分拥有权，这种权利并非物权，③而只是一种通过成员资格获得的针对合伙财产的抽象的价值份额，权利人与存在于合伙财产中的客体并不存在物权或债权上的联系。④ 这种财产权性质的部分拥有权仅存在于收益和损失的参与，停止营业时收益的份额，也就是解散时的财产分配请求权以及对于合伙债务的责任。⑤

---

① Karsten Schmidt, NJW 2001, 993, 998.

② Werner Flume, Allgemeiner Teil des bürgerlichen Rechts, Erst Band, Erst Teil, Die Personengesellschaft, Springer Verlag, Berlin 1977, S. 126.

③ Fischer, Anteil an einer Personengesellschaft als Gegenstand der Zwangsvollstreckung auf der Grundlage der Rechtssubjektivität aller Außengesellschaften, Lang Verlag, Frankfurt 2001, S. 127.

④ Karsten Schmidt, Gesellschaftsrecht, 4. Auflage, Carl Heymanns Verlag, Köln 2002, S. 1753.

⑤ Werner Flume, Allgemeiner Teil des bürgerlichen Rechts, Erst Band, Erst Teil, Die Personengesellschaft, Springer Verlag, Berlin 1977, S. 145.

因此,个别的合伙人并不对合伙财产具有直接的物权或债权。合伙的财产归属于处于共同状态的合伙人,而非作为个别权利承担者的合伙人。而处于共同状态的合伙人在合伙法律关系中正是合伙本身。[①] 我国学者也认为由于把合伙财产与合伙人个人的其他财产区别开来,使得合伙财产具有一定的独立性。[②] 由于法律将合伙财产与合伙人的个人财产进行区分,并且将对于合伙财产的控制权和使用权整体性地归属于全体合伙人,并完全排除了个别合伙人对于合伙财产的任何的个别支配,因此合伙财产整体上归属于合伙,也就是由全体合伙人构成的集合体。因而,学者正确地指出,合伙在财产方面与自然人一样同样是法律秩序的个别主体。[③]

(三)合伙对外承担相对独立的责任

合伙事务执行人对外代表作为集合体的合伙从事行为,受到约束的是作为集合体的合伙。现代合伙已不仅仅是一种合同关系,合伙一经成立就具有了团体属性,能够以统一的身份对外进行民事活动。[④] 由此产生的债务对合伙产生约束。

合伙债务具有双重作用,对于合伙与合伙人都具有约束力。也就是说,合伙债务同时作为合伙整体的义务和合伙人的义务。[⑤] 它们是并列存在的两种独立义务,前者约束合伙的财产,后者约束合伙人的个人

---

① Alexander Meschkowski, Zur Rechtsfähigkeit der BGB-Gesellschaft, Peter Lang, Frankfurt 2006, S. 111.

② 魏振瀛主编:《民法》,北京大学出版社 2000 年版,第 99 页。

③ Alexander Meschkowski, Zur Rechtsfähigkeit der BGB-Gesellschaft, Peter Lang, Frankfurt 2006, S. 111.

④ 魏振瀛主编:《民法》,北京大学出版社 2000 年版,第 99 页。

⑤ Werner Flume, Allgemeiner Teil des bürgerlichen Rechts, Erst Band, Erst Teil, Die Personengesellschaft, Springer Verlag, Berlin 1977, S. 319.

财产。[①] 在合伙债务的承担上,合伙与合伙人之间是一种保证关系,合伙人对于合伙的债务负有保证责任。关于合伙债务如何产生双重效果,同时约束合伙与合伙人,存在两种不同的学说。

一种为双重义务说。该理论认为,具有代理权的合伙人同时以合伙的名义与个别合伙人的名义从事行为,合伙与第三人之间的约定同时对合伙人具有约束。[②] 这种学说利用了一种拟制的意思表示,认为该表示同时对两个主体产生双重义务作用。

另一种为附属说。该理论认为,合伙人依附于合伙的债务产生法定的附属责任。该理论又可区分为两种学说:第一种为弗卢梅所倡导。合伙人的附属责任产生于合伙的本质。由于合伙是由合伙人组成的集合体,合伙的事务也是每一个合伙人的事务,因此对于合伙的义务和责任也同样对于合伙人产生义务和责任。在共同债务的关系中,每个共同债务人的义务关系是水平的并列存在的,而在合伙与合伙人之间的关系却是垂直的结构。在其中,合伙的义务延伸到作为合伙组成的合伙人,因为原则上来说,合伙的事务同时也是合伙人的事务。[③] 第二种为德国著名法学家施密特所倡导,合伙人的依附责任产生于对于开放式商事合伙(OHG)中合伙责任的类推适用。[④] 依据该理论,合伙人负有源于合伙债务的与其内容相应的附属责任。

我国事实上也确认了合伙的相对独立的责任能力。《我国合伙企

---

① Sara Tat, Die Rechtssubjektivität und Haftung der Gesellschaft bürgerlichen Rechts in Deutschland und Frankreich, Lit Verlag, Münster 2003, S. 174.

② BGHZ 74, 240,242. BGHZ 79, 374, 377.

③ Werner Flume, Allgemeiner Teil des bürgerlichen Rechts, Erst Band, Erst Teil, Die Personengesellschaft, Springer Verlag, Berlin 1977, S. 326.

④ Karsten Schmidt, Gesellschaftsrecht, 4. Auflage, Carl Heymanns Verlag, Köln 2002, § 60 Ⅲ 2. 按照《德国商法典》(HGB)第128条的规定,对于合伙的债务,合伙人作为共同债务人向债权人负责。

业法》第39条规定了合伙财产优先清偿债务，不足部分由合伙人清偿的原则。

作为集合体的合伙由合伙人共同组成，合伙并未被进行类似法人的组织化，因此合伙就是所有合伙人的总和。合伙的事务就是合伙人的事务，合伙的债务也对合伙人具有约束，而合伙人对于合伙的债务负有附属的保证责任。

（四）合伙具有作为人格外在特性表现的名称

传统观点认为，合伙不同于法人和商事合伙，并不具有独立的外部特性构造。也就是说，没有独立的名称和住址，合伙依赖于所有合伙人的姓名在外部获得识别。但是所有的合伙人构成的组织在外部以共同的标志去行为，在一定程度上具有了名称的作用。而且新近的观点也认为，合伙可以选择或者建立名称，并在该名称下进行法律交往。① 理想的立法者必须努力使得合伙具有作为归属主体的清晰的具有区分能力的名称。② 合伙能够具有一个具体的名称，并享受名称权的保护。③ 合伙的名称的选择可以考虑到合伙的事实关系，也就是合伙的姓名考虑到合伙的目的；此外也可以考虑合伙的人格关系，也就是考虑个别合伙人的姓名作为合伙共同名称的对象，通过合伙的名称个别的合伙人可以得以识别；当然也可以结合事实关系和人格关系去构造合伙的名称。④ 但是值得

---

① Johannes Wertenbruch, Die Haftung von Gesellschaften und Gesellschaftsanteilen in der Zwangsvollstreckung, Dr. Otto Schmidt Verlag, Köln 2000, § 10, S. 288.

② Karsten Schmidt, Gesellschaftsrecht, 4. Auflage, Carl Heymanns Verlag, Köln 2002, S. 1770.

③ Norbert Habermann, Staudinger Kommentar BGB, Sellier-de Gruyter, Berlin 1995, § 12, S. 276.

④ Alexander Meschkowski, Zur Rechtsfähigkeit der BGB-Gesellschaft, Peter Lang, Frankfurt 2006, S. 157.

注意的是,合伙名称的选择不能使用公司等商业标识,也不能选择只有商人能够使用的名称。[①] 因此,合伙作为一个人的集合体,具有区别于个别合伙人的存在。不管是通过以合伙目的为标志还是以合伙的人格关系为标志的名称进行法律交往,都标识了该交往的主体的一定的独立性;都标识着不同于单个的合伙人的行为主体,使得外部交往对象认识到一个独特的行为主体,一个具有其自身的特性的主体。姓名是一个人或者人的组织与其他人相对得以区分自己人格特性的语言标志。[②]学者认为,它是合伙在法律交易中个性化的基本前提,是合伙的义务能力得以识别的必需的条件。[③] 而且德国通说认为,合伙的名称可以得到名称权的保护。[④]

由于人格的概念是一种社会概念,是在社会关系中被界定的社会价值,而合伙的姓名使得合伙在社会中得以被识别,具有了部分的人格属性。因此,合伙的姓名是除了合伙的行为组织之外的另一个使得合伙在社会中具有的人格个性存在,是合伙的人格表现。

六、合伙具有部分权利能力

(一)我国的第三类主体理论并未承认合伙的独立人格和全面权利能力

虽然我国将合伙作为第三类民事主体对待,但是这一理论的确切

---

① Karsten Schmidt, Gesellschaftsrecht, 4. Auflage, Carl Heymanns Verlag, Köln 2002, S. 1770.

② Norbert Habermann, Staudinger Kommentar BGB, Sellier-de Gruyter, Berlin 1995, § 12, S. 211.

③ Alexander Meschkowski, Zur Rechtsfähigkeit der BGB-Gesellschaft, Peter Lang, Frankfurt 2006, S. 165.

④ Ulmer, Münchener Kommentar zum BGB, 4 Auflage, München 2004, § 705, Rn. 272.

含义到底是什么？合伙是一种能够与自然人和法人并列的具有完全独立人格的主体吗？还是说合伙基于其组织形态的不完全独立性，仅能在某些法律关系中作为主体呢？事实上，我国的第三类主体理论是对于比较法上德国和美国合伙理论新发展予以借鉴的成果。该理论只是宽泛地承认了合伙的法律主体地位，并未指出合伙具有完全独立的人格并具有完全的权利能力。

我们知道，作为民事主体的只能是人及由人构成的组织。合伙当然不是单个的人，而是一种由人构成的组织。人基于其伦理价值具有独立的人格是不可否认的，但是组织要具有独立的人格却一定要通过一定的方法实现组织的人格化，也就是要实现组织与其成员的完全分隔。不但要具备独立的名称和住所，具有独立于组织成员的财产，更为重要的是要具有独立的责任承担能力，完全以自己的财产为自己的行为负责。只有这样的组织才符合自我负责地行为的完全人格形象。真正完全实现这种人格化的组织只有法人一种，法人通过组织机构实现了法人与其成员——股东的完全分离，股东并不直接参与法人的管理。负责对法人事务进行管理的是法人的董事会和管理层，他们事实上操纵着公司的日常事务。而且，通过资本登记制度法人具有完全独立于其成员的财产。尤其体现法人独立人格的是，法人对于自己的债务以自己的财产为限承担完全责任，不能够以不同于它的其他具有独立人格的股东的财产承担连带责任。这表现出法人自我负责的完全人格。相比来说，合伙与其成员并不存在完全的分离。虽然在对外关系上，也就是在对于第三人方面，合伙表现出不同于其成员的组织特性，因而能够对外参与法律关系，并对外承担责任。但是在对内关系上，合伙与合伙人之间存在一定的联系，表现出一定的人格依附性：第一，合伙在事务方面依附于合伙人。合伙事务并不是通过专门的管理人员进行事务的处理，而是由任何合伙人作为事务执行人执行合伙的事务。第二，合伙的责任并非完全独立，在合伙财产不足以清偿债务时，合伙人要承担无限连带责任。因而，合伙是一种不完全的人格独立化组织，其只在一定程度上实现了人格独立，并不符合独立人格的自我负责行为的要求，因而并不能作为独立的人格存在。

因此，虽然我国学说为了适应比较法上对于合伙组织性承认的发展趋势，提出了第三类主体的理论。但是需要注意的是，这种第三类主体理论只是说明了合伙具有一定的独立性，能够在必要的范围内作为法律主体。并不意味着合伙能够成为与法人等同的一种完全独立的人格存在，能够在所有的法律关系中都具有权利能力。

（二）合伙并不具有全面的一般权利能力

合伙并不适合作为全面的一般权利能力的拥有者，因为其并未如法人那样获得完全独立的组织结构。法人的团体协议通过登记自动转变为章程。法人成员的份额原则上可以自由转让，法人成员即使减少为一人对于法人的存在也没有丝毫影响，其仍可以作为一人法人而存在，法人成员之间并不存在一种结合关系。这些表明法人与法人成员之间存在明确的分离，法人被构建为一种独立的组织体，而合伙却并非如此。合伙的存续以存在至少两人的合伙协议为前提；合伙人份额的转让只有经过全体合伙人同意才有可能；合伙的标志在于合伙人之间的结合，这种结合只能被松动却永远不能被排除。① 合伙的这些特征说明，合伙作为一个集合体仍然依附于它的成员，合伙并未被构建为一种组织体，只是停留在集合体的程度。正如学者所言，法人的组织被绝对化了，而合伙是通过合伙合同约束的合伙人的集合体。合伙的成员构

---

① Ulmer, Münchener Kommentar zum BGB, 4 Auflage, München 2004, § 705, Rn. 272.

建了集合体，而法人的成员被作为法人组织的功能性部分。① 虽然合伙这种集合体具有了一定的类似于组织体的特性，但并不符合完全独立的组织体的模型，并不符合从一般法律秩序角度考虑的主体条件，因而并不能享有全面的一般权利能力。具体说来，合伙在对外关系中具有独立性，能够对外建立法律关系，并对于债务承担责任。但是在对内关系中，由于合伙与其成员并不具有完全的人格分割，合伙事务执行以及无力承担的债务都还要依附于合伙人，因此在内部关系中合伙并不具有权利能力。

（三）合伙具有部分具体权利能力

只要法人以及合伙被作为超越个人的作用存在予以承认，两者作为组织形态都能够独立作为权利和义务的归属主体。② 权利能力的概念与人格的概念相关。合伙并非一个人格人，而是人格人的集合，它在一定的目的范围内被法律承认为法律关系的承担者。③

并非具有独立财产的集合体都能够具有权利能力，具有权利能力前提条件是要具有事务执行机构、独立财产以及能够被识别的名称等标识性特征。以此为前提能够通过执行机构作为集合体参与法律交往。④

合伙作为一种人的集合通过合伙合同对于合伙决议、合伙事务处

---

① Werner Flume, Allgemeiner Teil des bürgerlichen Rechts, Erst Band, Erst Teil, Die Personengesellschaft, Springer Verlag, Berlin 1977, S. 89.

② K. Schmidt, Intergrationswirkung des Umwandlungsgesetzes, in: Festschrift für Peter Ulmer zum 70. Geburtstag am 2. Januar 2003, Berlin 2003, S. 562.

③ Werner Flume, Allgemeiner Teil des bürgerlichen Rechts, Erst Band, Erst Teil, Die Personengesellschaft, Springer Verlag, Berlin 1977, S. 90.

④ Ulmer, Münchener Kommentar zum BGB, 4 Auflage, München 2004, § 705, Rn. 305, 306.

理等事项进行了规定,通过这样的机制能够形成超越合伙个人的独立团体意志。合伙具有相对独立的财产,这些财产被限定在合伙目的范围内使用,并能够以其作为责任财产去履行债务,具有了承担责任的基础。合伙具有自己的共同标志,通过这样的标志去参与法律生活,获得了一种外界可以识别的与个别的合伙人相区分的人格标志。合伙的这些人格特征已经在很大程度上类似于法人的人格特征:通过合伙合同约定的机制形成的团体意志与依照法人章程约定的机制形成的团体意志在本质上是相同的;合伙的财产已经具有了与法人极为相似的独立性,在责任承担方面虽然并未形成法人式的完全的独立性,但却能以合伙财产承担一定的责任。

合伙的这些人格特征决定了它能够参与法律关系。由于其并未被构建为一种人格化了的组织体,并不符合关于一般权利能力的人的模型构造,因而并不能具备全面的一般权利能力。其权利能力限制在以集合体的整体参与的法律关系。外部合伙具有了个性化的得以识别的标志:具有了参与外部活动的必要的组织;①具有了合伙财产,并产生了与合伙人作为共同债务人的个人责任相区分的合伙的义务;②具有了与合伙成员相区分的合伙的名称。③ 当合伙作为一个整体在合伙目的范围内与第三人进行法律交往时,具有权利能力。这种权利能力的范围包括拥有合伙财产的能力、与第三人缔结合同并作为合同权利义务承担者的能力、作为自己人格标志享有者的能力、以及作为这种能力在诉讼中体现的参与诉讼作为诉讼主体的能力。在涉及合伙内部成员的法

---

① 这种组织就是合伙事务的处理人。合伙事务处理人事实上是在代理合伙从事法律行为,因为按照通常的认识,在存在疑问的情况下,合伙事务处理人的代理权及于所有的合伙人。

② Ulmer, Münchener Kommentar zum BGB, 4 Auflage, München 2004, § 705, Rn. 254.

③ 合伙具有了独立于合伙成员的名称。合伙可以全部合伙人的姓名作为合伙的名称,或者另起名号。即使合伙以全体合伙人的姓名作为名称,这种名称也已经不同于合伙人个人的姓名。因为合伙的名称标识的是全体合伙人,而不是某一个别合伙人。

律关系中,合伙并不具有权利能力。也就是说,合伙的权利能力限定在外部合伙,内部合伙并不具有权利能力。①

第二节 设立中法人的准人格状态

一、设立中法人的界定

我国有学者将设立中法人(Vorgesellschaft 或 werdende Juristische Person)界定为从公司章程订立时起至公司登记成立前的组织体。② 也有学者认为其是自公司章程订立时至公司登记成立前的具有过渡性的前法人实体。③ 德国通说认为,设立中法人是指从开始设立到注册之前的存在,始于设立合同的订立,也就是章程的确定。④ 在德国法上存在设立中法人与订立设立合同之前的前基础性阶段(Vorgründungsphase)的区别。在法人设立合同也就是法人章程订立之前,并不存在设立中法人,存在的是设立前的基础性阶段。设立合同是设立中法人开始的重要标志。从该合同订立之后,所有的法人筹建活动才能够按照章程的约定进行,具有了独立的特性,成为设立中法人。在设立合同订立之前的基础性存在是发起人的民事合伙关系,或者商事合伙关系。⑤ 设立前的基础性阶段并不等同于设立中法人,⑥设立前的基础性阶段的权利和义务向设立中法人的转移是一种权利结合必要义务的个别转移。法

---

① 这种观点也是德国司法实践中的通行观点。BGH, NJW 2001, 1056.

② 赵旭东:《新公司法制度设计》,法律出版社 2006 年版,第 14 页。

③ 毛键铭:"略论设立中公司",载《法学》2002 年第 10 期。

④ BGHZ 91, 148, 149.

⑤ Christian Kersting, Die Vorgesellschaft im europäischen Gesellschaftsrecht, Carl Heymann Verlag, S. 10.

⑥ Kießling, Vorgründungs-Vorgesellschaften, S. 352.

人以及公司法的规定对于设立前阶段并不适用。①

按照我国学者的认识,设立中法人终止于法人登记成立。对此应当采用广义理解,设立中法人的终止并不限于法人登记成功,而应当包括所有使得法人设立活动结束的情况。例如,发起人决定不予登记,或者登记申请被拒绝。德国法上一般认为导致设立中法人终止的原因有两种,一是法人的成功登记,这时设立中法人转变为法人;二是设立失败,它必须被终止和清算。②

因此,设立中法人以法人的设立过程为基础,是从设立合同订立时起到设立活动终止为止的法人设立过程。设立中法人是一种超越于个人的法律秩序作用体,具有独特的特性,已经具有了特定的存在。其以将法人的设立过程带向终结为目的。③

二、设立中法人具有部分人格要素

(一)设立中法人具有独立的行为机构

在发起合同订立之后,会依据合同的约定,建立一定的机构作为设立中法人的行为机构,去进行与设立目的相关的各种行为。在法人设立过程中需要进行与法人筹建所必需的相关法律交易,比如必备物品的采购、办公场所的租赁、银行账户的设立;向有关国家机关申请名称、核准登记等;在以募集方式进行股份有限公司设立过程中,还需要发起

① BGHZ 91, 148, 150.

② Christian Kersting, Die Vorgesellschaft im europäischen Gesellschaftsrecht, Carl Heymann Verlag, S. 11.

③ Fritz, Rittner, Die werdende juristische Person, J. C. B. Mohr, Tübingen 1973, S. 319.

人公开募集股份。这些都需要设立中法人的特定机构去实施。① 而且在法人设立的最后阶段，已经基本形成了稳定的行为机构，只是这些机构尚未予以登记而已。比如按照我国《公司法》的规定，股份有限公司在股份发行结束后，应当于30日内召开创立大会，在创立大会上选举董事会和监事会成员，组成董事会和监事会。董事会在登记之前已经能够代表设立中法人去进行行为并向公司登记机关申请登记。

（二）设立中法人拥有独立的财产

在设立合同签订后，发起人要按照合同约定的份额向设立中法人投入财产，这些财产的相应权利由发起人转移到设立中法人。以货币出资的，发起人应当将货币存入以设立中法人名义在银行设立的账号。以非货币出资的，应当办理相应权属的转移。② 经过财产转移手续，发起人对其丧失了相应的权利，设立中法人获得了这些权利。

（三）设立中法人具有相对独立的责任承担能力

设立中法人拥有独立的财产，对其行为机构在以设立法人为必要的目的范围内进行的行为有能力以该财产承担责任。德国法上的设立中法人能够作为权利和义务的承担者，对于以其名义以及以未来的法人的名义为基础的义务，设立中法人以其财产承担责任。③ 奥地利法上设立中法人按照判例以及主流学说具有能够作为权利和义务承担者的

---

① 我国《公司法》第86条规定，发起人向社会公开募集股份，必须公告招股说明书，并制作认股书。认股书应当载明本法第八十七条所列事项，由认股人填写认购股数、金额、住所，并签名、盖章。认股人按照所认购股数缴纳股款。

② 参见我国《公司法》第28条的规定。股东应当按期足额缴纳公司章程中规定的各自所认缴的出资额。股东以货币出资的，应当将货币出资足额存入有限责任公司在银行开设的账户；以非货币财产出资的，应当依法办理其财产权的转移手续。

③ Baumbach-Hueck, GMBHG, § 11, Rn. 21.

能力。它能够以其财产对于以其名义产生的义务承担责任。① 这种义务的产生以行为机构具有代理权限为前提,一般认为,在以设立法人为目的必要范围内从事的行为属于具有代理权限的行为。② 西班牙法上设立中法人也能够以其财产对于法律义务承担责任。责任的范围包括三个方面:第一是对于以设立和登记法人为目的的不可缺少的法律行为与合同的责任;第二是对于管理人在管理必须范围内的法律行为与合同的责任;第三是对于基于特别委托的法律行为与合同的责任,这种特别委托要求全体设立中法人成员的同意。③

设立中法人具有独立的财产、独立的行为机构、以及独立的名称。当行为机构以设立中法人的名称在设立法人的目的范围内去实施行为时,其法律后果拘束于设立中法人(并在登记后转移于法人),而非个别的行为人或成员。这种法律后果不局限于法律权利,也包括法律义务。受这种法律义务拘束的直接后果是,设立中法人应当以其财产承担责任。由于设立中法人尚未通过登记簿实现公示,债权人无法通过查询登记簿来了解它的具体情况,所以为了保护债权人的利益及保护交易安全,设立中法人的成员对于这种债务也承担补充的责任。也就是说,对于设立中法人的债务,设立中法人和成员承担并列的两种责任,并不存在设立中法人成员的责任吸收设立中法人责任的关系。

(四)设立中法人具有名称等标志性特征

设立中法人是未来法人的建立阶段,其已经具有了未来法人的标志性特征。设立中法人具有独立于设立人或成员的名称。这种名称已

---

① OGH, GesRZ 1999, 122,123.

② OGH, GesRZ 1977, 100.

③ Christian Kersting, Die Vorgesellschaft im europäischen Gesellschaftsrecht, Carl Heymann Verlag, SS. 71 -73.

经脱离了个别的发起人，在某种程度上也已经超越了所有的发起人，而与将来设立的法人具有紧密联系。所有的设立行为都以法人的设立为目的，因而对外是以设立中法人的名称，而非以个别发起人的名义去实施的。

三、设立中法人的性质是一种独特的前法人组织

早期我国学者并不承认设立中法人是一种具有权利能力的独特组织。认为设立中法人没有登记因而尚未取得人格，属于无权利能力社团。① 现在有学者认为，设立中法人是一种具有自身特性的非法人团体，以公司设立为目的具有相对的独立性、具有有限的人格。② 还有学者认为，设立中法人具有独立的人格、具有完全的责任能力。③ 本书认为，设立中法人是一种独特的前法人组织。

设立中法人是法人的形成过程，具有了超越个人的组织形态，是法人的雏形，具有了部分人格要素。其并不以自身的长久存在为目的，而以自身的终结和法人的设立为目的。从签订设立合同开始，设立中法人就在朝向法人的结构发展，随着功能的实现其所具备的法人的要件逐渐增加，只是在完备性上存在差异。设立中法人已经具有了意志形成机制、具有了行为机构、具有了财产、具有了独立的姓名，这些都与未来的法人存在高度的相似。诚如学者所言，法人并非从登记或者获得官方许可才开始作为一种作用的力量，它在此前已经作为一种超越个人的作用体存在，其成员或行为机构在内部和外部从事具有法律意义

---

① 柯枝芳：《公司法论》，台湾三民书局1991年版，第116页。

② 范健："设立中公司及其法律责任研究"，载王保树主编：《商事法论集》（第2卷），法律出版社1997年版，第150～151页。

③ 茅院生："论设立中公司的独立性"，载《中国法学》2006年第3期。

的行为。[①] 设立中法人的组织结构不同于合伙等其他非法人组织,它在某种程度上已经具备了法人的章程,构建了与未来法人相同的行为机构。它的财产也不是一种集合财产,而是被作为未来法人的预先性财产。因此,设立中法人作为一种前在阶段是一种具有独立性的不同于发起人和成员的被实体化构建了的具有权利和义务的社会形象,[②]与法人的形象具有高度的类似。

法人是一种被抽象化的社会形象,法人必须在它的具体结构中被把握。作为这种抽象社会形象的现实化基础的必须是一种组织。也就是说,在外部看来法人是一个整体。这种社会形象被立法者构建为法律人格,具有权利能力。对于法人以外的社会形象能否被构建为法律人格并具有权利能力,要根据该种社会形象的具体结构去判断,而并非一定不能具有权利能力。设立中法人在诸多方面具有了法人的现实结构,以此为基础能够在某些法律关系中具有权利能力。

四、设立中法人具有部分权利能力

(一)设立中法人并不具有全面的一般权利能力

传统法人理论建立在一种人格化的独立组织体构造的基础上,认为作为一种完全独立的法律主体,应当具有完全独立于其成员的组织结构。在意志、财产和责任方面都与成员完全分隔。只有这样才具备了完全独立的组织结构,才实现了人格化。这种独立组织体的构造通过登记最终获得实现。由于法人是一种被构建的法律人格,为了保护债权人的利益及减少交易风险,法人必须通过登记获得公示,债权人通

---

① Fritz Rittner, Die werdende juristische Person, J. C. B. Mohr, Tübingen 1973, S. 332.

② Madeleine Tolani, Teilrechtsfähigkeit, Duncker Humblot, Berlin 2009, S. 243.

过查询登记能够获得法人的详细信息。

虽然设立中的法人已经具有了行为机构、独立的财产和相对独立的责任能力,在很多方面具有了法人的组织结构,但是其并未通过登记获得公示。设立中法人的责任并非完全独立,虽然它能够以其财产对于债务承担责任,所以为了保护债权人,法律规定其成员对此也承担补充的责任。对于设立中法人的债务,除了它自己之外的其他人也要对此承担责任,这并不符合自我负责的独立人格价值。因此设立中法人并不能具有独立的法律人格,也不能获得全面的一般权利能力。

(二)设立中法人具有部分权利能力

立法者将法人与民法人格联系起来,当法人通过登记获得人格时,即获得了权利能力。立法者将人格与权利能力等同起来。[①] 关于一般权利能力的规定是人格等同于权利能力思想的产物,立法者首先判断谁拥有人格,然后当然赋予其权利能力。在这种立法思想中,是一种人格和权利能力的宏观的法秩序归属,而并不涉及个别的法律关系领域。在关于权利能力的现代研究中,[②]权利能力并不等同于人格,它只是人格的一种属性。拥有人格的人可以获得法秩序上的一般主体资格,具有一般权利能力;拥有部分人格要素的存在虽然因为某些要素的欠缺不能具备人格,但是其具备的人格要素要求在个别法律关系中的具体权利能力,以实现这些人格要素的价值向法律的流入,从而获得法律的调整和保护。设立中的法人虽然没有通过登记获得民法人格,但是已经具备了行为机构、独立的财产、相对独立的责任能力、姓名这些人格的构成要素,而且从事了与法人设立相关的法律交往,从而可以在个别

---

① Madeleine Tolani, Teilrechtsfähigkeit, Duncker Humblot, Berlin 2009, S. 243.

② 参见本书第三章关于一般权利能力和具体权利能力的讨论。

法律关系中拥有部分具体权利能力。而且比较法上也已经在不同程度上承认了设立中法人的部分权利能力。

德国传统民法对于设立中法人的性质并不存在清晰的认识。早期它被看做民法上的合伙,①或者无权利能力社团。② 现在通说认为它是一种独特的机构,它具有特定的名称,不但能够获得财产和账号以及登记能力,还具有积极和消极的诉讼能力。③ 因而被认为具有一定的权利能力。④

奥地利传统理论类似于德国法,认为设立中法人是一种开放式的商事合伙或者民法上的合伙,并不能具有权利或者义务。⑤ 新近的观点逐渐改变了这种认识,认为设立中法人是一种独特的法律形式,能够获得权利和义务,⑥能够独自参与法律交易,进行意思表示。⑦ 因此,奥地利事实上也承认了设立中法人具有一定的权利能力。

西班牙法中也存在设立中法人的概念,一般认为,它虽然不是法人,但是已经能够成为权利和义务的承担者。设立中法人能够作为设立合同中约定的金钱或者物的出资份额的所有权人,并能够通过代理机构以自己的名义处理稍后成立的法人的事务,为自己产生权利和义务。⑧

设立中法人的部分权利能力内容:

第一,设立中法人拥有财产权利能力。设立中法人的所有财产并

---

① RGZ 58, 55, 56.

② Paul, NJW 1947, 417, 418.

③ BGHZ 21, 242, 246.

④ Madeleine Tolani, Teilrechtsfähigkeit, Duncker Humblot, Berlin 2009, S. 236.

⑤ OGH, SZ 48/141, S. 713.

⑥ OGH, JBl 1996, 528, 530.

⑦ OGH, SZ 48/141, S. 713.

⑧ Christian Kersting, Die Vorgesellschaft im europäischen Gesellschaftsrecht, Carl Heymann Verlag, S. 61.

不归属于个别成员。个别成员要将财产的权属转移给设立中法人，并对这些财产丧失了所有的权利，但同时获得的是在设立中法人这个团体中成员权，包括潜在的财产份额权和表决权。设立中法人的财产也不属于全体成员共同所有，任何成员都不能随意主张其潜在财产份额的分割。设立中法人的财产归属于超越个人的组织体，这些财产按照组织体的意志决定机关的决定只能在设立法人的目的范围内被使用。设立中法人能够在设立法人的目的范围内对外签订合同，作为合同法律关系的承担者。

第二，设立中法人能够相对独立地承担责任。法人在设立过程中所产生的债务直接约束设立中法人，设立中法人以其拥有的财产承担责任，不足部分由成员承担无限责任。也就是说，设立中法人的责任是一种相对独立的责任。这种相对性表现在，虽然设立中法人以其财产对其债务承担责任，但与此同时其成员对这一债务也承担责任。这种责任是一种法定的无限责任，成员的责任既不能依其意愿也不能依事务处理人代理权范围而受到限制。在德国法上设立中法人成员对于设立中法人的债务承担无限责任已经是一种学界和司法实践中广为接受的通说。①

关于设立中法人成员责任的性质存在对内责任和对外责任两种理论。这两种理论的区别之处在于成员的无限责任是针对设立中法人还是针对设立中法人的债权人。对内责任中，设立中法人成员对于设立中法人无法清偿的债务对其承担无限的损失补偿责任，成员责任的对象是设立中法人，债权人不能直接向成员要求承担责任。对外责任中，设立中法人成员对于法人无法清偿的债务对债权人承担无限责任，设

① Beuthien. GmbHR 1996, 309, 310. BGHZ 134, 333.

立中法人的债权人可以直接要求成员承担责任。①

德国联邦法院采用的是无限的对内责任，成员对于设立中法人债务具有无限的损失补偿责任。设立中法人对其成员的损失补偿请求权在法人登记失败、破产和清算开始这些情况下都仍然有效。② 设立中法人成员对于债权人的无限对外责任只有在设立中法人没有财产，或者没有其他的债权人，或者是一人法人的情况下才被司法机关所考虑。③

由于设立中法人具有类似于未来法人的结构，与合伙的结构存在重大差异；而且对外建立法律关系，受到债务约束的也是设立中法人，因此，无限的对内责任与对外责任相比是一种更优的选择，成员只对设立中法人的损失承担填补责任。

第三，设立中法人能够享有对于自己人格标志的人格权。设立中法人在法律关系中与他人相区别的人格标志是其重要的人格要素，设立中法人对其享有人格权，从而使得设立中法人的人格标志获得法律的保护。

---

① Reuter, Münchener Kommentar zum BGB, 5. Auflage, 2006, Rn. 96.
② BGHZ 134, 333, 341.
③ BGHZ 134, 333, 341.

参考文献

一、中文著作

1. 王利明:《人格权法研究》,中国人民大学出版社 2005 年版。

2. 杨立新:《人身权法论》(第 3 版),人民法院出版社 2006 年版。

3. 杨立新主编:《中国人格权立法报告》,知识产权出版社 2005 年版。

4. 杨立新:《侵权法论》(第 3 版),人民法院出版社 2005 年版。

5. 王利明、杨立新、姚辉:《人格权法》,法律出版社 1997 年版。

6. 王利明:《民法总则研究》,中国人民大学出版社 2005 年版。

7. 王利明:《法律解释学导论——以民法为视角》,法律出版社 2009 年版。

8. 姚辉:《民法的精神》,法律出版社 1999 年版。

9. 张俊浩主编:《民法学原理》(第 3 版),中国政法大学出版社 2001 年版。

10. 梁慧星:《民法总论》,法律出版社 2001 年版。

11. 龙卫球:《民法总论》(第 2 版),中国法制出版社 2002 年版。

12. 李永军:《民法总论》,法律出版社 2005 年版。

13. 李琛:《论知识产权法的体系化》,北京大学出版社 2004 年版。

14. 史尚宽:《民法总论》,中国政法大学出版社 2000 年版。

15. 史尚宽:《债法总论》,中国政法大学出版社 2000 年版。

16. 郑玉波:《民法总则》,三民书局 1959 年版。

17. 王泽鉴:《民法总则》,中国政法大学出版社 2000 年版。

18. 王泽鉴:《民法学说与判例研究》(第 1 - 8 册),中国政法大学出版社 1998 年版。

19. 王泽鉴:《侵权行为法》(第 1 册),中国政法大学出版社 2001 年版。

20. 施启扬:《民法总则》,三民书局 1996 年增订 7 版。

21. 黄立:《民法总则》(第 4 版),台湾 2005 年自版。

22. 杨与龄:《民法总则争议问题研究》,清华大学出版社 2004 年版。

23. 周枏:《罗马法原论》,商务印书馆 2005 年版。

24. 李秀清:《日耳曼法研究》,商务印书馆 2006 年版。

25. 马特、袁雪石:《人格权法教程》,中国人民大学出版社 2007 年版。

26. 梁慧星主编:《中国民法典草案建议稿》,法律出版社 2003 年版。

27. 王利明主编:《中国民法典草案建议稿及说明》,中国法制出版社 2004 年版。

28. 王泽鉴:《不当得利》,中国政法大学出版社 2002 年版。

29. 刘得宽:《民法总则》,中国政法大学出版社 2006 年版。

30. 孙森焱:《民法债编总论》,法律出版社 2006 年版。

31. 邱聪智:《民法研究》(1),中国人民大学出版社 2002 年版。

32. 邱聪智:《民法债编通则》,中国人民大学出版社 2004 年版。

33. 黄茂荣:《债法总论》,中国政法大学出版社 2003 年版。

34. 杨与龄:《民法总则争议问题研究》,清华大学出版社 2004 年版。

35. 何孝元:《损害赔偿之研究》,台湾商务印书馆 1982 年版。

36. 曾隆兴:《详解损害赔偿法》,中国政法大学出版社 2004 年版。

37. 曾世雄:《损害赔偿法原理》,中国政法大学出版社 2001 年版。

38. 王世杰、钱端升:《比较宪法》,商务印书馆 2002 年版。

39. 丘汉平:《罗马法》,中国方正出版社 2004 年版。

40. 李秀清:《日耳曼法研究》,商务印书馆 2006 年版。

41. 苏永钦:《民事立法与公私法的接轨》,北京大学出版社 2005 年版。

42. 张维迎:《信息、信任与法律》,三联书店 2003 年版。

43. 马特、袁雪石:《人格权法教程》,中国人民大学出版社 2007 年版。

44. 何勤华、李秀清、陈颐编:《新中国民法典草案总览》(上、中、下卷),法律出版社 2003 年版。

45. 徐国栋主编:《绿色民法典草案》,社会科学文献出版社 2004 年版。

46. 梁慧星主编:《中国民法典草案建议稿》,法律出版社 2003 年版。

二、中文译著

1. [德]卡尔·拉伦茨:《法学方法论》,陈爱娥译,商务印书馆 2003

年版。

2. [德]雷炳德:《著作权法》,张恩民译,法律出版社 2005 年版。

3. [德]黑格尔:《法哲学原理》,范扬等译,商务印书馆 1982 年版。

4. [德]康德:《法的形而上学原理》,沈叔平译,商务印书馆 1997 年版。

5. [德]康德:《实践理性批判》,邓晓芒译,人民出版社 2004 年版。

6. [德]康德:《纯粹理性批判》,邓晓芒译,人民出版社 2004 年版。

7. [古希腊]亚里士多德:《尼各马科伦理学》,苗力田译,中国社会科学出版社 1999 年版。

8. [德]柯武刚、史漫飞:《制度经济学》,韩朝华译,商务印书馆 2003 年版。

9. [德]迪特尔· 施瓦布:《民法导论》,郑冲译,法律出版社 2006 年版。

10. [德]克雷斯蒂安·冯·巴尔:《欧洲比较侵权行为法》,张新宝等译,法律出版社 2001 年版。

11. [德]维亚克尔:《近代私法史》,陈爱娥等译,三联书店 2006 年版。

12. [德]卡尔·拉伦茨:《德国民法通论》,谢怀栻等译,法律出版社 2003 年版。

13. [德]迪特尔·梅迪库斯:《德国民法总论》,邵建东译,法律出版社 2000 年版。

14. [德]罗尔夫·克尼佩尔:《法律与历史》,朱岩译,法律出版社 2002 年版。

15. [德]魏德士:《法理学》,丁晓春等译,法律出版社 2005 年版。

16. [日]山本敬三著:《民法讲义·总则》,解亘译,中国政法大学出版社 2004 年版。

17. [日]五十岚清:《人格权法》,铃木贤、葛敏译,北京大学出版社2009年版。

18. [法]雅克·盖斯旦等:《法国民法总论》,陈鹏等译,法律出版社2004年版。

19. [英]巴里·尼古拉斯:《罗马法概论》,黄风译,法律出版社2000年版。

20. [意]彼德罗·彭梵得:《罗马法教科书》,黄风译,中国政法大学出版社1994年版。

21. [美]彼得·斯坦等:《西方社会的法律价值》,王献平译,中国人民公安大学出版社1990年版。

22. [美]阿丽塔·L. 艾伦等:《美国隐私法:学说、判例与立法》,冯建妹等编译,中国民主法制出版社2004年版。

23. [德]格尔德·克莱因海尔、扬·施罗德:《九百年来德意志及欧洲法学家》,许兰译,法律出版社2005年版。

24. [德]魏德士:《法理学》,丁晓春等译,法律出版社2005年版。

三、中文论文

1. 施建辉:"合伙为独立民事主体之我见",载《法学》1997年第7期。

2. 陈华、刘勇:"合伙可以成为独立的民事主体和民事诉讼主体",载《法商研究》1999年第5期。

3. 宋永新:"关于我国合伙法律制度的若干问题",载《中国法学》2001年第4期。

4. 毛键铭:"略论设立中公司",载《法学》2002年第10期。

5. 杨立新、袁雪石:"论人格权请求权",载《法学研究》2003年第6期。

6. 尹田:“论法人人格权”,载《法学研究》2004 年第 4 期。

7. 茅院生:“论设立中公司的独立性”,载《中国法学》2006 年第 3 期。

8. 寇东亮:“德性与自由的融通——康德伦理思想的一个旨意”,载《学术论坛》2008 年第 6 期。

9. 杨立新、刘召成:“论作为抽象人格权的自我决定权”,载《学海》2010 年第 5 期。

10. 朱岩:“社会基础变迁与民法双重体系建构”,载《中国社会科学》2010 年第 6 期。

11. 杨立新、刘召成:“抽象人格权与人格权体系”,载《法学研究》2011 年第 1 期。

12. 杨立新、刘召成:“论作为抽象人格权的一般人格权”,载《广东社会科学》2010 年第 6 期。

13. 杨立新、曹艳春:“论民事权利保护的请求权体系及其内部关系”,载《河南省政法管理干部学院学报》2005 年第 4 期。

14. 马俊驹、张翔:“人格权的理论基础及其立法体例”,载《法学研究》2004 年第 6 期。

15. 马俊驹:“从人格利益到人格要素”,载《河北法学》2006 年第 10 期。

16. 马俊驹:“人格与财产的关系——兼论法国民法的‘总体财产’理论”,载《法制与社会发展》2006 年第 1 期。

17. 马俊驹:“从身份人格到伦理人格——论个人法律人格基础的历史演变”,载《湖南社会科学》2005 年第 6 期。

18. 马俊驹:“论民法个人人格构造中的伦理与技术”,载《法律科学》2005 年第 2 期。

19. 崔建远:“绝对权请求权或侵权责任方式”,载《法学》2002 年第11期。

20. 张新宝:"人格权法的内部体系",载《法学论坛》2003年第6期。

21. 尹田:"论人格权的本质——兼评我国民法草案关于人格权的规定",载《法学研究》2003年第4期。

22. 尹田:"论法人人格权",载《法学研究》2004年第4期。

23. 尹田:"自然人具体人格权的法律探讨",载《河南省政法管理干部学院学报》2004年第3期。

24. 梅夏英:"民事权利能力、人格与人格权",载《法律科学》1999年第1期。

25. 姚辉:"论人格权",中国人民大学1996年博士论文。

26. 姚辉:"民法上的'停止侵害请求权'",载《检察日报》2002年6月25日。

27. 姚辉、周云涛:"关于民事权利的宪法学思维——以一般人格权为对象的观察",载《浙江社会科学》2007年第1期。

28. 姚辉、周云涛:"人格权:何以可能",载《法学杂志》2007年第5期。

29. 崔建远:"债法总则与中国民法典的制定",载《清华大学学报》2003年第4期。

30. 崔建远:"绝对权请求权或侵权责任方式",载《法学》2002年第11期。

31. 刘召成:"伦理人格与法律人格的辩证关系",载《新疆社会科学》2010年第1期。

32. 杨代雄:"主体意义上的人格与客体意义上的人格——人格的双重内涵及我国民法典的保护模式选择",载《环球法律评论》2008年第4期。

四、德文著作

1. Volker Albrecht, Die Rechtliche Zulässigkeit postmortaler Transplantatentnahmen, N. G. Elwert Verlag, Marburg 1986.

2. Lutz Anderhold, Das Schuldmodell der BGB-Gesellschaft, Stollfuss, Bonn 1981.

3. Gerhard Buchda, Geschichte und Kritik der deutschen Gesamthandlehre, Erwert, Marburg in Hessen 1936.

4. Bayreuther, Münchener Kommentar zum BGB, 5. Auflage 2006.

5. Bumm, Grundriß zum Studium der Geburtshilfe, 10. Auflage, Wiesbaden 1914.

6. Julius Binder, Das Problem der juristischen Persönlichkeit, Leipzig 1907.

7. Hans Brox, Allgemeiner Teil des BGB, 33. Auflage, Carl Heymanns Verlag, 2009.

8. Hans Brox/ Wolf-D. Walker, Allgemeiner Teil des BGB, 30 Auflage, Carl Heymanns Verlag, 2006.

9. Andreas Bucher, Natürliche Personen und Persönlichkeitsschutz, Helbing&Lichtenbahn Verlag, Basel 1986.

10. Manfred Brauer, Der juristischen Person, Leipzig 1963.

11. Coing, Der Rechtsbegriff der menschlichen Person und die Theorie der Menschenrechte, Tübingen 1950.

12. Karl August Deynet, Die Rechtsstellung des Nasciturus und der noch nicht erzeugten Person im deutschen, französischen, englischen und schottischen bürgerlichen Recht, Alfred Metzner Verlag, 1960.

13. Horst Dreier, Grundgesetz Kommentar, 2. Auflage, Mohr

Siebeck, Tübingen 2004, Band 1.

14. Josef Esser, Wert und Bedeutung der Rechtsfiktionen, Vittorio Klostermann, Frankfurt 1969.

15. H. Enger, Die juristische Person als Trägerin von Grundrechten.

16. Nikolaus Englert, Todesbegriff und Leichnam als Element des Totenrechts, Tuduv Verlag, München 1979.

17. Heinrichs-Ellenberger, Palandt bürgerliches Gesetzbuch, 67. Auflage, C. H. Beck, München 2008.

18. Fischer, Anteil an einer Personengesellschaft als Gegenstand der Zwangsvollstreckung auf der Grundlage der Rechtssubjektivität aller Außengesellschaften, Lang Verlag, Frankfurt 2001.

19. Annette Fischer, Die Entwicklung des postmortalen Persönlichkeitsschutzes, Peter Lang Verlag, Frankfurt 2004.

20. Manfred Feiler, Das Bonner Grundgesetz und die juristischen Personen als Träger von Grundrechten.

21. Fritz Fabricius, Relativität der Rechtsfähigkeit, C. H. BECK Verlag, 1963.

22. Werner Flume, Allgemeiner Teil des bürgerlichen Rechts, Erster Band, Zweiter Teil.

23. Werner Flume, Allgemeiner Teil des bürgerlichen Rechts, Erst Band, Erst Teil, Die Personengesellschaft, Springer Verlag, Berlin 1977.

24. Bernhard Giese, Das Würde Konzept, Duncker Humblot, Berlin 1975.

25. Gierke, Genossenschaftstheorie.

26. Gierke, Das Wesen der menschlichen Verbände, Berliner Rektoratsrede 1902.

27. Gassen, Der Stoff aus dem die Gene sind, München 1986.

28. Hueck Goetz, Drei Fragen zur Gesamthandsgesellschaft, in: Festschrift für Wolfgang Zöllner zum 70. Geburtstag am 28. 12. 1998, Heymann, Köln 1998.

29. Jürgen Gleichauf, Das postmortale Persönlichkeitsrecht im internationalen Privatrecht, Peter Lang Europäischer Verlag der Wissenschaften 1999.

30. Götting /Schertz /Seitz, Handbuch des Persönlichkeitsrechts, Verlag C. H. Beck, München 2008.

31. Nicolai Hartmann, Das Problem des geistigen Seins, de Gruyter verlag, Berlin 1949.

32. Bernd Hennecke, Das Sondervermögen der Gesamthand, Duncker & Humblot, Berlin 1976.

33. Heinz Hausheer /Regina E. Aebi-Müller, Das Personenrecht des Schweizerischen Zivilgesetzbuches, Stäpfli Verlag, Bern 2005.

34. Holch, Münchener Kommentar BGB, Band 1., 5. Auflage, C. H. Beck, München 2004.

35. Heckel, Person und Recht, evangelischer Presseverband für Bayern, München 1962.

36. Hohner, Subjektlose Rechte, Ernst und werner Gieseking Verlag, Bielefeld 1969.

37. Ulrich Huber, Rechtsfähigkeit, Juristische Person und Gesamthand, in: Festschrift für Marcus Lutter, Dr. Otto Schmidt Verlag, Köln 2000.

38. Hans Peter Ipsen, Gleichheit, in: Neumann-Nipperdey-Scheuner, Die Grundrechte, Berlin 1954.

39. J. Habermas, Die Zukunft der menschlichen Natur, Suhrkamp Verlag, Frankfurt 2001.

40. Uwe John, Die organisierte Rechtsperson, Duncker & Humblot, Berlin 1977.

41. Immanuel Kant, Kritik der praktischen Vernunft, 9. Auflage, Verlag von Felix Meiner in Leipzig, 1929.

42. Kant, Einleitung in die Metaphysik der Sitten, 2. Aufl., herausgeben von Karl Vorländer (Philosoph. Bibl. Bd. 42), Leipzig 1907.

43. Olivecrona Karl, Studier över begreppet juridisk Person, Uppsala, 1932.

44. Christian Kersting, Die Vorgesellschaft im europäischen Gesellschaftsrecht, Carl Heymann Verlag.

45. Rolf Knieper, Gesetz und Geschichte, 1. Auglage, Nomos Verlagsgesellschaft, Baden-Baden 1996.

46. Ines Klinge, Todesbegriff, Totenschutz und Verfassung, Nomos Verlagesgesellschaft, Baden-Baden 1996.

47. Kötz /Wagner, Deliktsrecht, 10. Auglage, Luchterhand 2006.

48. Paul Krauß, Medizinischer Fortschritt und ärztliche Ethik, C. H. Beck, München 1974.

49. Larenz, Allgemeiner Teil des deutschen bürgerlichen Rechts, 7. Auflage, C. H. Beck Verlag, München 1989.

50. Larenz, Lehrbuch des Schuldrechts, Bd. 2/BT, 12. Auflage.

51. Larenz/Wolf, Allgemeiner Teil des bürgerlichen Rechts, 9. Auflage, C. H. Beck Verlag 2004.

52. Hans Liermann, Person und Persönlichkeit in der Rechtsge-

schichte, in: Denkan D. Theodor Keimguts, V. Florentz GmbH, München 1990.

53. Dauner-Lieb, Unternehmen in Sondervermögen, Mohr Siebeck, Tübingen 1998.

54. Alexander Meschkowski, Zur Rechtsfähigkeit der BGB-Gesell-schaft, Peter Lang, Frankfurt 2006.

55. Knut Müller, Postmortaler Rechtsschutz-Überlegungen zur Rechtss-ubjektivität Verstorbener, Peter Lang, Frankfurt 1996.

56. Alexander Meschkowski, Zur Rechtsfähigkeit der BGB-Gesells-chaft, Peter Lang, Frankfurt 2006.

57. Jürgen Thomas Mahr, Der Beginn der Rechtsfähigkeit und die zivilrechtliche Stellung ungeborenen Lebens, Peter Lang Verlag, Frankfurt 2007.

58. Alexander Meschkowski, Zur Rechtsfähigkeit der BGB-Gesells-chaft, Peter Lang, Frankfurt 2006.

59. Wolf-Naujoks, Anfang und Ende der Rechtsfähigkeit des Mens-chen, Vittorio Klostermann.

60. Gustav Nass, Person, Persönlichkeit und juristische Person, Dun-cker & Humblot, Berlin 1964.

61. Ferdinand Karl Neuer, Der Mensch zwischen Zeugung und Geburt als Rechtssubjekt, Dissertation der Universität Köln.

62. Enneccrus-Nipperdey, Allgemeiner Teil des bürgerlichen Rechts, 15. Auflage, 1959.

63. Nipperdey, Die Würde des Menschen. In Neumann/Niepperdey /Sch-euner, Die Grundrechte, Handbuch der Theorie und Praxis der Grundrechte, Zweiter Band, Die Freiheitsrechte in Deutschland, Berlin 1954.

64. Nipperdey, Entfaltung der Persönlichkeit, In Bettermann/Niepperdey, Die Grundrechte, Handbuch der Theorie und Praxis der Grundrechte, Vierter Band, zweiter Halbband, Grundrechte und institutionelle Garantien, Berlin 1962.

65. Nikoletopoulos, Die zeitlich Begrenzung des Persönlichkeitsschutzes nach dem Tode, Frankfurt 1984.

66. Puchta, Rechtslexikon Ⅲ.

67. Pawlowski, Die Bedeutung der Philosophie für die Rechtswissenschaft, Springer Verlag, Berlin 2001.

68. Schreiber-Popovic, Medizin Heute, 1985.

69. Mario M. Pedrazzini, Niklaus Oberholzer, Grundriss des Personenrechts, Zweite Auflage, Stämpfli & Cie Verlag, Bern 1985.

70. Rixecker, Münchener Kommentar zum BGB, 5. Auflage 2006.

71. Behrendt Richard F., Menschenwürde als Problem der sozialen Wirklichkeit. In: Die Würde des Menschen Ⅱ, Untersuchungen zu Artikel 1 des Grundgesetzes für die Bundesrepublik Deutschland, Hannover 1967.

72. Fritz Rittner, Die werdende juristische Person, J. C. B. Mohr, Tübingen 1973.

73. W. Rest, Heimkehr zum Menschen, 1946.

74. Thomas A. Roth, Ausgestaltungen der Rechtsfähigkeit im 19. und 20. Jahrhundert, Peter Lang, Frankfurt 2008.

75. Johannes Richter, Das moralische Lebensrecht des Nasciturus, disstation der Universität Hamburg, Hamburg 1998.

76. Bernhard Rütsche, Rechte von Ungeborenen auf Leben und Integrität, Dike Verlag, Gallen 2009.

77. Rüthers/Stadler, Allgemeiner teil des BGB, 14. Auflage, Verlag

C. H. Beck, München 2006.

78. Günther Stumpf, Die Verletzungsfähigkeit des Nasciturus, Dissertation der ät Köln.

79. Schweers, Die Vermögenswerten und ideellen Bestandteile des Persönlichkeitsrechts nach dem Tod des Trägers, Dissertation Düsseldorf 2006.

80. Jochem Schmitt, Münchener Kommentar BGB, Band 1.

81. Karsten Schmidt, Gesellschaftsrecht, 4. Auflage, Carl Heymanns Verlag, Köln 2002.

82. Inge Schmitz, Persönlichkeitsrechte und zivilrechtliche Deliktshaftung im französischen und deutschen Recht 1967.

83. Savigny, System des heutigen römischen Rechts, Zweiter Band, Berlin 1840.

84. Klaus Saerbeck, Beginn und Ende des Lebens als Rechtsbegriffe, Walter de Gruyter, Berlin 1974.

85. Peter Schwerdtner, Das Persönlichkeitsrecht in der deutschen Zivilrechts Ordnung, J. Schweitzer Verlag, Berlin 1977.

86. Sara Tat, Die Rechtssubjektivität und Haftung der Gesellschaft bürgerlichen Rechts in Deutschland und Frankreich, Lit Verlag, Münster 2003.

87. Madeleine Tolani, Teilrechtsfähigkeit, Duncker Humblot, Berlin 2009.

88. Andreas Von Tuhr, Der allgemeine Teil des Deutschen bürgerlichen Rechts, Erster Band, Duncker &Humblot , Berlin 1957.

89. Von Tur, Allgemeiner Teil des bürgerlichen Rechts, Zweiter Band, Erste Hälfte, Verlag von Duncker & Humblot, München und

Leipzig 1914.

90. Thibaut, System des Pandektenrechts, 1803.

91. Ulmer, Gesellschaft bürgerlichen Rechts, und Partnerschaftsgesellschaft, 3Auflage, C. H. Beck, München 1997.

92. Harry Westermann, Person und Persönlichkeit als Wert im Zivilrecht, Westdeutscher Verlag, Köln 1957.

93. Franz Wieacker, Privatrechtsgeschichte der Neuzeit, Vandenhoeck & Rupecht, Göttingen 1952.

94. Ernst Wolf/Hans Naujoks, Anfang und End der Rechtsfähigkeit des Menschen, Vittorio Klostermann Verlag, 1955.

95. Georg Wronka, Das Persönlichkeitsrecht juristicher Person, Dissertation, 1972.

96. Windscheid, Lehrbuch des Pandektenrechts, Bd. Ⅰ, 8. Auflage, 1900.

97. Ernst Wolf/Hans Naujoks, Anfang und End der Rechtsfähigkeit des Menschen, Vittorio Klostermann Verlag, 1955.

98. Nachträge zu den gutachtlichen Äußerungen zum Entwurf des BGB, Berlin, 1891.

99. Markus K. Weiss, Rechtsfähigkeit, Parteifähigkeit und Handlungsordnung der BGB-Gesellschaft nach dem Grundlagenurteil des Bundesgerichtshofs vom 29.01.2001, Ergon Verlag, Würzburg 2005.

100. Johannes Wertenbruch, Die Haftung von Gesellschaften und Gesellschaftsanteilen in der Zwangsvollstreckung, Dr. Otto Schmidt Verlag, Köln 2000.

101. Tour, Schw. ZGB.

五、德文论文

1. Fritz Fabricus, Gedanken Zur höchstrichterlichen Rechtsprechung betreffend den Nasciturus, FamRz, 1963.

2. Karl Larenz, Zur Lehre von der Rechtsgemainschaft, Iherings Jahrbücher, 83(1933).

3. Schmidt Rudolf, Der Schutz der Leibesfrucht gegen unerlaubte Handlung, JZ 1952.

4. Hans Schreuer, Der menschliche Körper und die Persönlichkeitsrechte, in: Festgabe der Bonner juristischen Fakultät für Karl Bergbohm Zum 70. Geburtstag, Marcus & Weber, Bonn 1919.

5. Larenz, Zu Lehre von der Rechtsgemeinschaft, Jherings Jahrbücher 83/1933.

6. Andreas Heldrich, Der Persönlichkeitsschutz Verstorbener, Festschrift für Heinrich Lange Zum 70. Geburtstag, C. H. Beck, München 1970.

7. Andrea Esser, Leib und Leichnam als Gegenstand von Achtung und Würde, in: Tod und toter Körper, Kassel universitz press, Kassel 2007.

8. Hans-Georg Soeffner, Ein Diesseits ohne Jenseits? In: Tod und toter Körper, Kassel universitz press, Kassel 2007.

六、德国联邦法院判决

BGHZ 78, 24.

BGHZ 98, 94, 97.

BGH, NJW 75, 1882.

BGHZ 78, 278.

BGHZ 81,75,78.

BGHZ 27, 284.

BGHSt 6, 186.

BGH, JZ 1951, 758.

BGH, JZ 1953, 308.

BGH, JZ 1953, 308.

BGHZ 58, 48, 50.

BGH, JZ 1953, 308.

BGH, JZ 1953, 308.

BGH, JZ 1953, 308.

BGHZ 15, 249, 259.

BGHZ 50, 133.

BGHZ 143, 170.

BGHZ 106, 206.

BGHZ 106, 206.

BGHZ 15, 249, 259.

BGH, FamRZ 1992, 657.

BGHZ 23, 307, 313.

BGHZ 34, 293.

BGHZ 72, 267.

BGHZ 74, 240.

BGHZ 79, 374, 378.

BGH, NJW 1992, 499, 500.

BGH, NJW 2001,1056.

BGH, NJW 2001, 1056, 1057.

BGHZ 74, 240,242.

BGHZ 79, 374, 377.

BGHZ 91, 148,150.

BGHZ 21, 242, 246.

BGHZ 91, 148, 149.

七、德国宪法法院判决

BverfGE 39, 1, 41.

BverfGE 87, 209, 228.

BverfG, NJW 1975,573,575.

BverfG 39,37.

BverfGE 39, 1.

BverfGE 30, 173.

后 记

博士论文的重要性不仅在于其是获得博士学位的必要条件，而且是一个人学术生涯的重要标志，因此必须慎重对待。这个论文从选题到具体内容的构建我的导师杨立新教授、德方指导教授瓦格纳教授和我本人都花费了很多心血。如今它的诞生，使我感触颇多：其一，她是我三年努力积累的结晶，一年辛苦创作的成果，也是数不清个难以入眠之夜的反复思量的结果，对于她自然有种莫名的亲切。其二，她是我博士生生涯的记录，阅读其中每一部分都能回想起当时与导师的共同讨论，与同学好友的争辩，以及在德国波恩浩如烟海的图书馆中查阅文献的情形。其三，其中蕴涵着许多人的帮助，寄托着我对恩师的感激之情，对于父母的感恩之情，对于同学及同门的感谢之情。如今，这篇论文终于完成，也是对于三年苦读生涯的一个交代。虽然有些部分并不能令人满意，还需要继续深入地进行研究。

回忆起来，生活中的点点滴滴，学习中的慢慢积累，需要感激和感恩的人很多。今天的一切，都是许多前辈提携关照的结果，没有他们就没有我的今天。首先要感谢我的授业恩师杨立新教授，从2003年跟随恩师进行硕士阶段的学习到今天即将博士毕业，前后已经八年了，跟随老师并聆听老师教诲也已经五年了。老师和蔼可亲，待人真诚热情，对我的指导和提携数不胜数，今天的些微进步都饱含着老师的诸多心血。很感激上天能够让我遇到恩师。他对我的关照甚至已经超越父母，和他在一起总会有那种孩子在父亲面前所体会到的温馨、感激和敬畏的感觉。我这个人天生愚钝，不善于表达自己的感受。但是老师对我的恩情，我铭记在心，而且这份恩情是我今生都无法回报的，我只有好好努力，学有所悟，才能够不辜负老师的栽培之恩。

感谢德方指导教授瓦格纳教授，承蒙教授慨允，我得以在其指导下学习一年德国侵权法和人格权法。他为我提供了单独的办公室这样优越的研究环境，使我在德国的研究和学习得到良好的保证。瓦格纳教授作为当代德国最为著名的年轻私法学者之一，虽然事务繁多，但还是能够对我的学习予以指导，我感激涕零。

感谢姚辉老师，入学伊始承蒙姚老师器重，被委以民商法博士班班长之职，为我提供了一个很好的锻炼机会。在以后的各项工作中能够协助姚老师处理班级事务，跟老师也日益熟识，受到姚老师的温文尔雅和深邃思想的感染。姚老师精深的大陆法系教义学思想，善于反思问题的思维习惯，都是我学习的楷模。老师不但学问做得好，歌也唱得好，很有人格魅力，很是令我这种五音不全的人羡慕，真希望自己也可以像老师那样具有人格魅力。

感谢朱岩老师，三年来我在一些重要事情上总能够得到朱老师的无私帮助，对我的人生起到重要的作用。正是朱老师的慷慨推荐，使得我能够顺利拿到德国教授的邀请函，德国一年学习之行才能圆满实现。正是这一年的学习，使我领略了原汁原味的德国潘德克顿法体系，领略了德国学说体系的精致，对于我的后续学习和研究具有重大的促进作用。在我找工作的重要关口，又是朱老师的慨然推荐，为我的求职工作打开了大门。朱老师的慷慨帮助之恩，我今生难以忘怀。

感谢张广兴老师，承蒙张老师反复修改，我跟随杨老师共同研究的成果才得以在《法学研究》上发表。这篇文章不但是对我学术研究的莫大鼓励，更在我找工作的过程中发挥了巨大作用。张老师对于后辈的提携鼓励之恩，我铭记于心。

感谢王轶老师，王老师精细的思维和广博的学识令我钦佩。王老师对于我的博士论文的写作指导，令我受益颇多，对于我的博士论文的写作具有重大帮助。

感谢王利明老师和姚海放老师，承蒙王老师和姚老师慨允，我得以在民商法律网担任编辑。虽然由于出国仅在网站工作一年，但是经常能够得到王老师亲笔签名的赠书，还有机会能够与王老师共同聚餐，这一年也是我人生中美好的回忆。

感谢卢淑珍老师和钟杰老师对我生活和学习上的关心和帮助，两位老师的细心和耐心我铭记于心。

感谢江平老师、王家福老师、崔建远老师、钱明星老师、刘保玉老师、龚赛红老师对我的关心、支持和鼓励。

感谢师兄陶维群和姚宝华。两位师兄为人热情高义，在生活和工作等事情上对我有诸多帮助，多方奔走，为我解困，两位师兄的恩情我难以忘怀。

感谢林旭霞师姐、袁雪石师兄、梁清师姐、周友军师兄、王竹师兄、邓建中师兄、陈龙业师兄、刘彦沣师姐、陈怡师姐、黄琳师兄、朱巍师兄、董新义师兄、吴春岐师兄、孟强师兄、岳业鹏师弟、张秋婷师妹、谢远扬师弟、缪宇师弟对我生活和学习上的帮助。

感谢好友向波、段睿、王丽莎、黄爱学、周晓晨、熊丙万、于雪峰、辛焕平、张保红、李倩、张敏、张弓、宋卓基等对我的帮助和鼓励，这是我进步的动力。同学之情永难忘。

感谢我的父母，父母对我的养育之恩和培养之情，今生难忘。如若不是父母的鼓励和支持，我也很难读到博士阶段，这份恩情我今生难以回报。感谢我的(堂、表)兄弟姐妹们，他们对我生活和学习上的关心和照顾，让我感受到家人的温馨。这份温馨是我前进的动力。

要感谢首都师范大学政法学院和法律系的各位领导和同仁对我的关心和帮助，本书在博士论文基础上进行的最后修改是在我到首都师范大学任教后完成的。吴高臣老师和李昕老师对我的工作和生活的帮助是我完成本书修改的必要条件，法律系同仁的关心和友谊是我愉快工作和研究的保障。

最后要感谢的是刘师姐彦沣编辑，本书的出版与她的大力支持和辛劳付出有莫大关系。

刘召成
2012 年 4 月 26 日

图书在版编目(CIP)数据

准人格研究 / 刘召成著. —北京:法律出版社,2012.4

ISBN 978-7-5118-3329-7

Ⅰ.①准… Ⅱ.①刘… Ⅲ.①人格—研究 Ⅳ.①B825

中国版本图书馆 CIP 数据核字(2012)第 050196 号

准人格研究 | 刘召成 著 | 责任编辑 刘彦沣
装帧设计 李 瞻

开本 A5
印张 9.5 **字数** 229 千
版本 2012 年 5 月第 1 版
印次 2012 年 5 月第 1 次印刷
出版 法律出版社
编辑统筹 学术·对外出版分社
总发行 中国法律图书有限公司
经销 新华书店
印刷 世纪千禧印刷(北京)有限公司
责任印制 陶 松

法律出版社/北京市丰台区莲花池西里 7 号(100073)
电子邮件/info@lawpress.com.cn
销售热线/010-63939792/9779
网址/www.lawpress.com.cn
咨询电话/010-63939796

中国法律图书有限公司/北京市丰台区莲花池西里 7 号(100073)
全国各地中法图分、子公司电话:
第一法律书店/010-63939781/9782
西安分公司/029-85388843
重庆公司/023-65382816/2908
上海公司/021-62071010/1636
北京分公司/010-62534456
深圳公司/0755-83072995

书号:ISBN 978-7-5118-3329-7
定价:27.00 元
(如有缺页或倒装,中国法律图书有限公司负责退换)